Moldflow 模流分析基础教程

李丽华　王　进　管殿柱　编著

電子工業出版社

Publishing House of Electronics Industry

北京·BEIJING

内 容 简 介

本书以 Moldflow 2021 为软件基础，系统介绍了使用 Moldflow 软件进行常规模流分析的分析方法、结果评价和优化方法，具体内容包括注塑成型 CAE 技术基础知识、常用注塑模流分析软件介绍、Moldflow 软件的操作基础，以及采用 Moldflow 进行常规模流分析的基本流程，前处理方法，浇口位置分析、成型窗口分析、填充分析、冷却分析、保压分析和翘曲分析的方法。

本书按照模流分析各模块之间的内在逻辑关系进行编写，符合初学者的学习规律和学习习惯，书中重要内容均配有操作实例，主要章节设有综合实例，便于读者进行实战演练，使读者在学完本书后，能够掌握 Moldflow 的基础知识和基本操作，并能对注塑工艺过程进行有效分析和优化。

本书可作为普通高等学校材料成型及控制工程、模具设计等专业 CAE 技术课程的教学用书，也可供具有一定 Moldflow 操作基础的读者学习新版软件、系统梳理知识和巩固提高技能之用。

本书配套提供书中所有实例的素材源文件、电子课件和教学视频，以便读者学习。

图书在版编目（CIP）数据

Moldflow 模流分析基础教程 / 李丽华，王进，管殿柱编著. —北京：电子工业出版社，2023.8
ISBN 978-7-121-46275-7

Ⅰ. ①M… Ⅱ. ①李… ②王… ③管… Ⅲ. ①注塑－塑料模具－计算机辅助设计－应用软件 Ⅳ.①TQ320.66-39

中国国家版本馆 CIP 数据核字（2023）第 168308 号

责任编辑：宁浩洛
印　　刷：北京虎彩文化传播有限公司
装　　订：北京虎彩文化传播有限公司
出版发行：电子工业出版社
　　　　　北京市海淀区万寿路 173 信箱　　邮编：100036
开　　本：787×1092　1/16　印张：17.25　字数：442 千字
版　　次：2023 年 8 月第 1 版
印　　次：2025 年 2 月第 4 次印刷
定　　价：59.80 元

凡所购买电子工业出版社图书有缺损问题，请向购买书店调换。若书店售缺，请与本社发行部联系，联系及邮购电话：（010）88254888，88258888。

质量投诉请发邮件至 zlts@phei.com.cn，盗版侵权举报请发邮件至 dbqq@phei.com.cn。

本书咨询联系方式：（010）88254465，ninghl@phei.com.cn。

前　言

塑料注射成型（注塑成型）能制成形状复杂的塑料产品，是应用最广泛的塑料成型方法。随着塑料工业的发展，注射成型工艺过程和模具越来越复杂。注塑成型 CAE 技术可以协助设计人员及早发现模具设计和成型工艺过程中出现的问题。Moldflow 是当今注塑模具行业流行的注塑成型 CAE 软件，致力于解决与注塑成型相关的设计和制造问题，为注塑成型设计和生产提供高效的解决方案，是缩短塑料产品开发周期、优化注塑工艺和注塑模具设计的有效工具。

本书以 Moldflow 2021 为软件基础，系统介绍了使用 Moldflow 软件进行常规模流分析的分析方法、结果评价和优化方法。全书共 11 章，第 1～2 章介绍了注塑成型 CAE 技术基础、常用注塑成型 CAE 软件、Moldflow 软件的操作基础，以及采用 Moldflow 进行常规模流分析的基本流程；第 3～4 章介绍了 Moldflow 的分析前处理方法，包括网格模型的准备、建模工具的应用，以及使用建模工具辅助创建浇注系统和冷却系统的方法；第 5～10 章分别介绍了采用 Moldflow 进行浇口位置分析、成型窗口分析、填充分析、冷却分析、保压分析和翘曲分析的方法；第 11 章的综合模流分析实例是对本书所介绍的分析思想、方法和流程，以及各章节之间关系的完整展示，能帮助读者厘清分析思路。

本书按照初学者的学习规律和学习习惯，循序渐进，由浅入深地安排章节内容。针对模流分析各模块之间的内在逻辑关系，明确不同分析模块的分析结果和工艺设置之间的关联性，使读者在学完本书后，能够掌握 Moldflow 的基础知识和基本操作，并能对注塑成型工艺过程进行有效分析和优化。

本书的重要内容均配有操作实例，并结合操作实例评价结果，分析优化方案，以便读者学习和理解。第 2～10 章均配有综合实例，以便读者对所学的分析流程、结果评价和优化方法进行实战演练。在选择实例时，编者不但注重实例的典型性，还注重各实例的连续性，以便读者明确不同分析模块的分析结果和工艺设置之间的关联性；所选实例新颖，案例操作具有实战性。

本书配套提供书中所有实例的素材源文件、电子课件和教学视频，读者可登录华信教育资源网（www.hxedu.com.cn）搜索书名或 ISBN 号，进入本书主页免费下载。若读者在学习过程中遇到与本书有关的技术问题，可发邮件到 lilihua9393@163.com 交流咨询。

本书由长期从事一线教学的教师——青岛理工大学的李丽华和王进、青岛大学的管殿柱编著，李文秋、管玥对本书内容亦有贡献，在此谨表谢意。

因编者水平有限，书中难免有不足和疏漏之处，恳请使用本书的广大教师、读者提出宝贵意见和建议，以便我们不断改进。

编者

2023 年 1 月 2 日

目　　录

第 1 章　注塑成型 CAE 技术概述

计算机辅助工程（Computer Aided Engineering，CAE）技术是计算机辅助设计（Computer Aided Design，CAD）技术的深化与发展，主要指通过使用计算机辅助来对复杂的工程以及产品结构力学等问题进行分析求解的方法。CAE 技术通过计算机编程、信息集成、工程设计、数据库演算、仿真模拟等方式，实现对产品结构和复杂工艺流程的深度分析，能预测工程和产品结构中的设计问题，从而方便工程师采取优化手段提升工程结构和产品质量。随着计算机技术、数据库和有限元理论的深入发展，CAE 技术的发展也进入了成熟期。

塑料因具有密度低、比强度高、物理化学性能稳定及可模塑性能好等优点，是现代工业生产中应用十分广泛的工业材料。塑料注射成型能成型形状复杂的塑料制品，具有生产效率高、成本低、产品质量高和产品一致性好的优点，是应用最广泛的塑料成型方法。随着塑料工业的发展以及塑料在航空航天、电子、机械、船舶和汽车等工业部门的推广应用，注射成型工艺过程和模具越来越复杂。如何设计一套合理的注塑成型模具，以及如何用这套模具生产出合格的注塑产品，是一个复杂的过程。注塑成型 CAE 技术是缩短塑料产品开发周期、优化注塑工艺和注塑模具设计的最有效工具。

1.1　注塑成型 CAE 技术基础

注塑成型 CAE 技术是一种专业化的有限元分析技术，它是将机械 CAE 技术中的有限元法（Finite Element Method，FEM）应用到注塑成型过程而逐渐形成的。注塑成型 CAE 技术根据塑料加工流变学、传热学、计算力学和计算机图形学等基本理论，建立塑料熔体在模具型腔中流动和传热的数学物理模型，再利用有限元法求解，预测注射成型过程中塑料熔体在流道、浇口和型腔中的流动过程，获得浇注系统及型腔的压力场、速度场、温度场、应力场和应变速率场的分布，从而可优化浇口位置和注射成型工艺参数，预测注射压力和锁模力，并发现产品在注塑过程中可能出现的质量缺陷，达到优化制品与模具结构、优选成型工艺参数的目的。

1.1.1　注塑成型 CAE 技术原理

注塑成型 CAE 技术的思想是通过建立能够准确描述塑料熔体在填充、冷却和保压过程中的数学模型，采用有限元法等数值解法求解出近似数值解，并在计算机上模拟仿真出熔体在充填、冷却和保压过程中变化的各场量。

以注塑填充过程的模流分析为例，首先建立能描述塑料熔体充模流动过程的数学模型，包括由流体三大守恒定律得到的质量方程、运动方程、能量方程，描述熔体应力应变关系的本构方程，以及熔体流动前沿界面跟踪的输送方程，这组微分方程构成熔体充填流动的控制方程。然后在求解域内，结合边界条件及初值条件对控制方程进行求解。由于方程的复杂性，要求得能在整个求解域（包括时间和空间）内处处满足控制方程、边界上处处满足边界条件的准确解析解基本没有可能，只能借助计算机来得到在求解域中给定的离散点处满足控制方程、在边界离散点处满足边界条件的近似数值解。最后再将求解结果以图形或动画的形式显示在屏幕上，模拟出整个充填过程各场量随时间的变化。

CAE 技术中采用的数值解法主要有有限差分法、有限元法和有限体积法等，其中以有限元法在工程领域中应用得最广泛。有限元法的基本思想主要包括以下几个方面：

（1）将连续的求解域（连续体）离散化成彼此用节点（离散点）互相联系的有限个单元，单元之间只在数目有限的节点处相互连接，构成一个有限单元体来代替原来的连续体，如图 1-1 所示。例如在节点处引进等效载荷，代替实际作用于系统上的外载荷。

（2）用分块近似的思想，对每个单元按一定的规则（如力学关系）建立待求解的未知量与节点相互作用之间的特性关系（如力-位移）。

（3）把所有单元的这种特性关系按一定的条件（如变形协调条件和连续条件、变分原理及能量原理）集合起来，引入边界条件，构成一组以节点变量（如位移和温度等）为未知量的代数方程，求解它们就得到了有限个节点处的待求变量。

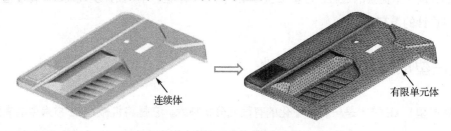

连续体　　　　　　　　　　　　　　　有限单元体

图 1-1　连续体的离散化

因此，有限元法实际上就是把具有无限个自由度的连续系统转化为只具有有限个自由度的单元集合体，使问题转化为适合于数值求解的结构型问题。有限元法采用矩阵形式表达，计算过程规范，便于编制计算机程序，应用十分方便。

在注射成型过程中，塑料熔体的流动行为难以采用其他数值计算方法来求解和描述，可以充分利用高性能计算机的计算优势，合理设置单元密度，提高解的精确度，来得到与真实情况较为接近的解。所得的分析结果对于优化注塑成型工艺和提高产品成型质量具有实际的指导意义。

1.1.2　注塑成型流动模拟技术

注塑成型流动模拟技术是一种专业化的有限元分析技术。随着塑料行业的不断发展，塑料制品的复杂程度不断增加和对塑料产品质量要求的不断提高，注塑成型流动模拟技术也在不断地改进和发展，经历了从中面模型技术到表面模型技术再到实体模型技术三个重要的发展阶段。

1. 中面模型技术

中面模型技术的应用始于 20 世纪 80 年代，针对大部分注塑件为薄壳结构的特征，Hieber 等将 Hele-Shaw 假设应用到非牛顿流体的非等温黏性流动过程，提出了广义的 Hele-Shaw 模型，即中面模型。中面模型技术是最早出现的注塑成型流动模拟技术，其数值方法主要包括基于中面模型的有限元法、有限差分法和控制体积法。所谓中面模型是由用户提取的位于模具型腔面和型芯中间的层面，即厚度方向上的中层面，用其代替制件进行分析，制件厚度信息记录在对应的网格单元上。由于中面模型网格划分结果简单，单元数量少（见图 1-2），因此计算量较小。

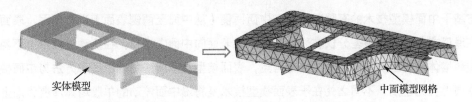

实体模型　　　　　　　　　　　　　　　　中面模型网格

图 1-2　中面模型网格（又称中性面网格）

基于中面模型的注塑成型流动模拟技术能预测充模过程中的压力场、速度场、温度分布、熔接痕位置等信息。基于该技术的注塑成型流动模拟软件应用的时间最长、范围也最广，其典型代表，国外有 Moldflow 公司的 MF 软件、原 AC-Tech 公司（后由 Moldflow 公司并购）的 C-Mold 软件，国内有华中科技大学模具技术国家重点实验室的 HsCAE-F3.0 软件。

实践表明，基于中面模型技术的注塑成型流动模拟软件在应用中具有很大的局限性。首先，由于注塑产品的形状千变万化，由产品模型直接生成中面模型的成功率不高，而手工操作构造中面模型十分耗时和困难；其次，由于 CAD 阶段使用的产品模型和 CAE 阶段使用的分析模型不统一，二次建模不可避免，CAD 与 CAE 系统的集成也无法实现。另外，该技术考虑到产品的厚度远小于其他两个方向（即流动方向）的尺寸，且塑料熔体的黏度较大，将熔体的冲模流动视为扩展层流，忽略熔体在厚度方向上的速度分量，并假定熔体中的压力不沿厚度方向变化，将三维流动问题简化为流动方向上的二维问题和厚度方向上的一维问题，因此产生的信息是有限、不完整的。

综上，中面模型技术在注塑成型分析中的应用虽然简明，但也明显具有一定的局限性，采用表面模型和实体模型技术来取代中面模型技术势在必然。

2. 表面模型技术

取代中面模型技术的最直接办法是采用实体模型技术，但是实体模型技术计算量巨大，模拟技术难点多，短时间内难以满足实际需求。此时一种既保留中面模型全部技术特点又基于实体模型的注塑成型流动模拟新方法——表面模型技术应运而生。表面模型技术将模具型腔或制品在厚度方向上分成两部分，有限元网格在制品的两个表面而非中面产生。如图 1-3 所示为已完成网格划分的表面模型，删除一部分网格可以观察双层面网格的特点。

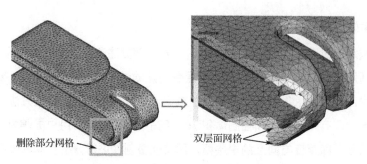

图 1-3　表面模型网格（又称双层面网格）

与基于中面模型技术的有限差分法在中面两侧（从中面至两侧表面）进行不同，表面模型技术在厚度方向上的有限差分仅在表面内侧（从表面向中面）进行，在流动过程中上下两表面处的塑料熔体同时且协调地流动。由此可见，表面模型技术所应用的原理和方法与中面模型技术在本质上并无差别，不同之处在于表面模型技术是将沿中面流动的单股熔体演变为沿上下表面协调流动的双股流。由于上下表面处的网格无法一一对应，而且网格形状、方位与大小也不可能完全对称，如果直接进行计算分析，会导致上下两个表面处的熔体流动模拟各自独立进行，彼此互不影响，这与塑料熔体在型腔内的实际流动行为不符。因此应将两表面网格的节点进行配对，使有限元算法能根据匹配信息协调两表面处的熔体流动过程，使对应表面处的熔体流动前沿所存在的差别控制在工程上可接受的范围内。为了达到这个目的，表面模型技术在进行分析计算前，会先检查对应表面网格的匹配情况，大于 85% 的匹配率被认为是较好的网格划分结果，而低于 50% 的匹配率会导致流动分析的失败。

由中面模型技术到表面模型技术，是一个巨大的进步。用户可以借助主流的 CAD 系统输出产品的实体模型文件，流动模拟软件可以直接将该文件转化为有限元网格模型，仅做适当修正后，即可供注塑成型流动模拟分析使用。这使表面模型的建造变得快捷而方便，也降低了对使用者的技术要求，提高了 CAD 与 CAE 系统的集成度。因此，基于表面模型技术的注塑成型流动模拟软件很快便在全世界拥有了庞大的用户群，得到了广大用户的支持和好评。

但表面模型技术也存在一些缺点。首先，表面模型技术的分析数据不完整，造成了流动模拟与冷却分析、应力分析、翘曲分析集成的困难；其次，在表面模型技术中，模型网格仅存在于上下表面，即所模拟的塑料熔体仅沿着上下表面流动，与实际情况有一定的差距，因此数据缺乏真实感，这也极大地影响了表面模型技术分析数据的准确性。

总体来说，表面模型技术只是一种二维半数值分析（中面模型）向三维数值分析（实体模型）的一种过渡。若要进一步提高模拟数据的真实可靠性，实现严格意义上注塑产品的虚拟制造，必须大力开发实体模型技术。

3. 实体模型技术

实体模型技术采用基于四面体的有限元体积网格，对产品的成型过程进行更为真实的三维模拟分析，在数值分析方法上与前述模型技术存在较大差别。如前所述，前述模型技术将三维流动问题分解为流动方向上的二维问题和厚度方向上的一维问题，对流动方向上的各待求量，如压力与温度等，用二维有限元法求解，而对厚度方向上的各待求量和时间变量等，用一维有限差分法求解。在实体模型技术中，熔体在厚度方向上的速度分量不再被忽略，熔体的压力沿厚度方向变化。实体模型技术直接利用塑料制品的三维实体建模数据生成三维立体网格。图 1-4 为已完成网格划分的实体模型，删除一部分网格可以看到，模型沿厚度方向均匀地划分为多层立体网格。依靠三维有限差分法或三维有限元法对熔体的充模流动进行数值分析，不仅能获得实体表面的流动数据，还可获得实体内部的流动数据，计算数据真实完整而准确。

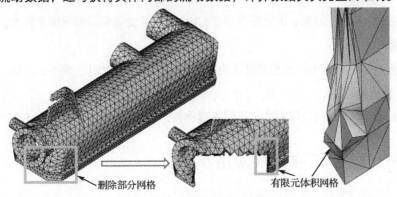

删除部分网格   有限元体积网格

图 1-4   实体模型网格

与中面模型或表面模型相比，由于实体模型的计算和控制要复杂得多，相应的求解过程也复杂得多。因此基于实体模型技术的注塑成型流动模拟软件目前所存在的最大问题是计算量巨大、计算时间过长。对于中等复杂程度的塑料制品，用现行软件，在目前配置最好的微机上仍需要数百小时才能计算出一个方案。如此冗长的运行时间与虚拟制造的宗旨大相径庭。缩短实体模型技术的运行时间是当前注塑成型流动模拟领域的研究热点和当务之急。

1.1.3   注塑成型 CAE 分析精度的影响因素

注塑成型 CAE 技术是根据塑料熔体的充模行为创建数学模型，再采用有限元法等数值解法求解出近似数值解。CAE 分析项目的一个重要衡量指标就是其分析精度，即近似解与实际解的接近程度。影响注塑成型 CAE 分析精度的主要因素有：

（1）数学模型。CAE 分析都基于某个理论框架或者某些假设建立的数学模型。该模型对原模型描述的准确程度决定了 CAE 分析的精度，而理论框架的局限或简化假设都使得数学模型与实际对象及过程的物理模型存在一定偏差。

（2）CAE 模型。CAE 分析要将一个连续的 CAD 模型离散处理为有限单元体，网格单元的类型与密度对 CAE 分析精度有直接的影响。网格类型应根据 CAD 模型的特点进行合理选择，例如壁厚类或管棒类零件不适合采用中性面网格或双层面网格。为获得合理的计算效率，需要设置适当的网格密度，网格稀疏会导致分析结果粗糙，但计算效率高；网格致密则分析结果更准确，但计算效率低。当网格密度高到一定程度时，网格密度的提高对 CAE 分析精度的提高也有限。因此，应根据实际需求，合理设置网格密度，以确保在合理的模拟精度下，使模拟计算的效率也在合理范围内。除此之外，分析对象的 CAD 模型往往含有各种微小特征，这些特征对成型过程分析结果的影响微乎其微，但若在 CAE 模型中给予考虑会导致网格质量太差或大幅降低分析效率，因此常进行合理简化，这在一定程度上也会影响 CAE 分析结果的精度。

（3）材料。材料对 CAE 分析精度的影响来自两个方面：一方面是描述材料各方面性能的物理模型与材料实际的差异；另一方面是模拟所用材料的性能参数与实际材料的性能参数的差异。在进行 CAE 分析时若所选的材料与实际材料一致，则所获得的 CAE 分析精度较高，若分析时无法在 CAE 软件的材料库中找到完全对应的材料，而进行材料性能测试所需要的实验硬件要求较高，则往往选择相近的材料，因此所得的 CAE 分析结果会与实际情况偏差较大，只能定性地理解分析结果。

（4）工艺。CAE 分析中的工艺控制较为理想，而实际工艺控制必然存在波动。这种差异会影响到 CAE 分析的精度。

（5）求解方法。不同的求解方法有不同的适用性，求解精度和求解效率也相应地有所区别。

1.2 注塑成型 CAE 技术的应用及发展

CAE 技术是广义 CAD/CAM 中的一个主要内容。注塑成型 CAE 技术能帮助工程技术人员处理塑料产品开发和模具加工中所遇到的各方面问题。

注塑成型分两个阶段，即开发设计阶段（包括产品设计、模具设计和模具制造）和生产阶段（包括试模和成型）。如何设计一套合理的注塑成型模具，以及如何用这套模具生产出合格的注塑产品，是一个复杂的加工过程。由于材料本身的特性、塑料制品的多样性和复杂性，使得材料在成型过程中经历了相当复杂的变化，如固体输送、熔融、熔体输送、流动、压实、相变、结晶、分子取向、纤维取向等，制品形状、边界条件的复杂性及材料参数的不确定性使得问题更加复杂。长期以来，工程技术人员很难精确地设置制品最合理的加工参数，选择合适的塑料材料和确定最优的工艺方案，只能依据自身经验和简单公式设计模具及制订成型工艺。设计的合理性只有通过试模才能知道，制造的缺陷主要靠修模来纠正，即依赖于经验及"试错法"：设计→试模→修模。这类生产经验的积累通常需要几年甚至十几年，以时间和金钱为代价且不断重复。同时模具开发的周期长、成本高，模具及工艺只是"可行"的，并非"优化"的。市场需求的变化会使原来的经验失去作用，市场经济使得传统的设计方法逐步丧失竞争力。随着新材料和新成型方法的不断出现，这种问题更加突出。对于大型、复杂及精密模具，仅凭有限的经验难以对多种影响因素作出综合考虑和正确处理，因此传统方法已无法适应现代塑料工业蓬勃发展的需要。

20 世纪 70 年代，澳大利亚的 Colin Austin 提出了复杂几何模型的简化方法及计算原理，注塑成型 CAE 技术应运而生。注塑成型 CAE 技术为企业提供了一种有效的辅助工具，使工程技术人员借助计算机软件对产品性能、模具结构、成型工艺、数控加工及生产管理进行设计和优化。经过近 50 年的发展，注塑成型 CAE 技术在材料表征、理论模型、数值方法等各方面均取得了长足的进步，注塑成型 CAE 的商业软件也获得广泛应用。

运用 CAE 分析可以改善和提高设计能力，确保产品设计的合理性，降低设计成本，并避免产品制成后出现材料过度损耗等后果；CAE 分析可以起到"虚拟样机"的作用，将试模过程全部用计算机进行模拟，并显示出分析结果，预判其潜在问题，或进行缺陷分析等，根据系统计算得到的动态填充、冷却和保压等过程的各项数据，定量地给出成型过程中的状态参数。注塑成型 CAE 技术还可以利用计算机的高速度，在模具设计阶段对各种设计方案进行比较和评测，在设计阶段及时发现问题，避免了模具加工完成后在试模阶段才能发现问题的尴尬。

随着现代塑料工业蓬勃发展，注塑成型 CAE 技术也在不断进步，表现为以下几个方面：

（1）CAE 分析的准确性进一步提升。就目前 CAE 技术的应用状况来看，其数学模型及计算方法都在不断优化与完善。注塑产品的性能、塑料熔体流动行为均与塑料材料的微观结构密切相关。因此，改进或完善现有材料本构理论，深入地了解注塑制品质量与性能的形成机理，建立能更真实地表征材料特性的计算模型，能使得模拟计算结果更准确，CAE 技术更具备实用性。在计算办法提升的过程中，伴随着计算机硬件水平的提高，塑料模具的 CAE 分析也由二维分析向二维半数值分析再向三维数值分析发展，这使得注塑成型 CAE 分析精度不断提高。

（2）模型及算法优化，使 CAE 系统能更"主动"地优化设计。现有的注塑成型 CAE 系统通常仅校验设计方案的合理性，"优化"则更多需要根据操作者的经验和技巧，经过反复校验和试凑实现。利用现有的模拟结果，借助于优化理论构造有效的反问题算法，给出明确的改进方向和尺度，对优化注塑模具设计参数和成型工艺参数十分重要。

（3）CAE 软件的操作界面更友好与便捷。随着多媒体技术的发展及人工智能程度的不断提高，CAE 软件的操作界面也更直观和友好。用户能以较少的工程知识背景，利用"向导"和语音等信息提示，操作更"傻瓜"。计算机系统的图形处理功能也在不断提升，这使得分析过程更加顺畅，CAE 软件的前后处理技术也有新的发展。

（4）CAE 技术呈现网络化的发展趋势。全球化、网络化、虚拟化和异地化是 21 世纪制造业的发展方向。昂贵的 CAE 系统及复杂的建模和分析过程使很多中小型注塑企业在经济和技术上难以承受，因此研究基于网络的有限元服务系统成为 CAE 技术发展与应用推广的趋势之一。

1.3 常用注塑模流分析软件

注塑成型 CAE 软件可以将优化设计贯穿于设计制造的全过程，彻底改变传统的依靠经验的"试错"设计模式，使产品的设计和制造尽在掌握之中，是模具设计史上的一次重大变革。下面对在我国有一定市场占有率的常用注塑模流分析软件进行介绍。

1.3.1 Autodesk Moldflow

Moldflow 软件原是澳大利亚 Moldflow 公司的产品，该公司于 1976 年发行了世界上第一套注塑成型流动分析软件，几十年来以不断的技术改革和创新一直主导着 CAE 软件市场。其在全球 60 多个国家拥有超过 8000 家用户，拥有自己的材料测试检验工厂，为分析软件提供多达 8000

余种材料选择，极大地提高了分析计算的准确度。

2000 年，Moldflow 公司收购了另一家世界著名的注塑成型流动分析软件公司——美国 AC-Tech（Advanced CAE Technology Inc.）公司及其产品 C-MOLD，提出了"进行注塑过程分析"的理念。2008 年，设计软件领导厂商欧特克公司（Autodesk., Inc.）宣布收购 Moldflow 公司，并于 2009 年正式发布收购以来的第一个版本，即 Autodesk Moldflow Insight 2010，简称 AMI。Moldflow 为企业产品的设计及制造优化提供了整体解决方案，帮助工程人员轻松地完成整个流程中各个关键点的优化工作，目前已经成为全球市场占有率第一的模流分析软件，是全球塑料行业公认的分析标杆。

在注塑产品的设计及制造环节，Moldflow 提供的两个主要功能模块分别是 Moldflow Adviser（Moldflow 塑件顾问）和 Moldflow Insight（Moldflow 高级成型分析专家）。

Moldflow Adviser 是普及型的模流分析模块，简单易用，能快速响应设计者的分析变更，因此主要针对注塑产品设计工程师、项目工程师和模具设计工程师，关注外观质量（熔接痕和气穴等）、材料选择、结构优化（壁厚等）、浇口位置和流道优化等问题，主要用于在开发早期预测产品注塑成型过程中可能出现的问题，快速地测试产品的工艺性及优化模具设计，确保成型零件的质量和可靠性；并提供初步设计的引导方案，预测问题点并提供实际的解决方案和建议，使工程师能快速获得分析结果，对产品和模具加以修正。Pro/E 和 UG 软件中的"塑胶顾问"模块即为 Moldflow Adviser。

Moldflow Insight 用于注塑成型的深入分析和优化，为专业分析师提供一整套塑料工程的先进仿真工具，是全球应用最广泛的模流分析软件模块。Moldflow Insight 可以帮助设计师将优化设计贯穿于设计制造的全过程，彻底改变传统的依靠经验的试错式设计，减少模具制造费用和修模试模工时，从而缩短新产品研发周期，降低研发成本，提高企业的市场响应速度和市场竞争力。Moldflow Insight 的主要功能有：

（1）网格模型生成。根据塑件结构特征，用户选用不同的网格模型，以获得较精确的分析结果。如形状特征复杂的薄壳类塑件适合选用双层面网格模型；壁厚较均匀的薄壳类塑件适合选用中性面网格模型；粗笨厚壁型塑件适合选用实体网格模型。

（2）最佳浇口位置分析。自动分析出一个或多个浇口的最佳位置。当模型已经存在一个或多个浇口时，运行浇口位置分析后，系统会自动分析出附加浇口的最佳位置。

（3）成型窗口分析。帮助定义能生产合格产品的成型工艺条件范围。如果工艺条件位于这个范围内则可以生产出良好的制件。

（4）填充分析。主要用于查看塑料熔体的填充行为是否合理，填充是否平衡，能否完成对模具的完全填充等。它的分析结果包括充填时间、压力、流动前沿温度、分子取向、剪切速率、气穴、熔接线等。分析结果有助于选择最佳浇口位置、确定浇口数目，以及布局最佳浇注系统。

（5）流动分析。可以模拟热塑性材料注塑成型过程的填充和保压阶段，以预测塑料熔体的流动行为，从而可以确保可制造性；也可以优化浇口位置、平衡流道系统、评估工艺条件，以获得最佳保压阶段设置来提供一个健全的成型窗口。流动分析能够预测注射压力、锁模力、塑料熔体流动前沿温度、熔接痕和气穴可能出现的位置，以及填充时间、压力和温度分布，并确定和更正潜在的塑件收缩和翘曲变形等质量缺陷。

（6）冷却分析。提供用于对模具冷却水路、镶件和模板进行建模以及分析模具冷却系统效率的工具。冷却分析和填充分析相结合，可以模拟完整的动态注塑过程，从而帮助改变冷却系统的设计，达到均衡和快速冷却的目的。

（7）翘曲分析。可以预测由于工艺引起的应力所导致的塑料产品的收缩和翘曲，也可以预测由于不均匀压力分布而导致的模具型芯偏移。翘曲分析能帮助用户明确翘曲原因，预测翘曲发生的区域，以便优化设计、材料选择和工艺参数，在模具制造之前控制产品变形。

（8）流道平衡分析。帮助用户判断流道是否平衡并给出平衡方案。平衡的浇注系统可以使各型腔的填充在时间上保持一致，保证均衡的保压，保持合理的型腔压力和优化流道容积，从而可以保证不同型腔内产品的质量一致性，并节省充模材料。

（9）纤维填充取向分析。帮助用户预测由于含纤维塑料的流动而引起的纤维取向及塑料/纤维复合材料的合成机械强度，以减小成型产品上的收缩不均，从而减小或消除产品的翘曲。

（10）特殊成型工艺分析。如微孔发泡注塑成型、气体辅助注射成型、注压成型和协同注塑成型等。通过查看分析结果来优化产品设计和工艺设置，并评估使用该工艺的可行性。

除此之外，Moldflow Insight 还可以进行塑件的应力分析、工艺优化分析、实验设计，预测热固性塑料的流动成型、反应注射成型、增强型反应注射成型质量，分析树脂传递模的可行性，等等。本书以 Moldflow 2021 版本的 Moldflow Insight 为工具，阐述该软件在注塑模流分析中的应用。

1.3.2　Moldex3D

Moldex3D 为台湾科盛科技公司研发的三维实体模流分析软件，是一套完整的真实三维分析软件。在分析模型方面，Moldex3D 采用三维实体网络，根据塑料件实体来建造，符合真实情况，并可以完全自动化生成网格，轻松建模。在模拟技术方面，Moldex3D 采用真实三维实体模流分析技术，通过严谨的理论推导与反复的验证，考虑了 Skin-Surface 分析法与 MidPlane 分析法没有考虑的惯性效应、非恒温流体等许多实际情况，拥有更稳定快速准确的计算能力，可进行真正三维实体模流分析，使分析结果更能接近现实状况，并且大大节省工作时间。该软件搭配人性化的操作界面与新引入的三维立体绘图技术，真实呈现所有分析结果，让用户学习更容易，操作更方便。

利用此软件，用户可以仿真出成型过程中的充填、保压、冷却及脱模塑件的翘曲过程，并且可在实际开模前准确预测塑料熔体流动状况、温度、压力、剪切应力、体积收缩量等变量在各程序结束瞬间的分布情形，以及压力变化及锁模力等变量随时间的历程曲线和可能发生熔接线及气穴的位置。同时，Moldex3D 也可用来评估冷却系统的好坏并预估成型件的收缩翘曲行为。相比于 Moldflow，Moldex3D 软件的缺点是分析结果不如 Moldflow 准确，尤其在分析变形方面。

材料数目也不到 Moldflow 材料库的 50%，但其价格便宜，在亚洲市场占有相当的份额。

1.3.3　HsCAE

HsCAE（华塑 CAE）塑料注射成型过程仿真集成系统是华中科技大学模具技术国家重点实验室华塑软件研究中心推出的注射成型 CAE 软件，用来模拟、分析、优化和验证塑料零件成型和模具设计。它采用了国际上流行的 OpenGL 图形核心和高效精确的数值模拟技术，支持如 STL、UNV、INP、MFD、DAT、ANS 等通用的数据交换模式，支持 IGES 格式的流道和冷却管道的数据交换。目前流行的 CAD 软件所生成的制品模型通过其中任意格式均可输入并转换到 HsCAE 系统中，进行方案设计、分析和显示。HsCAE 包含有丰富的材料数据参数和上千种型号的注塑机参数。

HsCAE 能预测充模过程中的流动前沿位置、熔接痕和气穴位置、温度场、压力场、剪切应力场、剪切速率场、表面定向、收缩指数、密度场和锁模力等物理量；冷却过程模拟支持常见的多种冷却结构，为用户提供型腔表面的温度分布数据；应力分析可以预测制品在脱模时的应力分布情况，为最终的翘曲和收缩分析提供依据；翘曲分析可以预测制品脱模后的变形情况，预测最终的制品形状；气辅分析用于模拟气体辅助注射成型过程，可以模拟中空零件的成型和预测气体的穿透厚度、穿透时间以及气体体积占制品总体积的百分比等结果。利用这些分析数据和动态模拟，可以优化浇注系统和工艺条件，指导用户优化冷却系统和工艺参数，缩短设计周期，减少试模次数，提高和改善制品质量，从而达到降低生产成本的目的。HsCAE 与 Moldflow 相比，从材料库到分析功能均存在一定差距，但随着我国注塑工业的发展和科研水平的提高，其分析能力必将得到不断提升和改善。

除上述注塑成型 CAE 软件，目前世界上较流行的软件还包括 Plastic and Computers 公司的 TMCO-NCEPT 专家系统，德国 IKV 研究所的 CADMOULD 等。

1.4　本章小结

本章概括地介绍了注塑成型 CAE 技术的基本原理及发展历史，分析了影响注塑成型 CAE 分析精度的因素，讨论了注塑成型 CAE 技术的应用对现代塑料工业的有力辅助作用及发展趋势，最后介绍和对比了常用的注塑模流分析软件。

1.5　习题

1. 概括说明有限元分析方法的基本思想。
2. 注塑成型流动模拟技术的三个发展阶段分别是什么？
3. 影响注塑成型 CAE 分析精度的因素有哪些，如何提高 CAE 的分析精度？
4. Moldflow 的两个功能模块是什么？Moldflow 的常用功能有哪些？

第 **2** 章 Autodesk Moldflow 操作基础

Autodesk Moldflow 2021 支持 64 位 Win10/Win11 系统，在安装 Moldflow Synergy（用户界面）和 Moldflow Insight（高级成型分析专家）后方可正常使用。

2.1 Moldflow 操作界面

Moldflow 操作界面如图 2-1 所示，主要由 8 个部分组成：标题栏、功能区、工程管理窗口、方案任务窗口、层管理窗口、日志窗口、导航条和模型显示窗口。

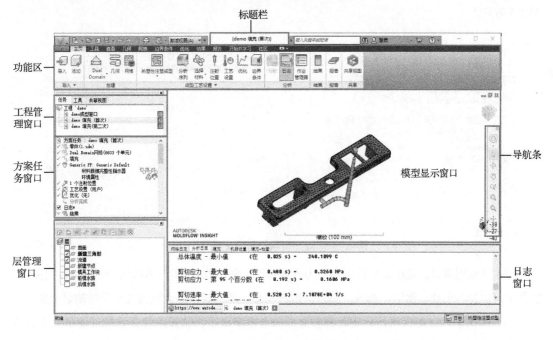

图 2-1　Moldflow 操作界面

（1）标题栏，位于操作界面顶端，显示当前方案任务的名称。

（2）功能区，位于标题栏下方，包括主页、工具、查看、网格、边界条件等选项卡，可左右拖动这些选项卡来变换它们的位置。

单击不同的选项卡，即可在功能区中显示对应的工具按钮；单击"主页"选项卡中的工具按钮也可跳转至对应的选项卡。例如，单击"网格"选项卡，或单击"主页"选项卡中的■（网格）按钮，功能区均可跳转至"网格"选项卡，显示其包含的工具按钮，图 2-2 所示。

图 2-2　功能区 "网格" 选项卡

（3）工程管理窗口，显示当前工程项目包含的所有方案任务的详细信息，方便用户在同一工程项目的不同方案任务之间进行切换和管理。各方案任务名称前后的图标分别表示该方案任务的网格类型和分析序列，双击即可打开对应方案任务。

（4）方案任务窗口，显示当前方案任务的详细信息，包括模型、网格、分析序列、材料、注射位置、工艺设置和分析结果等。直接双击某条信息即可进行操作，也可右键单击某条信息，在弹出的快捷菜单中选择相应的操作。例如，在材料信息处双击，或者右键选择该处并在弹出的快捷菜单中选择 "选择材料" 命令，均可弹出 "选择材料" 对话框，用以编辑塑件材料，如图 2-3 所示。

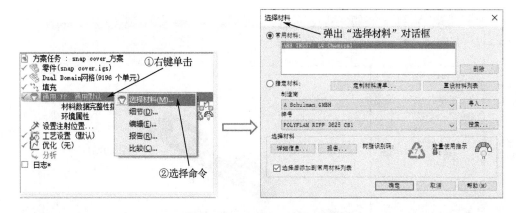

图 2-3　"选择材料" 对话框的弹出

（5）层管理窗口，显示默认层和用户为方便操作而创建的所有层，类似于 AutoCAD 的图层，操作者可以进行创建、激活、删除、指定、展开和清除层的操作，也可以打开和关闭显示层。

（6）日志窗口，每次执行分析时都会生成一个方案日志，该日志包含分析过程中生成的各类信息，会报告方案任务使用的所有输入、遇到的所有警告或错误，并提供填充和保压阶段结束时生成结果的摘要。

打开或隐藏日志窗口的方式有三种：①在方案任务窗口内 ☑ 日志* 复选框处勾选或去除勾选；②在操作界面右下角单击 日志 按钮；③单击 "主页" 选项卡中的 （日志）按钮。

（7）导航条，用来进行模型的旋转、平移、缩放、设置中心和测量等操作。

（8）模型显示窗口，用来显示模型或分析结果。

以上操作界面元素的显示与关闭均可定制。单击 "查看" 选项卡，再单击 "用户界面" 按钮，在其下拉面板中对相关界面元素进行勾选或去除勾选，则可在操作界面中显示或隐藏对应的界面元素。单击"清理屏幕"按钮，则可最大限度地显示模型显示窗口，再次单击则可恢复至用户定制的操作界面。

2.2 Moldflow 基本操作

本节介绍 Moldflow 2021 的基本操作，其中"选项"菜单用来更改首选项，如语言、配色方案、显示的默认结果和常用材料的设置；"主页"选项卡则集中了 Moldflow 的常用命令。

2.2.1 首选项设置

单击操作界面左上角  按钮，在弹出的下拉菜单中单击 选项 按钮，打开"选项"对话框。该对话框包含 12 个选项卡，用于对系统进行设置。

1）"常规"选项卡

"常规"选项卡的主要选项如图 2-4 所示，在其中可设置单位，有英制单位和公制单位两种；可根据习惯选择自动保存的时间间隔；可设置栅格尺寸和平面大小，用于辅助用户进行建模操作。

2）"目录"选项卡

该选项卡用于选择和更改系统默认的工作目录。

3）"鼠标"选项卡

该选项卡用于设置鼠标按键和键盘组合键功能，用户可根据个人操作习惯自行设置，其主要选项如图 2-5 所示。常用设置为：左键选择，右键平移，中键（滚轮按下）旋转，滚轮滑动为动态缩放。在"工程项目"选区中可将打开项目的方式设定为单击或双击。

图 2-4 "常规"选项卡　　　　　　　　图 2-5 "鼠标"选项卡

4）"结果"选项卡

该选项卡用于定义各个分析类型中所需要的分析结果，如图 2-6 所示。单击"默认结果"列表框下方的 添加/删除... 按钮，弹出如图 2-7 所示的"添加/删除默认结果"对话框，以增加或删减分析结果。单击"默认结果"列表框下方的 顺序... 按钮可对分析结果进行排序。

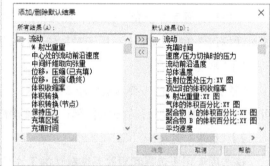

图 2-6 "结果"选项卡 　　　　图 2-7 "添加/删除默认结果"对话框

以上为"选项"对话框中的常用选项卡，除此之外，用户还可利用"背景与颜色"选项卡设置实体、单元、网格线和背景的颜色；利用"默认显示"选项卡设置模型元素的显示方式；利用"报告"选项卡，设定报告文件格式，以及报告中引用图片的尺寸和动画播放速度等。

2.2.2　Moldflow 常用命令

打开 Moldflow 后，操作界面并不显示"主页"选项卡，只有在打开或新建工程后才可显示。"主页"选项卡下设"导入""创建""成型工艺设置""分析""结果""报告""共享"7 个面板，如图 2-8 所示。

图 2-8 "主页"选项卡

1. "导入"面板

其用以进行模型的导入，导入方式分为"导入"和"添加"两种。"导入"是选择模型导入，同时在工程下生成一个新的方案任务，导入的模型即为该方案任务中的模型。"添加"是将所选模型添加到当前方案任务中，用以构建同时生产不同制件的多腔模具，或者将 CAD 软件创建的浇注系统和冷却系统的模型或曲线导入。

2．"创建"面板

其用以进行模型的前处理，包括网格类型的指定、几何建模和网格的划分。单击▨（Dual Domain，双层面）按钮可以弹出"网格类型"下拉菜单，如图 2-9 所示，以指定网格类型。单击▨（几何）按钮，可自动跳转至"几何"选项卡，如图 2-10 所示，以进行几何建模。单击▨（网格）按钮，则可自动跳转至"网格"选项卡，如图 2-11 所示，以进行网格的创建、诊断和修改。

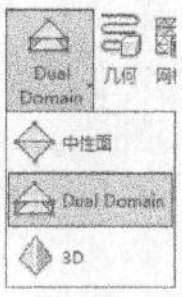

图 2-9 "网格类型"下拉菜单

图 2-10 "几何"选项卡

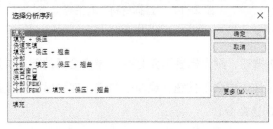

图 2-11 "网格"选项卡

3．"成型工艺设置"面板

成型工艺设置和分析是 Moldflow 软件的核心，是模流分析的主要工作。此组按钮可执行成型工艺类型选择、分析序列选择、成型材料选择和工艺设置等操作。

1）成型工艺类型选择

单击 ▨（热塑性注塑成型）按钮，打开"工艺类型"下拉菜单，在其中选择成型工艺类型。需要说明的是，Moldflow 的成型工艺分析并不支持所有网格类型，因此选择不同的网格类型，这里对应的下拉菜单选项也是不同的。

2）分析序列选择

单击▨（分析序列）按钮，打开如图 2-12 所示的"选择分析序列"对话框，在其列表框中单击选择需要进行的分析序列，再单击 ▨ 确定 ▨ 按钮即可。

列表框中的分析序列可以定制，方法如图 2-13 所示。单击 ▨ 更多(M)... ▨ 按钮，打开"定制常用分析序列"对话框，根据分析需要，勾选所需的分析项目，单击 ▨ 确定 ▨ 按钮，返回到"选择分析序列"对话框，此时所勾选的项目即可出现在该对话框的列表框中。

图 2-12 "选择分析序列"对话框

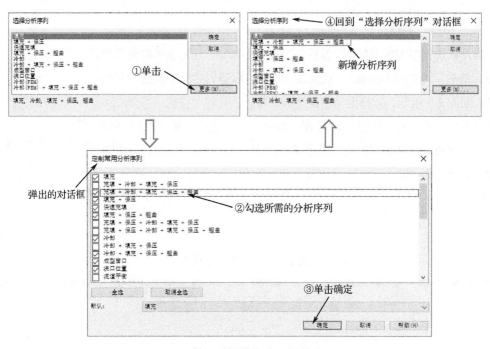

图 2-13　定制分析序列的步骤

3）成型材料选择

单击 ^{选择材料}（选择材料）按钮，打开如图 2-14 所示的"选择材料"对话框，可根据材料的制造商、牌号或缩写等信息搜索选择材料，具体操作见 5.2.1 节。

图 2-14　"选择材料"对话框

4）注射位置设置

单击 ^{注射位置}（注射位置）按钮，则光标显示变为 ，单击合适的节点位置即可指定浇口位置。指定完毕后重新单击 ^{注射位置}（注射位置）按钮，或单击右键，在弹出的快捷菜单中选择"完成注射位置设置"选项即可关闭该命令。

5）工艺设置

单击 （工艺设置）按钮，即可打开"工艺设置向导"对话框，以完成成型工艺条件的设置。不同的成型工艺和分析序列对应的工艺设置内容不同。例如，对于填充分析，用户需要设置模具温度和熔体温度，再选择合理的方法控制填充即可；而对于冷却分析，用户则除需要设置模具温度、熔体温度和填充控制方法外，还需要设置速度/压力切换点、保压压力曲线等参数。工艺设置十分重要，是模流分析的主要工作。有关工艺设置的具体方法，将会在本书的后续内容中具体讲解。

4."分析"面板

单击 （分析）按钮，打开"Simulation Compute Manager"（模拟计算管理器）对话框，用户可选择在本地主机或在"云"中进行分析。

单击 （日志）按钮可显示/关闭日志窗口。

单击 （作业管理器）按钮，将弹出"作业查看器"对话框，以控制正在运行或已计划运行的方案任务分析。

5."结果"面板

单击 （结果）按钮，可自动跳转至"结果"选项卡，如图 2-15 所示，以查看分析结果。有关分析结果的查询方法，将会在本书的后续内容中，结合实例的分析结果具体讲解。

图 2-15 "结果"选项卡

6."报告"面板

单击 （报告）按钮，可自动跳转至"报告"选项卡，如图 2-16 所示，以指定报告中的封皮、文本、图像和布局属性，并生成报告。

图 2-16 "报告"选项卡

2.3 Moldflow 分析流程

采用 Moldflow 进行常规模流分析的流程如图 2-17 所示，可以概括地分为"模型准备→分析设置→分析计算→分析结果"4 大步，其中模型准备和分析设置可以称为前处理，分析结果的解读、优化等则可称为后处理。

1. 模型准备

首先应建立网格模型，为后续分析做准备，具体包括以下几步：

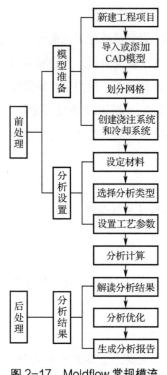

图 2-17 Moldflow 常规模流
分析流程

（1）新建一个工程项目，用于记录工程方案。

（2）导入或添加 CAD 模型。考虑到分析计算的效率和可靠性，应对 CAD 模型进行必要的检测和简化。

（3）划分网格。应根据塑件的尺寸和结构合理设置网格尺寸，并对划分的网格进行网格诊断和修改。网格质量的好坏直接影响到分析结果的准确性。

（4）创建浇注系统和冷却系统。Moldflow 分析需要指定浇口位置，有时还需要创建浇注系统和冷却系统的网格模型。

2. 分析设置

分析设置包括指定材料、选择分析类型和设置工艺参数。

（1）指定材料。在材料库中选择成型材料，或者自行设定材料的各项参数。材料的成型性能会极大影响成型过程，Moldflow 的分析必须在选择材料以后进行，所得结果才是有价值的。

（2）选择分析类型。根据分析的主要目的选择相应的模块进行计算。

（3）设置工艺参数。按照选择的分析类型，设置相应的温度、压力和时间等工艺参数。

3. 分析计算

完成网格模型准备和分析设置后，启动分析命令即可进行分析计算。根据网格数量和分析类型的不同，分析的时间长短不一。

4. 分析结果

分析结束后，查看分析计算所获得的温度和压力等变量的变化和分布，以及产品形状等分析结果。大部分分析类型对应的分析结果都比较多，应优先解读首要结果，即重要结果，结合次要结果，讨论产品在成型过程中出现的问题，并根据分析结果进行优化。最后生成分析报告，以供查阅和讨论。

2.4　Moldflow 入门分析实例

Moldflow 的填充分析过程较为典型，且相对简单。本节以此过程为例，介绍采用 Moldflow 对塑件进行模流分析的操作过程。通过本节讲解，读者可对采用 Moldflow 进行模流分析的基本流程和操作有一个简要的了解。

分析对象为塑料夹子，如图 2-18 所示。要求：

① 完成网格模型的创建。

② 指定材料。

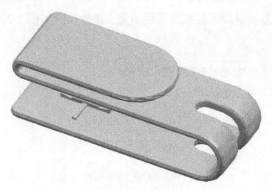

③ 运行填充分析。

④ 查看填充分析结果。

图 2-18　塑料夹子

步骤 1　新建工程项目。

打开 Moldflow 后，单击功能区中的 █（新建工程）按钮，打开"创建新工程"对话框。输入工程名称"clip-ch2"，然后单击 █ 确定 █ 按钮，可以观察到工程名出现在工程管理窗口中，工程项目创建完毕。操作步骤如图 2-19 所示。

步骤 2　导入 CAD 模型。

单击功能区中的 █（导入）按钮，打开第 1 个"导入"对话框，在随书资源目录第 2 章/源文件中找到文件 clip.stl 并双击，则弹出第 2 个"导入"对话框，设置网格类型为"Dual Domain"，保持公制单位"毫米"不变，单击 █ 确定 █ 按钮，可以在模型显示窗口看到导入的模型，则 CAD 模型导入操作完成。操作步骤如图 2-20 所示。

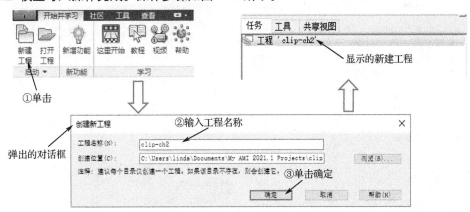

图 2-19　新建工程项目操作步骤

步骤 3　网格的划分、诊断和修复。

1）网格划分

单击"网格"选项卡，再单击其中的 █（生成网格）按钮，注意到工程管理窗口"工具"选项卡中出现"生成网格"界面，在其中设置全局边长为"1.5"mm，其他选项保持默认值，

单击 网格(M) 按钮，则弹出"Simulation Compute Manager"对话框，保持默认选项，即在本地主机进行计算，单击 启动 按钮，开始划分网格。待弹出提示网格划分完成的对话框后，网格划分完毕，在模型显示窗口可观察到网格模型。操作步骤如图 2-21 所示。塑料夹子的网格模型如图 2-22 所示。

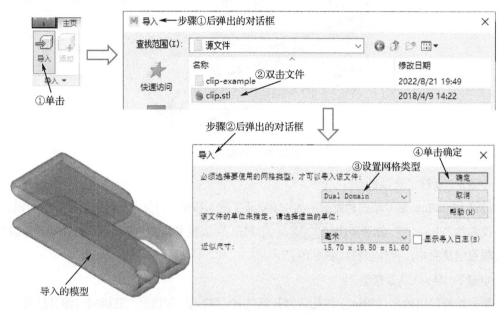

图 2-20　导入 CAD 模型操作步骤

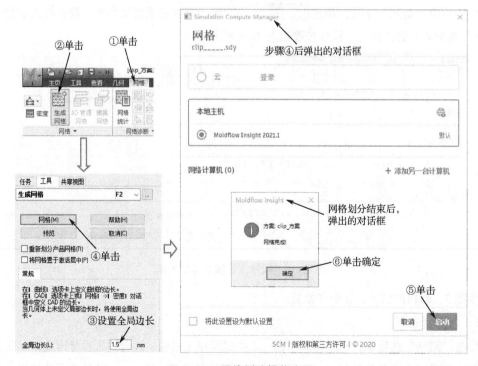

图 2-21　网格划分操作步骤

图 2-22　塑料夹子的网格模型

2）网格诊断

单击功能区中的 （网格统计）按钮，在工程管理窗口"工具"选项卡"网格统计"界面中单击 ✔ 显示 按钮，则网格信息将显示在界面下方的文本框内，单击 ↗ 按钮，可单独弹出"网格信息"对话框。根据该对话框信息，划分的网格模型只有最大纵横比过大，没有其他网格缺陷需修复。本步操作过程如图 2-23 所示。

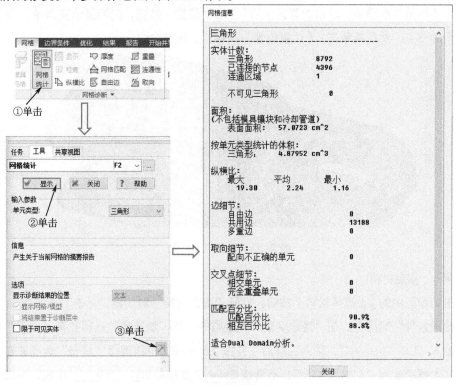

图 2-23　网格诊断操作步骤

3）网格修复

单击功能区中的 纵横比 按钮，在工程管理窗口"工具"选项卡中设置网格的最小值为"14"，勾选"将结果置于诊断层中"复选框，然后单击 ✔ 显示 按钮，注意到在层管理窗口中多了一个"诊断结果"层，同时模型显示窗口显示纵横比诊断结果，如图 2-24 所示。网格修复是一项复杂费时的工作，无法简短说明，有关操作将在 3.5 节中详细说明，在此不做展开。读者可双击工程文件第 2 章/源文件/clip-example/ clip-example.mpi，继续跟做后面的操作。

图 2-24　网格纵横比诊断操作步骤

步骤 4　设置注射位置。

选择"主页"选项卡，单击功能区中的 ▓（注射位置）按钮，光标显示变为 ╀，单击如图 2-25 所示的节点，然后再单击 ▓（注射位置）按钮，退出该命令。

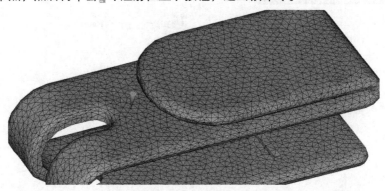

图 2-25　设置注射位置

步骤 5　指定材料。

单击功能区中的 ▓（选择材料）按钮，打开"选择材料"对话框，单击 搜索... 按钮，弹出"搜索条件"对话框。在"搜索字段"列表框中选择"制造商"选项并在"子字符串"文本框中输入"LG Chemical"，输入完成后不需按 Enter 键，继续选择"牌号"选项并在"子字符串"文本框中输入"ABS TR557"，不需按 Enter 键直接单击 搜索 按钮，弹出"选择热塑性材料"对话框。在其中选择列表框中第一行材料，单击 选择 按钮，回到"选择材料"对话框，然后单击 确定 按钮，即可完成指定材料操作。可以注意到方案任务窗口中塑件的材料发生了变化。操作步骤如图 2-26 所示（按"制造商"搜索与按"牌号"搜索的操作步骤基本一致，图中未赘述）。

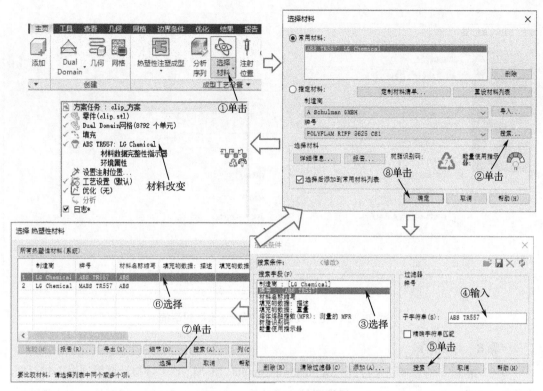

图 2-26 指定材料操作步骤

步骤 6 选择分析类型。

单击功能区中的 （分析序列）按钮，打开如图 2-27 所示的"选择分析序列"对话框，在列表框中选择"填充"分析序列，单击 [确定] 按钮即可。

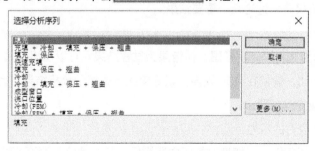

图 2-27 "选择分析序列"对话框

步骤 7 设置工艺参数。

单击功能区中的 （工艺设置）按钮，打开如图 2-28 所示的"工艺设置向导-填充设置"对话框，选择"填充控制"方式为"注射时间"，在文本框中设置注射时间为 0.56s；选择"速度/压力切换"方式为"由%充填体积"，在文本框中设置切换点为 99%，单击 [确定] 按钮即可完成工艺参数的设置。

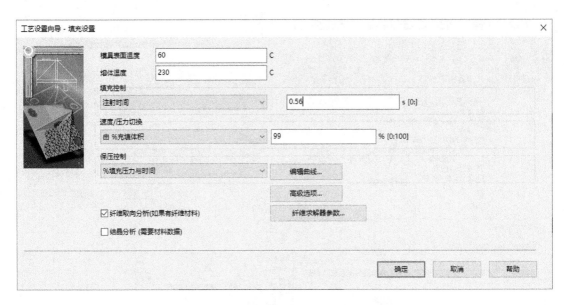

图 2-28 "工艺设置向导–填充设置"对话框

步骤 8 分析计算。

单击功能区中的 ⬛分析 按钮,打开 "Simulation Compute Manager"(模拟计算管理器)对话框,保持默认选项,单击 启动 按钮,即可开始分析计算。日志窗口开始滚动模型信息和分析数据。待弹出提示分析完成的对话框后,分析完毕。

步骤 9 查看分析结果。

分析计算完毕后,可在方案任务窗口查看各分析结果。勾选相应结果项,则结果可显示于模型显示窗口。本节仅简单讨论几个重要结果。

1)充填时间

如图 2-29 所示为充填时间阴影图,该结果为过程结果。可以看出充填时间为 0.6229s,与设定注射时间 0.56s 比,偏差在 0.5s 以内。以等值线方式展示分析结果,也未发现滞留位置,说明浇口位置满足填充均衡要求。

2)速度/压力切换时的压力

如图 2-30 所示为速度/压力切换时的压力阴影图,其中数值为速度/压力切换时所需要克服的压力。可以看出,峰值为 17.22MPa,出现在浇口附近,远小于 ABS 材料对应的压力限值 120MPa。若已指定注塑机,需注意是否超过注塑机的最大注射压力。

3)锁模力

查看日志文件可知填充过程中,型腔所需的最大锁模力为 0.3685 吨。若已指定注塑机,需注意是否超过注塑机的最大锁模力。

4)流动速率

查看日志文件中速度/压力切换时的流动速率,可得最大注射速率为 8.65cm³/s。若已指定注塑机,需注意是否超过注塑机的最大注射速率。

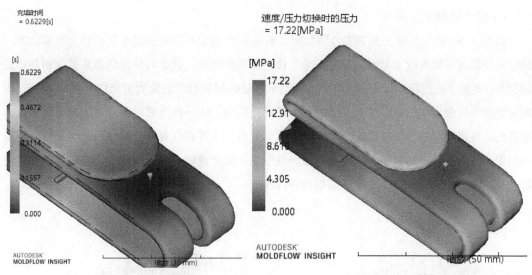

图 2-29 充填时间阴影图　　　　图 2-30 速度/压力切换时的压力阴影图

5）压力

如图 2-31 所示为压力阴影图，该结果为过程结果。图示为填充结束时刻的压力，可以看到型腔中压力最大值为 17.22MPa，压力差值在 40MPa 以内，表明保压压力较均衡。

6）熔接痕

如图 2-32 所示为熔接痕分布图，熔接痕出现在箭头标注的位置附近。熔接痕应避免出现在应力集中处、薄壁处、受力处和外观处，同时综合考虑熔接痕形成时的熔体温度。

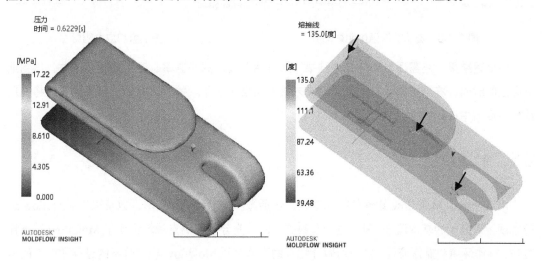

图 2-31 压力阴影图　　　　图 2-32 熔接痕分布图

7）流动前沿温度

如图 2-33 所示为流动前沿温度阴影图，显示熔体流动前沿到达某点时的温度，所示温度应在材料允许的熔体温度范围内变化。图示塑件在填充过程中，熔体流动前沿温度为 229.9～230.0℃，ABS 材料的熔体推荐温度为 215～255℃。熔体流动前沿温度波动很小且在规定范围内。

8）壁上剪切应力

如图 2-34 所示为壁上剪切应力阴影图，表示冻结/熔化界面处的每单元面积上的剪切力，超过限制值则可能因应力而出现在顶出或工作时开裂等问题。因此对使用环境恶劣的制品和透明制品，此值不应超标，其余情况允许适当超标。ABS 材料推荐的最大剪切应力为 0.3MPa，而本例结果中的最大剪切应力为 0.3493MPa，超出限制值。进一步查看结果发现，超出区域仅出现在浇口位置处的超小区域，应基本不影响成型效果。也可在设置浇注系统后再次分析，查看该结果，若型腔部分的壁上剪切应力仍超出限制值，可考虑降低注射温度、提高料温、多段注射、改变浇口位置和数量、改变产品结构等方法。

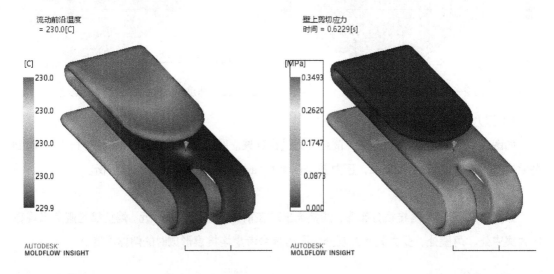

图 2-33 流动前沿温度阴影图   图 2-34 壁上剪切应力阴影图

除上述结果，还需适当关注其余结果，如总体温度、剪切速率、注射位置处压力、达到顶出温度的时间、冻结层因子、气穴、填充末端冻结层因子等。关于填充分析结果的解读将在后续相关章节中详细讨论。

2.5 本章小结

本章介绍了 Moldflow 软件的操作基础，包括操作界面和操作菜单，以及采用 Moldflow 进行常规模流分析的基本流程。最后结合塑料夹子的填充分析实例直观地说明了 Moldflow 的操作方法、操作环境和操作流程。本章所做介绍有助于读者对 Moldflow 模流分析的过程和软件的基本操作形成总体的认识。

2.6 习题

1. Moldflow 的操作界面由哪几个部分组成？

2. 简述采用 Moldflow 进行常规模流分析的流程。

3. 尝试对如图 2-35 所示的塑料圆环进行填充分析（源文件位置：第 2 章/练习文件/ring.igs）。

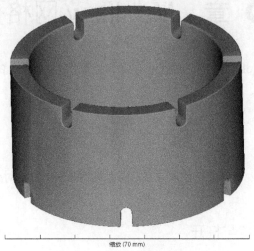

缩放 (70 mm)

图 2-35 塑料圆环

第 3 章　Moldflow 网格处理

本章将讲述如何向 Moldflow 导入模型，以及如何运用 Moldflow 的网格处理功能生成网格模型，以供模拟计算使用。

3.1　模型准备

工程项目是 Moldflow 中的最高管理单位，创建或编辑一个分析时必须先创建或打开一项工程项目。

3.1.1　工程项目的创建与打开

启动 Moldflow 软件，单击功能区中的 ![icon]（新建工程）按钮，打开如图 3-1 所示的"创建新工程"对话框。在"工程名称"文本框中输入工程名称，单击 浏览(B)... 按钮可以改变工程创建/存储路径，然后单击 确定 按钮即可完成工程项目的创建。

若单击功能区中的 ![icon]（打开工程）按钮，则可打开如图 3-2 所示的"打开工程"对话框。打开工程项目的操作与用 Windows 系统的其他软件打开文件的操作方式相同，不再赘述。

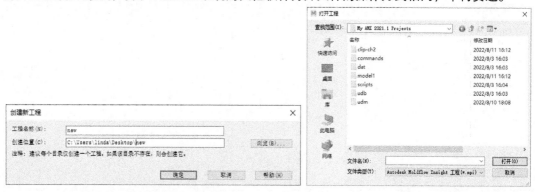

图 3-1　"创建新工程"对话框　　　　　　　图 3-2　"打开工程"对话框

工程项目创建完毕后，并不包含任何方案任务，可以在项目中导入一个已经完成的 CAD 模型以生成方案任务。

3.1.2　模型导入

模型的导入方式分为"导入"和"添加"两种，操作过程相似。

单击功能区中的 ![icon]（导入）按钮，打开第 1 个"导入"对话框，如图 3-3 所示。找到待导入的 CAD 文件并双击，此时弹出第 2 个"导入"对话框，如图 3-4 所示，在其中设置网格类型和单位后，单击 确定 按钮，则可在模型显示窗口看到导入的模型，同时在工程管理窗口中创建新的方案任务，CAD 模型导入操作完成。

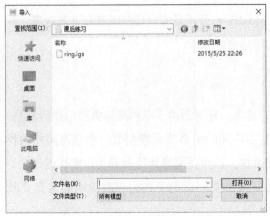
图 3-3 "导入"对话框（一）

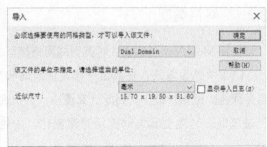
图 3-4 "导入"对话框（二）

单击功能区中的 （添加）按钮，可执行模型添加操作，操作方式与前述步骤相似，读者可自行操作体会。与导入模型不同的是，添加模型不会新建方案任务，而是将所选模型添加到当前方案任务中。这一操作通常用于分析生产不同制件的多腔模具，或者将 CAD 软件创建的浇注系统和冷却系统的模型或曲线导入到 Moldflow 中。

> 若导入或添加模型时，网格类型设定错误，可单击功能区"主页"选项卡中的 ☐（Dual Domain，双层面）按钮[若初始选择为"中性面"，则此处出现的按钮为 ◇（中性面）按钮，以此类推]，在弹出的下拉菜单中重新选择网格类型即可。若单位选择错误，则可在"选项"对话框的"常规"选项卡中更改，见 2.2.1 节。

Moldflow 中可以导入的 CAD 模型文件有.stl 文件、.igs 文件、.step 文件、由 Ansys 或 Pro/E 生成的.ans 文件、由 Pro/E 或 SDRC-IDEAS 生成的.unv 文件、由 CATIA 或 UniGraphic 生成的.ans 和.bdf 文件、Parasolid 文件等。由于各种主流 3D 软件的内核和精度不同，它们的模型在导入到 Moldflow 后划分出来的网格质量也不同。以常见的.stl、.igs 和.step 三种格式的文件为例，.igs 格式的文件在划分网格后，匹配率往往比.stl 和.step 格式的文件更高，但是有些产品的模型却易出现曲面重叠或缺失，给分析前处理工作带来巨大的工作量。因此.igs 格式的文件是曲面类产品的通用模型，当.igs 文件质量较差时，优先使用.stl 格式。当装有 MDL（ Moldflow Design Link ）软件包时，则建议优先使用.step 格式。

导入的模型应该是完整的，不存在曲面间的空隙，否则应先通过 Moldflow CAD Doctor 进行模型的修复。另外，模型上的微小结构，如小倒角、圆角，对分析结果影响不大，但对网格划分不利，也可在模型导入前修掉。

3.2 网格划分

Moldflow 的分析是基于网格模型进行的，能准确呈现零件结构的 CAE 网格模型是分析的基础。将 CAD 模型合理进行网格划分，能保证 Moldflow 分析具有合理的精度和计算效率。网格模型的构造工作包括网格划分、网格诊断和网格修复。

3.2.1 网格类型

使用 Moldflow 可实现 3 种类型的网格模型的建立，分别适用于不同结构类型的塑料制品。

（1）中性面网格：提取位于模具型腔面和型芯中间的层面作为模型面。中性面网格的优点是网格数量相对较少，因此计算量小，分析速度快；缺点是网格处理时间长，简化假设多，无法精确表达温度和流动前沿速度变化。中性面网格主要适用于结构相对简单的薄壁壳状塑件。

（2）双层面网格：提取模具型腔面或制品的外表面作为模型面。双层面网格的优点是网格处理较方便，能精确表达厚度层面的温度和流动前沿速度变化；缺点是网格数量多，分析时间较长，简化假设较多，分析结果数据不够完整。双层面网格适用于大多数薄壁塑件，允许出现局部厚壁（允许任何局部在流动方向上的宽度/厚度值在 4 以上，若该比值在 10 以上则计算结果更准确）。

（3）3D 网格。3D 网格的优点是简化少，分析结果数据最完整精确，可准确模拟转角及其他特征的非层流现象；缺点是计算量巨大，计算时间过长。3D 网格适用于厚壁塑件（长度、宽度为该处壁厚的 4 倍以下）。

由于双层面网格模型既具有类似于中性面网格模型的高计算效率，又具有类似 3D 网格模型的真实感，而塑件又多为薄壁类，所以双层面网格是应用最多的网格类型。

3.2.2 网格密度

通常网格密度越高，分析结果越精确，但计算时间也会增加。合理的网格密度，应兼顾计算效率和分析精度。打开"网格"选项卡，单击功能区中的 [图标]（生成网格）按钮，注意到工程管理窗口"工具"选项卡中出现"生成网格"界面，如图 3-5 所示。不同的网格类型，该界面所含内容也有所区别，这里仅讲述双层面网格对应的内容。

（1）"重新划分产品网格"复选框，若勾选，则会对模型的所有可见面重新划分网格；否则只对那些尚未划分网格的可见模型面划分网格。

（2）"将网格置于激活层中"复选框，若勾选，则会把网格单元层放置在"激活层"窗口中。

（3）"全局边长"文本框，用于设置生成网格时使用的目标网格单元长度。系统会给出一个推荐值，该数值是按照总网格数在 3 万以内为原则自动计算得到的。用户可在文本框中直接输入全局边长。如果边长设置过长，则可能会在某些区域忽略此设置。例如，若指定的边长较长，则将在网格的平直区域使用预设值作为网格边长，但在弯曲、圆弧及细小结构处会自动根据实际情况调小网格边长。

对于面网格，通常建议全局边长取塑件厚度的 1.5～5 倍，若模型复杂程度允许，尽量选择 2 倍厚度为全局边长；对于要转换为 3D 网格的双层面网格，全局边长应取厚度的 2.5～3 倍。

（4）"匹配网格"复选框，用于在双层面网格的两个相应的曲面上对齐网格单元，通常勾选。

（5）"计算 Dual Domain 网格的厚度"复选框，使用双层面技术对模型进行网格划分时，此选项允许同时计算网格厚度。

（6）"在浇口附近应用额外细化"复选框，勾选此选项将细化浇口周围的网格。浇口附近较精细的网格将更好地捕获热传导、高剪切速率和其他可在此区域中快速更改的关键特性。默认值为网格全局边长的 20%。

单击 ［ 预览 ］ 按钮，可以预览显示使用设置值生成的边节点，以观察网格密度效果。设置完毕后单击 ［ 网格(M) ］ 按钮，则弹出如图 3-6 所示的 "Simulation Compute Manager" 对话框，保持默认选项，即在本地主机进行计算，单击 ［ 启动 ］ 按钮，开始划分网格。待弹出提示网格划分完成的对话框后，网格划分完毕，在模型显示窗口可观察到网格模型。

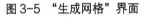

图 3-5 "生成网格"界面　　　　图 3-6 "Simulation Compute Manager"对话框

重要特征、浇口附近或预测可能会产生熔接痕的区域应使用较高密度网格，此时可通过"密度"或"重新划分网格"命令设置局部网格密度。具体操作可参考【例 3-1】步骤（3）和步骤（5）。

【例 3-1】按钮盖网格划分实例

（1）新建工程项目。

打开 Moldflow 后，单击功能区中的 （新建工程）按钮，弹出"创建新工程"对话框。输入工程名称"snap-cover"，然后单击 [确定] 按钮，工程项目创建完毕。操作步骤如图 3-7 所示。

图 3-7　新建工程项目操作步骤

（2）导入 CAD 模型。

单击功能区中的 ![导入] （导入）按钮，打开"导入"对话框，在随书资源目录第 3 章/源文件中找到文件 snap cover.igs 并双击，设置网格类型为"Dual Domain"，单击 [确定] 按钮，模型导入操作完成。操作步骤如图 3-8 所示。

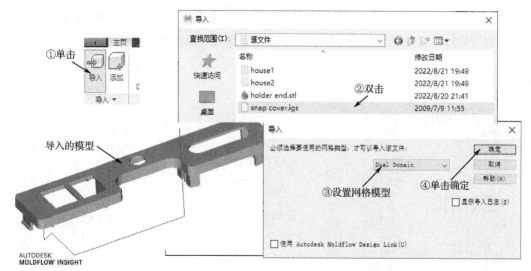

图 3-8　导入模型"snap cover.igs"的操作步骤

（3）设置局部网格密度。

进入"网格"选项卡，单击功能区中的 ![密度] 密度（密度）按钮，打开"定义网格密度"对话框。旋转塑件，选择塑件上如图 3-9 所示 4 处薄肋和立肋的底面，观察到对话框左侧列表框中对应面的编号高亮，单击 [添加>>] 按钮，将其添加到右侧列表框中，设置边长为"0.5"mm，单击 [确定] 按钮完成本步操作。

（4）划分网格。

单击功能区中的 ![生成网格] （生成网格）按钮，由于塑件厚 1.6mm，因此在"生成网格"界面中设置"全局边长"为"3"mm，其他选项保持默认，单击 [网格(M)] 按钮，开始划分网格。待弹出提示网格划分完成的对话框后，网格划分完毕。在模型显示窗口可观察到网格模型，如图 3-10 所示。旋转模型，对比设置了局部密度的表面（图 3-11 中①面、③面、④面和⑤面）与未设置局部密度的表面（图 3-11 中②面和⑥面）的网格划分结果。

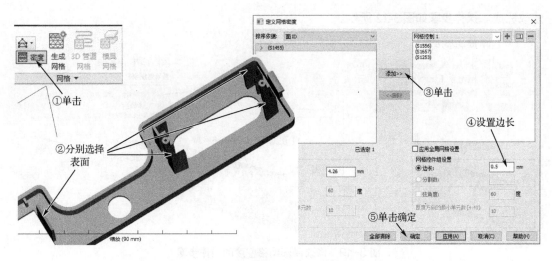

图 3-9　设置局部网格密度的操作步骤

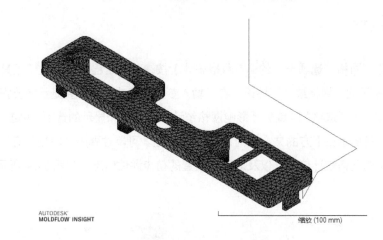

图 3-10　按钮盖的网格模型

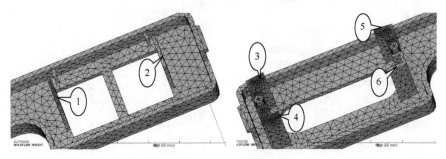

图 3-11　网格密度对比

（5）用"重新划分网格"命令修改局部网格密度。

单击功能区中的 （高级）按钮，在打开的下拉菜单中选择 重新划分网格（重新划分网格）命令，工程管理窗口"工具"选项卡中出现"重新划分网格"界面，在网格模型上直接选择需要修改网格密度的区域，在"边长"文本框中输入新网格密度或者拖动"比例"滑块，可以预览到网格模型的选中区域已经进行了网格重新划分，单击 应用(A) 按钮，则局部网格密度修改完成。操作步骤如图 3-12 所示。

（6）保存工程。

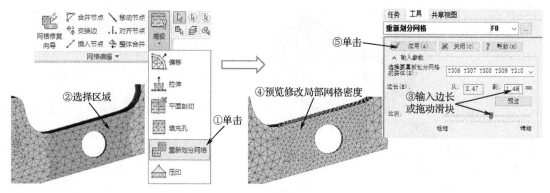

图 3-12　修改局部网格密度的操作步骤

3.3　网格统计

单击功能区"网格"选项卡中的![图标]（网格统计）按钮，在工程管理窗口"工具"选项卡中出现如图 3-13 所示的"网格统计"界面。在"输入参数"区域，选择要显示摘要报告的"单元类型"。如有需要，在"选项"区域选择影响网格统计报告内容和显示的选项。单击![显示]按钮，则网格信息将显示在下方的文本框内，单击![箭头]按钮，可单独弹出"网格信息"对话框，内容包括网格模型的几何统计信息，以及对网格质量的初步评估信息，如图 3-14 所示。

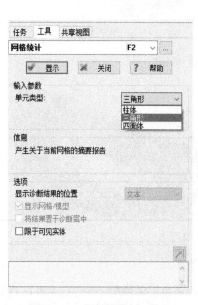

图 3-13　"网格统计"界面

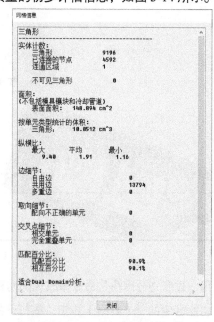

图 3-14　"网格信息"对话框

1）实体计数

"三角形"指示所有三角形单元的个数；"已连接的节点"指示节点个数；"连通区域"应为

1，即零件由单个连接区域组成，不存在实体不连续的情况。

2）纵横比

纵横比用来描述产品网格模型三角形单元形状的好坏。最好的三角形单元，是等边三角形，但是由于产品的形状复杂，三角形单元不可能都是等边三角形。但网格纵横比太大则会有许多细长网格，影响计算结果的准确性。理想的网格纵横比应达到 6：1，但大部分产品的网格很难修复到这个值，所以一般涉及"填充+流动"分析时，应至少将纵横比控制在 20：1 以内；如果涉及"冷却+翘曲变形"分析，则需要将纵横比控制在 10：1 以内。

3）边细节

"自由边"是不与其他曲面连接的边。"共用边"是与两个单元相连接的网格边。"多重边"连接两个以上的单元。对于中性面网格，模型中有自由边；但对双层面网格或 3D 网格，则模型中不应含自由边；双层面网格模型还不应包含多重边，否则需要对网格进行修复。

4）取向细节

Moldflow 要求网格模型无未取向单元，且确保单元取向正确。判断单元是否正确取向，可应用"右手法则"。网格中的所有单元均正确取向后，"取向细节"结果应该为 0。

5）交叉点细节

无论哪种网格类型，均要求无相交单元和完全重叠单元。

6）匹配百分比

匹配百分比用来诊断双层面网格当面和底面单元之间的匹配情况。"匹配百分比"是指在零件的另一侧面上找到了匹配单元的单元百分比；"相互百分比"是指向后与同一单元匹配的单元百分比。在如图 3-15 所示的网格中，图（a）的匹配百分比和相互百分比均为 100%，图（b）的匹配百分比是 100%，而相互百分比是 0。

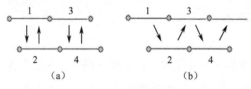

图 3-15　匹配百分比示意图

　对于一般的"填充+保压"分析，建议的最小匹配百分比和相互百分比均是 85%。如果匹配百分比介于 50% 和 85% 之间，那么软件将发出警告。如果匹配百分比低于 50%，那么分析将显示错误，并退出分析。

对于"纤维填充+保压"和"纤维翘曲"分析，为得到精确的结果，建议的匹配百分比和相互百分比均是 90% 或更高。对于"翘曲"分析，使用无纤维填充材料时，建议的最小匹配百分比是 70%；使用有纤维填充材料时，建议的最小匹配百分比是 80%。

除了纯平板状塑件，网格的匹配率是无法达到 100% 的。模型两侧特征不一致，如骨位、侧壁，都会引起匹配率降低。若网格的匹配率过低，则后续无法进行调整，只能通过简化某些细节特征或者细化网格提高。

3.4 网格诊断

网格诊断命令用于显示网格统计报告中所列问题的更多详细信息。网格诊断命令集中在"网格"选项卡的"网格诊断"组。单击"网格诊断"右侧的三角箭头，将显示隐藏的网格诊断命令，如图 3-16 所示。

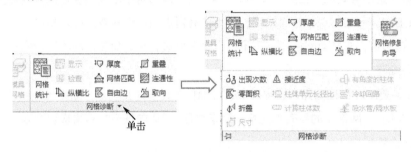

图 3-16　网格诊断命令位置

1)"显示"命令

"显示"命令为开关命令，用以显示或隐藏网格诊断结果。运行各网格诊断命令后该命令按钮激活。

2)"检查"命令

"检查"命令用于检查指定位置处的网格诊断结果。例如，诊断网格厚度后，该命令按钮可激活，用以检查指定网格厚度。

3)"纵横比"命令

若网格统计报告中发现最大纵横比过大，则需运行"纵横比"命令，找到纵横比过大的单元。单击功能区中的 纵横比 按钮，工程管理窗口"工具"选项卡处出现如图 3-17 所示的"纵横比诊断"界面。

(1)"输入参数"选区，用以输入需诊断的网格的纵横比数值。

通常推荐在"输入参数"选区中只输入最小值，最大值一栏为空，这样模型中纵横比值大于最小值的单元都将在诊断中显示。

(2)"选项"选区。各网格诊断命令对应的"选项"选区内容基本相同，具体如下。

"显示诊断结果的位置"的方式包括"文本"和"显示"。选择"文本"选项则可得到网格纵横比诊断信息文本；选择"显示"选项，则模型将显示不同颜色的线条指向诊断出的不同纵横比的网格。

"显示网格/模型"复选框默认勾选；为方便网格的修复操作，通常勾选"将结果置于诊断层中"复选框；勾选"限于可见实体"复选框，则仅可见层上的单元会被诊断标记。

4）"厚度"命令

"厚度"命令用于检查网格厚度与原 CAD 模型的厚度是否接近。单击功能区中的 🆅 厚度
按钮，工程管理窗口"工具"选项卡处出现如图 3-18 所示的"厚度诊断"界面。可直接单击
✔ 显示 按钮，则模型显示窗口会显示模型上网格单元的厚度。单击功能区中的 🔲 检查 按
钮，光标变为 $+^?$，单击网格单元即可直接查询其厚度，如图 3-19 所示。

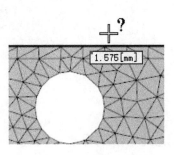

图 3-17 "纵横比诊断"界面　　　图 3-18 "厚度诊断"界面　　　图 3-19 网格厚度的查询

5）"网格匹配"命令

该命令用以诊断双层面网格模型的匹配情况。单击功能区中的 ⛰ 网格匹配 按钮，工程管理窗
口"工具"选项卡处出现"网格匹配诊断"界面。可直接单击 ✔ 显示 按钮，则模型显示窗
口会显示诊断色彩图，红色显示部分为非匹配部分，蓝色显示部分为匹配部分。若出现匹配率
过低的网格统计信息，则可通过简化红色显示部分的模型细节来提高匹配率。

6）"自由边"命令

该命令用于查找双层面网格模型中的自由边。自由边主要有两种情况：未与其他三角形单
元共享的边；网格模型中非结构性孔隙周围的边。

7）"重叠"命令

该命令用于查找网格中全部或部分重叠单元和交叉单元。

8）"连通性"命令

该命令用于诊断窗口中对象的连通性，通常用来检查浇注系统与塑件的连通性。诊断时须
先任选一个单元，则与被选中的单元连通的单元显示为红色，不连通单元为蓝色。

9）"取向"命令。

单击功能区中的 ⚿ 取向 按钮，工程管理窗口"工具"选项卡处出现"取向"界面。直接单
击"取向"界面中的 ✔ 显示 按钮即可查看单元取向。单元的顶面显示为蓝色并且应该朝向
零件的外部，底面显示为红色并且应该朝向零件的内部；否则应修改单元取向。双层面网格的
所有单元均应显示为蓝色。

3.5　网格修复

通过网格诊断命令可以发现网格模型中存在的网格缺陷，而网格的质量直接影响着模流分析结果的准确性，网格修复命令可以修复网格诊断中发现的网格缺陷。网格修复命令集中在"网格"选项卡的"网格编辑"组中。单击"网格编辑"右侧的三角箭头，将显示隐藏的网格修复命令，如图 3-20 所示。

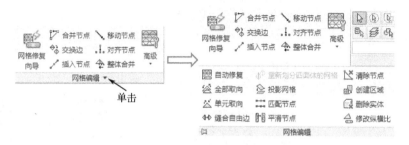

图 3-20　网格修复命令位置

3.5.1　自动修复

"自动修复"命令能自动搜索并处理网格模型中存在的交叉单元和**重叠单元**问题，同时还可以改进部分单元的网格纵横比，有效地改进网格质量。此项功能对于双层面网格模型很有效。在网格修复时，通常先使用一次或数次该功能，再对无法自动修复的网格问题进行手动修复，可以有效提高操作效率。

单击功能区中的 （网格修复向导）按钮，打开网格修复向导系列对话框。可以在每个页面上单击 修复 按钮进行自动修复，单击 前进(N)> 或 << 上一步(B) 按钮，即可进入下一个或返回上一个修复项；也可直接单击 跳过(K)>> 按钮或 完成(F) 按钮，进入最后的"摘要"对话框；单击 关闭(C) 按钮可直接关闭网格修复向导。网格修复向导可依次解决自由边、孔、突出单元、退化单元、反向法线、重叠、折叠面和过大纵横比共 8 个问题，最后将在"摘要"对话框中显示修复信息。

【例 3-2】外壳的网格统计和自动修复实例

（1）打开工程文件。

在第 3 章/例题结果文件/house1 下找到名为 house1.mpi 的工程文件，双击打开。

（2）网格统计。

打开"网格"选项卡，单击功能区中的 ![icon]（网格统计）按钮，工程管理窗口"工具"选项卡处出现"网格统计"界面。保持各选项默认设置，直接单击 ✔ 显示 按钮，再单击 ↗ 按钮，可以看到如图 3-21 所示的"网格信息"对话框。

根据网格统计结果，网格模型中含有的网格缺陷包括大纵横比单元、自由边、多重边、配向不正确单元、交叉单元和重叠单元，但匹配百分比和相互百分比较理想，因此应先进行网格修复，然后再进行分析计算。

（3）自动修复。

单击功能区中的 （网格修复向导）按钮，打开"缝合自由边"对话框。

a. 诊断信息条显示"已发现 43 条自由边"，勾选该对话框上的"显示诊断结果"复选框，注意到功能区最右侧出现"实体导航器"组，单击其中的 ⇨ 按钮可以在模型显示窗口逐个查看缺陷位置，单击对话框上的 修复 按钮，对话框底部状态条显示"已缝合 8 条自由边"，相应地，自由边数变为 35 条，如图 3-22 所示。单击 前进(N) ﹥ 按钮，打开"填充孔"对话框。

> **提示** 缝合自由边时，通常建议接受指定值 0.1mm 为缝合公差，最大不超过 0.2mm，目的是防止缝合公差过大而在壁厚较薄处出现缝合错误。

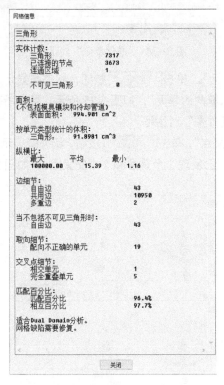

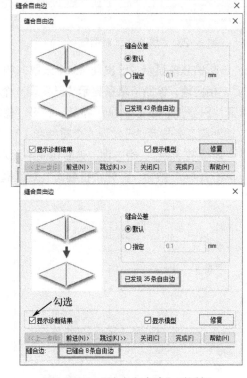

图 3-21 "网格信息"对话框　　　图 3-22 "缝合自由边"对话框

b. 诊断信息条显示"模型中可能有孔"，单击 修复 按钮，状态条显示"已修复 3 个孔"，相应地，诊断信息条显示"此模型中不存在任何孔"，如图 3-23 所示。单击 前进(N) ﹥ 按钮，打开"突出"对话框。

c. 诊断信息条显示"已发现 0 个突出单元"，不需要修复，因此直接单击 前进(N) ﹥ 按钮，打开"退化单元"对话框。

d. 保持默认公差值，即 0.001mm，单击 修复 按钮，状态条显示"已修复 1 个单元"，如图 3-24 所示。单击 前进(N) ﹥ 按钮，打开"反向法线"对话框。

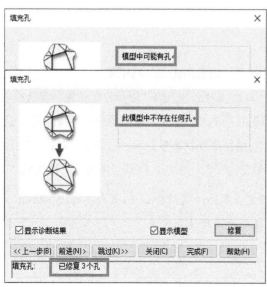

图 3-23 "填充孔"对话框

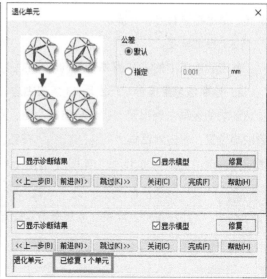

图 3-24 "退化单元"对话框

e. 诊断信息条显示"已发现 45 个未取向的单元",单击 修复 按钮,状态条显示"全部取向",相应地,诊断信息条显示"已发现 0 个未取向的单元",如图 3-25 所示,可见所有未取向单元均已修复。单击 前进(N)> 按钮,打开"修复重叠"对话框。

f. 诊断信息条显示"已发现 5 个重叠和 1 个交叉点",单击 修复 按钮,状态条显示"已修复 1 个重叠/交叉点",相应地,诊断信息条显示"已发现 3 个重叠和 2 个交叉点",如图 3-26 所示。单击 前进(N)> 按钮,打开"折叠面"对话框。

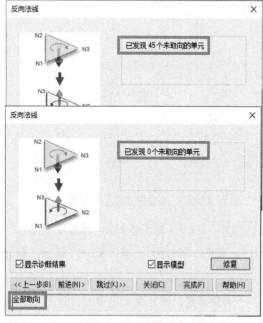

图 3-25 "反向法线"对话框

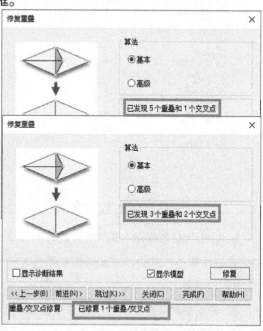

图 3-26 "修复重叠"对话框

g. 诊断信息条显示"模型边界已折叠",单击 修复 按钮,不产生任何修复操作,对话框没有变化,如图 3-27 所示。单击 前进(N)> 按钮,打开"纵横比"对话框。

h. 诊断信息条显示最大纵横比为 32.80，设置"目标"值为"15"，反复单击 `修复` 按钮，状态条分别显示"已修改 6 个单元""已修改 3 个单元""已修改 0 个单元"，网格诊断信息相应地改变，如图 3-28 所示。此时再次单击 `修复` 按钮也不再产生任何修复操作。单击 `前进(N)>` 按钮，打开"摘要"对话框，页面显示找到并已修复的网格缺陷，如图3-29 所示。

 "网格信息"对话框中显示的最大纵横比为 100000.00，而此处诊断信息条显示的最大纵横比仅为 32.80，原因是在修复纵横比前已完成了退化单元的修复。退化单元是狭长的三角形单元，纵横比极大。

（4）操作完毕，保存工程。

单击"摘要"对话框中的 `关闭(C)` 按钮关闭网格修复向导，网格自动修复操作完成，其余未修复的网格缺陷需手动完成。保存工程。

 在应用网格修复向导的过程中需要关注网格模型有没有变形失真，若变形失真则需要迅速撤销修复，然后手动修复网格缺陷。

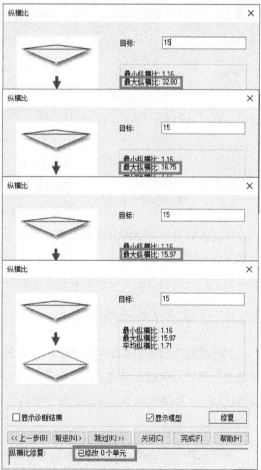

图 3-27 "折叠面"对话框   图 3-28 "纵横比"对话框

图 3-29 "摘要"对话框

3.5.2 零面积单元的修复

零面积单元是指网格中面积很小的单元，其产生原因可能是自动划分网格时出现了很大的纵横比。利用"整体合并"命令，可自动搜索合并网格模型中所有距离小于公差范围的节点对，从而达到删除零面积单元的目的。

图 3-30 "整体合并"界面

单击功能区中的 ⊹ 整体合并 按钮，工程管理窗口"工具"选项卡处出现如图 3-30 所示的"整体合并"界面，默认合并公差为 0.1mm，可根据模型的复杂度和精度要求适当调整。通常勾选界面中的其余 4 个复选框，对应目的分别是：①防止删除连接上下对应网格的侧面三角单元；②处理在早期版本软件中已划分网格的模型；③避免出现纵横比非常高的三角形单元；④删除未使用的实体标签，节省计算机内存和分析时间。单击 ✔ 应用 (A) 按钮，即可完成整体合并操作，操作完毕后界面的信息栏中会显示已合并节点数目。

采用整体合并功能无法修复的零面积单元，可利用后续所述的修改网格纵横比工具对零面积单元逐个进行修复。另外，采用整体合并功能修复零面积单元时，有时会产生一些其他的网格缺陷，但这些新产生的缺陷修复起来相对方便，因此总体上会提高网格修复效率。

3.5.3 大纵横比单元的修复

大纵横比单元是最常见的网格缺陷，这是由于在划分网格时，平直区域使用预设值作为网格边长，而圆角等细小结构处则会使用自动调小的网格边长，因此中间过渡区域难免会存在大纵横比单元。修复大纵横比单元的命令有合并节点、交换边和插入节点等。

1. 合并节点

通常在两个节点距离较近，导致三角形单元的短边远小于长边，而造成其纵横比过大时使用该命令，如图 3-31 所示。单击功能区中的 ☐ 合并节点 按钮，工程管理窗口"工具"选项卡处出现如图 3-32 所示的"合并节点"界面，分别选择要合并到的节点（合并后节点的位置）和要被合并的节点，单击 ✔ 应用(A) 按钮即可。该命令可将一个或多个节点合并到单个节点上。框选或按 Ctrl 键并单击节点，即可选择多个节点对象。

勾选"合并到中点"复选框，则将两个节点合并为两个节点之间的单个中点。

勾选"选择完成时自动应用"复选框，则只要完成选择，便会自动合并节点，不需单击 ✔ 应用(A) 按钮。合理利用该选项可提高网格修复效率。

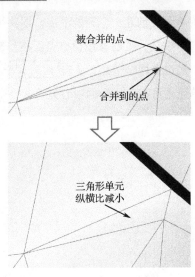

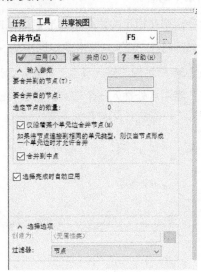

图 3-31 "合并节点"命令的操作效果　　　图 3-32 "合并节点"界面

2. 交换边

该命令用来交换两个相邻的三角形单元的公共边，如图 3-33 所示。这两个三角形单元必须在同一个平面上，否则无法交换。单击功能区中的 ✦ 交换边 按钮，工程管理窗口"工具"选项卡处出现如图 3-34 所示的"交换边"界面，分别选择具有公用边的两个相邻三角形单元，单击 ✔ 应用(A) 按钮即可。

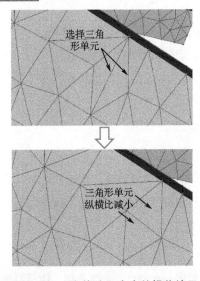

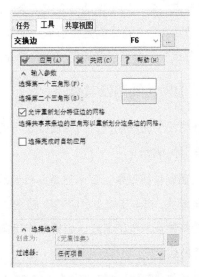

图 3-33 "交换边"命令的操作效果　　　图 3-34 "交换边"界面

勾选"允许重新划分特征边的网格"复选框，则可在重新划分所选三角形单元的网格时重新划分特征边的网格。

勾选"选择完成时自动应用"复选框，则只要完成选择，便会自动交换边，不需单击 ☑ 应用(A) 按钮。

3. 插入节点

该命令用来在指定的两个相邻节点之间或指定的单元内创建一个新的节点，以获得理想的纵横比，如图 3-35 所示。单击功能区中的 ╱ 插入节点 按钮，工程管理窗口"工具"选项卡处出现如图 3-36 所示的"插入节点"界面，选择现有单元边上两个节点，单击 ☑ 应用(A) 按钮即可在二者中点处插入一个节点。若选择三角形单元则可在三角形的中心处插入一个节点。

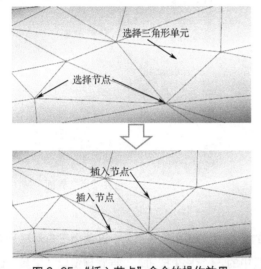

图 3-35　"插入节点"命令的操作效果

图 3-36　　"插入节点"界面

4. 其他命令

"移动节点"命令用于移动一个或多个节点。

"对齐节点"命令可重新定位节点，使其与所选参照节点位于同一条直线上。

"平滑节点"命令可创建长度相似的单元边，从而形成更加均匀的网格。

3.5.4　其他网格缺陷及其修复

除上述常见网格缺陷外，网格模型还可能会出现如下缺陷。

1. 未定向单元

在双层面网格模型中，每个三角形单元的顶面都应朝向外表面。单击功能区"网格编辑"组中的三角箭头，再单击 ⛰ 全部取向 按钮，可运行自动网格取向命令；或单击 ⛰ 单元取向 按钮，手动选择需反取向的单元，以修复未定向单元缺陷。

2. 自由边

单击功能组"网格编辑"组中的三角箭头，再单击 ⟷ 缝合自由边 按钮，选择要缝合在一起的自由边的节点，可消除模型上的空隙缺陷。或单击 （高级）按钮的下拉箭头，在弹出的下拉列表中选择 填充孔 命令，为孔和间隙内部划分网格。

3. 交叉单元

修复交叉单元时，首先应与原几何模型对比，观察产生交叉的网格单元之间的位置关系。通常的修复方法是先删除某交叉单元，然后用填充孔命令填充，操作过程参照图 3-37。

4. 重叠单元

重叠单元的修复通常只需要将节点合并即可，操作过程如图 3-38 所示。

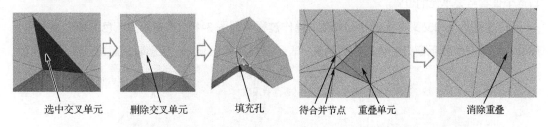

选中交叉单元　　删除交叉单元　　　填充孔	待合并节点　重叠单元　　　消除重叠
图 3-37　交叉单元修复操作过程	图 3-38　重叠单元修复操作过程

5. 壁厚错误单元

若网格模型出现壁厚错误，应选择壁厚错误单元，单击右键，在弹出来的快捷菜单中选择"属性"命令，打开"零件表面（Dual Domain）"对话框，取消勾选"应用到共享该属性的所有实体"复选框，指定"厚度"值，根据实际情况选择是否指定双层面类型，修改完成以后单击 确定 按钮，操作过程如图 3-39 所示。

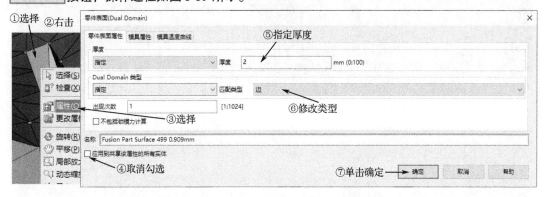

图 3-39　修复壁厚错误单元的操作过程

【例 3-3】外壳的网格修复实例

（1）打开工程文件。

在路径第 3 章/例题结果文件/house2 下找到名为 housing2.mpi 的工程文件，双击打开。或者打开例 3-2 的结果文件。

（2）网格统计。

再次运行网格统计命令，将得到的网格统计信息与图 3-21 所示的第一次网格统计结果比较，可以发现，经过自动修复后，网格的纵横比变小，但仍然存在大纵横比单元；自由边缺陷已完全修复；多重边、配向不正确单元、交叉单元和重叠单元这几种网格缺陷虽有所改善，但依然没完全修复。因此应继续修复网格，再进行分析计算。

（3）修复重叠单元和交叉单元。

a. 重叠单元和交叉单元的诊断。因交叉单元一般伴随着重叠单元出现，因此用"重叠"命令即可诊断出这两种缺陷单元。单击功能区中的 🗹 重叠 按钮，工程管理窗口"工具"选项卡中出现"重叠单元诊断"界面。保持默认选项不变，直接单击 ✔ 显示 按钮，在模型显示窗口可以看到诊断结果。同时功能区最右侧出现"实体导航器"组，单击其中的 ⇨ 按钮可以在模型显示窗口逐个查看重叠单元的位置。

b. 重叠单元和交叉单元的手动修复，操作过程参照图 3-40。将显示为蓝色的两个重叠单元删除，发现模型显示窗口左侧图例栏消失，表示重叠单元已删除，但删除后露出了三角形孔隙。

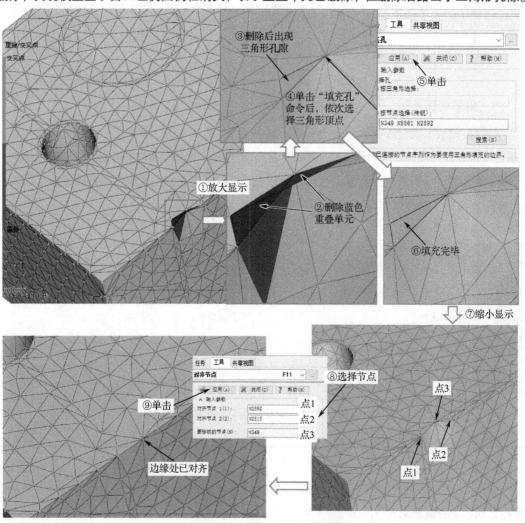

图 3-40　重叠单元和交叉单元的手动修复过程

单击功能区"网格编辑"组中 🔲（高级）按钮的下拉箭头，在弹出的下拉列表中选择 🔲 填充孔 命令，工程管理窗口"工具"选项卡中出现"填充孔"界面，依次选择三角形孔隙的三个顶点，

单击 按钮则可生成三角形单元。

观察发现，虽然缺陷单元消除了，但是网格模型出现了失真，图示点 3 处出现了凹陷，而 CAD 模型此处应为直线边缘，因此单击"网格编辑"组中的 对齐节点 按钮，工程管理窗口"工具"选项卡中出现"对齐节点"界面，选择图中点 1 和点 2 为对齐节点，点 3 为要移动的节点，单击 应用(A) 按钮，可修复失真网格。

c. 重新进行网格统计，发现多重边、配向不正确单元、交叉单元和重叠单元这几种网格缺陷均已消失，这是因为交叉单元和重叠单元通常与多重边和配向不正确单元一起出现，因此这几种网格缺陷可同时修复。

（4）修复大纵横比单元。

a. 纵横比诊断。单击功能区中的 纵横比 按钮，工程管理窗口"工具"选项卡处出现"纵横比诊断"界面。在"输入参数"栏，设置"最小值"为"8"；在"选项"栏，选择"显示诊断结果的位置"为"显示"，勾选"将结果置于诊断层中"复选框，单击 显示 按钮，观察到层管理窗口中出现"诊断结果"层。取消勾选"New Triangles"层，将纵横比合格的网格隐藏；选择"诊断结果"层，单击 按钮，打开"展开层"对话框，单击 确定 即可，操作过程参考图 3-41。

> **提示**
>
> ① 纵横比诊断操作后，若直接进行网格修复操作，则常会出现要修改的网格单元被模型其他部分遮挡而无法修改的情况，因此勾选"将结果置于诊断层中"可将诊断出的大纵横比三角形单元单独置于诊断层中，将其他网格所在层隐藏。然后将诊断结果层所含网格展开一层，以便于观察和修改网格。
>
> ② 纵横比诊断完毕后，模型显示窗口左侧会显示图例栏，同时彩色引出线会标注所诊断出的大纵横比单元，引出线方向为单元的法线方向，颜色会根据该单元的纵横比数值变化。利用"实体导航器"组工具或单击引出线均可查看大纵横比单元。

b. 大纵横比单元的修复。单击"实体导航器"组上的 按钮，依次修正大纵横比单元。

旋转视角观察第 1 组待修复单元，测量发现两个节点距离仅 0.31mm，因此采用合并节点命令，合并图 3-42 中的点 1 和点 2，狭长三角形单元修复完毕，操作效果如图 3-42 所示。

继续单击"实体导航器"组中的 按钮，转至下一组待修复单元，旋转视角观察，采用交换边命令进行修复，操作效果如图 3-43 所示。

继续单击"实体导航器"组中的 按钮，采用插入节点命令，选择图 3-44 中的点 1 和点 2 得到插入的点 3；测量发现点 3 和点 4 距离为 0.89，故采用合并节点命令，勾选"合并到中点"选项，选择点 3 和点 4，合并得到点 5，操作效果如图 3-44 所示。

继续单击"实体导航器"组中的 按钮，与图 3-42 相似，采用合并节点命令修复狭长三角形单元，如图 3-45 所示，完成后发现左侧图例栏消失，同时"实体导航器"组中的按钮变灰，表明所有网格缺陷都已修复完毕。

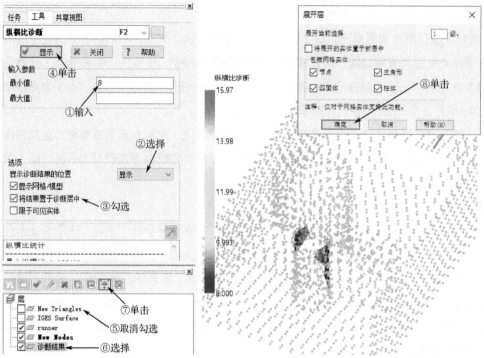

图 3-41　纵横比诊断的操作过程

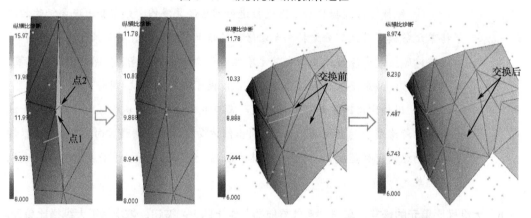

图 3-42　合并节点的操作效果　　　　　　　图 3-43　交换边的操作效果

图 3-44　插入节点和合并节点的操作效果　　　　图 3-45　修复完毕

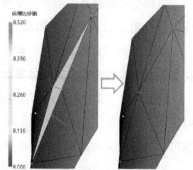

合并两节点后模型中的小台阶消失，但细小特征的去除对分析结果的影响微乎其微。为避免细小特征的存在对网格划分、网格质量和网格匹配率的影响，还可以用 Moldflow CAD Doctor 对 CAD 模型的各类细小特征进行识别与删除，然后再导入到 Moldflow 中。

（5）管理层。

a. 管理网格单元层。确认仅"诊断结果"层打开，单击功能区"选择"组中的 🔲（属性）按钮，打开"按属性选择"对话框，选择实体类型为"三角形单元"，单击 ▭ 确定 ▭ 按钮，模型显示窗口中所有三角形单元都将高亮显示。在层管理窗口选择"New Triangles"层，再单击层管理窗口中的 🔲（指定层）按钮，将"诊断结果"层中所有三角形单元移至"New Triangles"层，勾选以显示该层，操作过程如图 3-46 所示。

b. 管理节点层。参照步骤（5）a 将诊断结果层的所有节点移至"New Nodes"层，并显示该层。

c. 清除层。单击层管理窗口的 🔲（清除层）按钮，清除不含任何对象的"诊断结果"层。

（6）保存工程。

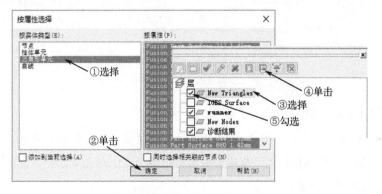

图 3-46　管理层的操作过程

因为大纵横比单元数量通常较多，为方便修复网格，通常操作步骤可以分为：①诊断大纵横比单元，并将相关单元和节点置于诊断结果层中；②修复网格；③将相关单元和节点分别重新置于网格单元层和节点层，并清除空层。

3.6　网格处理综合实例

如图 3-47 所示的零件为冰箱瓶座端挡，要求：

① 创建工程项目并导入 CAD 模型。

② 完成网格模型的创建。

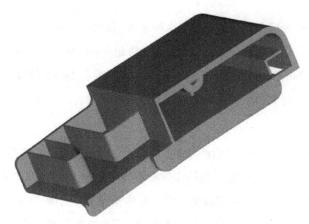

图 3-47　冰箱瓶座端挡

步骤 1　新建工程项目。

打开 Moldflow 后，单击功能区中的 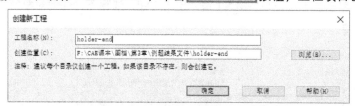（新建工程）按钮，打开"创建新工程"对话框，如图 3-48 所示，输入工程名称"holder-end"，单击 确定 按钮，工程项目创建完毕。

图 3-48　创建"holder-end"工程项目

步骤 2　导入 CAD 模型。

单击功能区中的（导入）按钮，打开"导入"对话框，在目录第 3 章/源文件中找到文件 holder end.stl 并双击，在弹出的对话框中设置网格类型为"Dual Domain"，单击 确定 按钮，CAD 模型导入操作完成。

步骤 3　网格划分。

打开"网格"选项卡，单击功能区中的（生成网格）按钮，由于塑件总体壁厚为 2.5mm，因此在"生成网格"界面中设置"全局边长"为"4"mm，其他选项保持默认，单击 网格(M) 按钮，开始划分网格。待弹出提示网格划分完成的对话框后，网格划分完毕。在模型显示窗口可观察到网格模型，如图 3-49 所示。

步骤 4　网格诊断。

单击功能区中的（网格统计）按钮，工程管理窗口"工具"选项卡处出现"网格统计"界面。保持各选项默认设置，直接单击 显示 按钮，再单击 按钮，可以看到如图 3-50 所示的网格统计信息。

根据网格统计结果，网格模型的连通区域为 1，纵横比最大值为 18.26，无自由边、多重边、配向不正确单元、交叉单元和重叠单元。在完成纵横比修复后，模型可用于双层面网格的分析计算。

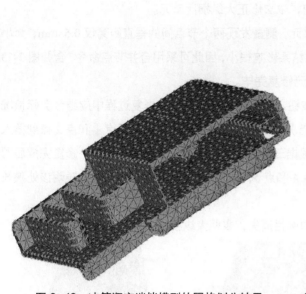

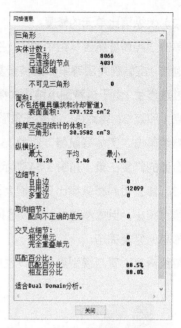

图 3-49 冰箱瓶座端挡模型的网格划分结果　　图 3-50 冰箱瓶座端挡模型的网格统计信息

步骤 5 网格的自动修复。

单击功能区中的 ![网格修复向导] （网格修复向导）按钮，打开网格修复向导系列对话框。根据网格统计信息，仅需修复大纵横比单元。单击 前进(N)> 按钮至打开"纵横比"对话框，单击 修复 按钮，状态条显示"已修改 4 个单元"，如图 3-51 所示；再次单击 修复 按钮，状态条显示"已修改 0 个单元"；此时单击 关闭(C) 按钮关闭网格修复向导。

步骤 6 大纵横比单元修复。

（1）纵横比诊断。

单击功能区中的 纵横比 按钮，工程管理窗口"工具"选项卡处显示"纵横比诊断"界面，在"输入参数"栏中设置"最小值"为"12"；在"选项"栏中，选择"显示诊断结果的位置"为"显示"，勾选"将结果置于诊断层中"复选框，单击 ✔ 显示 按钮，纵横比诊断完成。在层管理窗口中，左键选择"诊断结果"层，单击 ![按钮] 按钮，打开"展开层"对话框，单击 确定 按钮。取消勾选"New Triangles"层和"New Nodes"层，此时模型显示窗口显示的部分网格如图 3-52 所示。

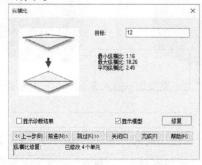

图 3-51 "纵横比"对话框

图 3-52 纵横比诊断显示结果

（2）大纵横比单元的修复。

单击"实体导航器"组中的 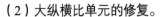 按钮，依次修正大纵横比单元。

例如，旋转视角观察第 1 组待修复单元，测量发现两个节点间的垂直距离仅 0.53mm，为小台阶过渡产生。由于这种细小结构对模拟结果影响很小，因此可采用合并节点命令，合并图 3-53 中的点 1 和点 2，得点 3，狭长三角形单元修复完毕。

继续单击"实体导航器"组的 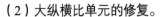 按钮，逐个修复其他网格。修复过程中应结合实际情况采用合适的修复工具。如图 3-54 所示，首先选择"插入节点"命令，选择点 1 和点 2 得到插入的点 3，修复后网格纵横比反而增大；根据三角形特征，选择"交换边"命令，修复完成后网格纵横比减小，但依然过大；继续选择点 4 和点 5，插入点 6，该处引出线消失，表明该处狭长三角形单元修复完毕。

继续修复，直至模型显示窗口左侧图例栏消失，表明大纵横比单元已修复完毕。

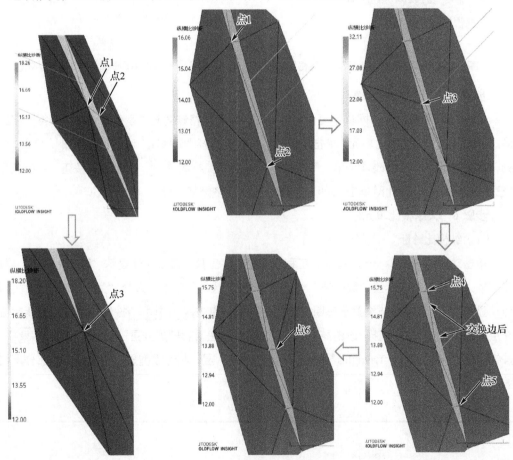

图 3-53　插入节点的网格修复效果　　　　图 3-54　插入节点—交换边—插入节点的网格修复效果

（3）管理层。

a. 管理网格单元层。确认仅"诊断结果"层打开，单击功能区 "选择"组中的 ▦ （属性）按钮，打开"按属性选择"对话框，选择实体类型为"三角形单元"，单击 确定 按钮，模型显示窗口中所有显示的三角形单元都将高亮显示。在层管理窗口选择"New Triangles"层，再单击层管理窗口的　（指定层）按钮，将"诊断结果"层中所有三角形网格移至"New Triangles"层，勾选以显示该层。

　　b. 管理节点层。参照上一步骤将"诊断结果"层的所有节点移至"New Nodes"层，并显示该层。

　　c. 清除层。单击层管理窗口中的　（清除层）按钮，则清除不含任何对象的"诊断结果"层。最终获得的冰箱瓶座端挡的网格模型如图 3-55 所示。

　　步骤 7　保存工程。

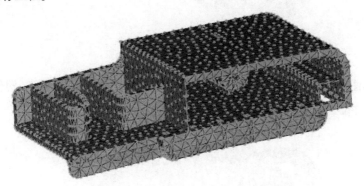

图 3-55　冰箱瓶座端挡的网格模型

3.7　本章小结

　　本章详细介绍了 Moldflow 模流分析中网格模型的准备和创建过程，包括 Moldflow 工程项目的创建和打开、CAD 模型的导入、网格类型的选择、网格密度的设置、网格的划分、网格的诊断、网格的自动修复和手动修复。建立网格模型是模流分析前处理中非常重要的步骤，网格质量的好坏会直接影响分析结果的准确性。

　　通过本章的学习，读者应掌握各种网格诊断和修复工具的使用，以及根据网格的实际情况进行修复的方法。还应在实际操作中注意体会层管理工具和功能区"选择"组中的各项命令的功能，方便模型的管理和选择操作。

3.8　习题

　　1. 请为如图 3-56 所示的铰链盒创建用于 CAE 分析的网格模型，塑件的总体壁厚为 1.5mm。（源文件位置：第 3 章/练习文件/hinge box.stl）

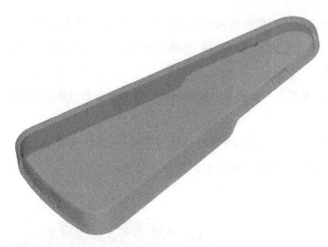

图 3-56 铰链盒

2. 请为如图 3-57 所示的工具箱扣手创建用于 CAE 分析的网格模型，塑件的总体壁厚为 2.5mm。（源文件位置：第 3 章/练习文件/clasp.stl）

图 3-57 工具箱扣手

3. 请为如图 3-58 所示的杯托唇片创建用于 CAE 分析的网格模型，塑件的总体壁厚为 3mm。（源文件位置：第 3 章/练习文件/holder lip.stl）

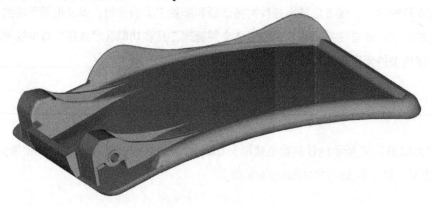

图 3-58 杯托唇片

第 4 章　Moldflow 基础建模

本章将讲述 Moldflow 中建模工具的应用，以及用建模工具辅助创建浇注系统和冷却系统的方法。

4.1　基础建模工具

Moldflow 的建模工具可以创建点、线、面等基本图形元素，以创建简单的 CAD 模型。单击功能区"主页"选项卡中的🔲（几何）按钮，打开"几何"选项卡，建模工具命令主要集中在"创建"组上。

4.1.1　节点

节点是一种实体对象，用于定义空间中的坐标位置。节点的标识由字母"N"和数字编号组成。节点的创建命令有 5 个，单击功能区中的⟋节点按钮，可打开下拉菜单，如图 4-1 所示。

1）按坐标定义节点

该命令用于按给定坐标位置创建节点。直接单击模型，或在如图 4-2 所示界面的"坐标"输入框中键入坐标位置（例如：0 0 0）即可创建新节点。在"选择选项"选区"过滤器"下拉列表中，可以选择过滤方式来方便选择参考对象。其余建模命令也有此选项。

2）在坐标之间的节点

该命令用于在选择或指定的两个坐标之间的（假想）直线上创建节点。若指定插入的节点数，则所创建的各节点的间距相等。

图 4-1　节点下拉菜单

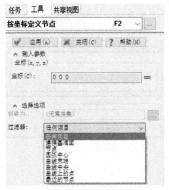

图 4-2　"按坐标定义节点"界面

3）按平分曲线定义节点

选择该命令，再选择曲线，输入要创建的节点数，则所创建的节点沿曲线等间距分布。若勾选"在曲线末端创建节点"复选框，则在曲线末端创建节点，该节点将包括在所指定的节点数内。

4）按偏移定义节点

选择该命令，再选择参照点或输入参照点坐标，则按偏移值创建节点。例如，基准点为
（1 2 3），输入"偏移值"为（5 0 0），则可在（6 2 3）处创建新节点。若指定"节点数"大于 1，
则相对于第 1 个节点以偏移值创建第 2 个节点，然后相对于第 2 个节点以相同的偏移值创建第 3
个节点，以此类推。

5）按交叉定义节点

该命令用于在两条曲线的交叉处创建节点。

4.1.2 曲线

曲线是模型的组成部分，构成模型的几何线条。曲线的标识由字母"C"和数字编号组成。
曲线的创建命令有 7 个，单击功能区中的 ⌒ 曲线 按钮，可打开下拉菜单，如图 4-3 所示。

1）创建直线

该命令用于在两个指定的点或坐标之间创建直线。

如图 4-4 所示，若在工程管理窗口中勾选"自动在曲线末端创建节点"复选框，则在创建
完指定曲线后，曲线的两个末端处均创建有一个节点。其余曲线创建命令也有此选项。

在"选择选项"选区，可通过"创建为"下拉列表在建模的同时为建模对象指定属性，如
将创建的曲线指定为冷流道。其余建模命令也有此选项。

2）按点定义圆弧

该命令通过指定的三个点来创建圆弧或圆。三个点分别为起点、圆弧上的点和终点。

3）按角度定义圆弧

该命令通过指定的中心点、半径、开始角度和结束角度来创建圆弧或圆。

4）样条曲线

该命令通过指定的所有点来创建样条曲线。

5）连接曲线

该命令用于创建连接两条现有曲线的曲线。此命令通常用于对冷却管道进行建模。"圆角系数"
设置得越大，新曲线伸出两条原始曲线末端的长度就越长，"圆角系数"为 0 时将创建直线，如图 4-5
所示。

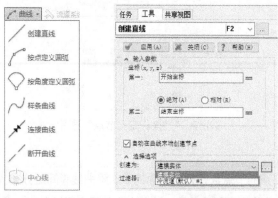

图 4-3 "曲线"下拉菜单 　　图 4-4 "创建直线"界面 　　图 4-5 "圆角系数"设置效果

6）断开曲线

该命令通过在现有曲线的交叉点处断开现有曲线来创建新曲线。

7）中心线

该命令用于在 3D 网格模型中对已输入的冷却管道快速提取中心线。

4.1.3　区域

区域可以表示零件、镶件或模具的表面，以及选择的相连实体的连接面，包括平面和非平面。区域的边界线既可以是曲线也可以是直线，但必须完全相连且不得交叉。区域的标识由字母"R"和数字编号组成。区域的创建命令有 7 个，单击功能区中的 ◇ 区域 按钮，可打开下拉菜单，如图 4-6 所示。

1）按边界定义区域

该命令通过选择定义区域边界的曲线（组）来定义区域，对应的工具界面如图 4-7 所示。选择一条曲线后，可以单击 搜索 按钮，自动查找与该曲线顺次相连的曲线，直到末端或分叉点，剩余曲线也可以按 Ctrl 键手动选择。"创建为"和"过滤器"下拉列表的作用与前面所述相同。

2）按节点定义区域

该命令通过指定节点来定义区域。节点必须按住 Ctrl 键顺序选择。

3）按直线定义区域

该命令通过指定两组独立的直线来定义区域。要求两组直线必须共面。

4）按拉伸定义区域

该命令通过指定曲线和拉伸矢量来创建区域。要求拉伸矢量必须与要拉伸的曲线位于同一平面上。

5）从网格/STL 创建区域

该命令通过网格或模型的 STL 格式（实质为用三角形网格代替原零件表面）的零件表面来创建区域。

6）按边界定义孔

该命令通过所选曲线定义要从模型表面上删除的区域，从而创建孔。

7）按节点定义孔

该命令通过在指定的区域顺序选择节点形成封闭区域来创建孔。

4.1.4　镶件

镶件是在注塑开始前放置到模具中的零部件，注塑完成后随塑件一起顶出，其作用是增加塑件的局部强度、硬度、耐磨性、导磁性、导电性，或增加塑件的局部尺寸和形状的稳定性，提高精度等。镶件可由金属、玻璃、木材或已成型的塑件制成。

单击功能区中的 ▦ 镶件 按钮，在工程管理窗口"工具"选项卡中出现如图 4-8 所示的"创建模具镶件"界面。在划分完的网格模型上选择镶件对应的网格单元，设置"方向"为网格单元拉伸的方向，输入"指定的距离"为镶件的高度，或选择以模具表面为参考创建镶件。

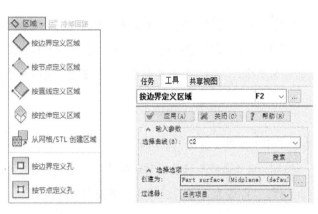

图 4-6 "区域"下拉菜单   图 4-7 "按边界定义区域"界面   图 4-8 "创建模具镶件"界面

4.1.5 局部坐标系

Moldflow 中有默认的基准坐标系，在产品外形与模型显示窗口中的坐标系不协调时，可采用局部坐标系命令，创建和保存多个局部坐标系。但在任意时刻，只有一个坐标系处于活动状态，此时所有几何对象都将相对于该坐标系创建。如果将局部坐标系激活为建模基准，则将在新的 XY 平面内创建新几何对象。

1）创建局部坐标系

单击功能区中的 ⬐ （创建局部坐标系）按钮，在工程管理窗口"工具"选项卡中出现如图 4-9 所示的"创建局部坐标系"界面。依次选择 3 个参考点定义局部坐标系：第 1 个点代表新坐标系的原点；第 2 个点与第 1 个点构成新坐标系的 X 轴；第 3 个点与前两个点组成新坐标系的 XY 平面，由此确定新坐标系的 Y 轴，Z 轴按右手法则创建，如图 4-10 所示。

2）激活局部坐标系

单击已创建的局部坐标系，然后单击功能区中的 ⬐ 激活 按钮，可激活所选的局部坐标系，激活的局部坐标系以红色显示。

3）设置建模基准面

模具的默认分型面是基准坐标系的 XY 平面，选择已创建的局部坐标系，然后单击 ▦ 建模基准面按钮，即可将该局部坐标系的 XY 平面设定为建模基准面。再单击 ▦ 建模基准面按钮，则建模基准面重新变为基准坐标系的 XY 平面。

图 4-9 "创建局部坐标系"界面

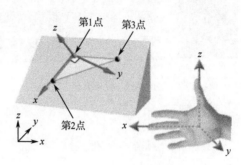

图 4-10 局部坐标系的建立

4.1.6 多型腔

为了提高生产效率，塑料模具常采用多型腔设计。Moldflow 中常用以下两种方法实现多型腔的创建。

1. 自动创建

利用"型腔重复向导"命令可以方便快捷地实现多型腔的创建。

单击"几何"选项卡"修改"组中的 ⊞ 型腔重复按钮，打开如图 4-11 所示的"型腔重复向导"对话框。在其中设置型腔数并指定列数或者行数，以及列间距和行间距，单击 完成 按钮即可完成标准的多型腔创建。若浇口没有精确定位在模具中心，则需勾选"偏移型腔以对齐浇口"复选框，以确保模具中心在浇口中心位置。如图 4-12 所示为使用"型腔重复向导"命令自动创建的一模四腔布局效果。

　　　"型腔重复向导"命令无法直接重复 CAD 模型，需先对其进行网格划分才可创建多型腔。

2. 手动创建

采用"型腔重复向导"命令虽然方便快捷，但只能创建标准布局的多型腔。手动方式虽然略显烦琐，但创建的多型腔布局灵活多变，具有很强的适应性。

单击"几何"选项卡右侧的"实用程序"组中的 ⊡ 移动按钮，可打开如图 4-13 所示的"移动"下拉菜单，利用其中命令可进行多型腔的手工创建。

1）矩形布局的多型腔的手动创建

创建矩形布局的多型腔时，通常需要进行平移和镜像操作。

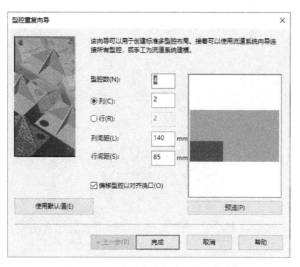

图 4-11 "型腔重复向导"对话框

图 4-12 自动创建的一模四腔布局

（1）平移。

单击"移动"下拉菜单中的 平移 命令，在工程管理窗口"工具"选项卡中出现"平移"界面，平移操作过程如图 4-14 所示：选择制件的网格模型为平移对象，然后单击"矢量"输入框，弹出"测量"对话框；在模型显示窗口单击参考点 1 作为平移矢量的起点，移动鼠标时光标将发生改变并绘制一条直线，再单击参考点 2 作为平移矢量的终点，也可直接在"矢量"输入框中修改平移矢量；选择"复制"单选按钮，即保留原模型；选择对象要复制到的层选项，单击 应用（A） 按钮完成平移操作。

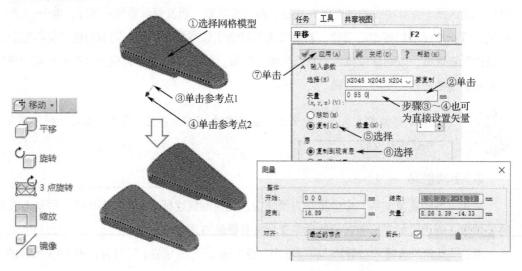

图 4-13 "移动"下拉菜单

图 4-14 平移操作过程

（2）镜像。

单击"移动"下拉菜单中的 镜像 命令，在工程管理窗口"工具"选项卡中出现"镜像"界面，镜像操作过程如图 4-15 所示：选择上一步骤中的两个网格模型为镜像对象，设置 YZ 平面为镜像参考面，选择参考点确定镜像平面位置，也可直接在"镜像"界面中输入参考点坐标，选择"复制"单选按钮，再选择对象要复制到的层选项，单击 应用(A) 按钮完成镜像操作，创建 2×2 矩形布局的多型腔。

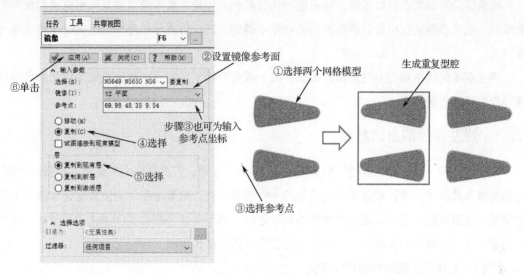

图 4-15　镜像操作过程

2）圆形布局的多型腔的手动创建

创建圆形布局的多型腔时，通常采用旋转操作。

单击 旋转 命令，在工程管理窗口"工具"选项卡中出现"旋转"界面，旋转操作过程如图 4-16 所示：选择网格模型为旋转对象，设置 Z 轴为旋转中心轴方向，指定旋转角度为 60 度，选择参考点确定旋转中心轴的位置，也可直接在"旋转"界面中输入参考点坐标，选择"复制"单选按钮，指定要复制的数量，再选择对象要复制到的层选项，单击 应用(A) 按钮完成旋转操作，创建圆形布局的多型腔。

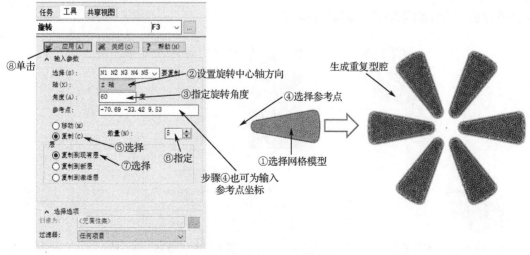

图 4-16　旋转操作过程

4.2 浇注系统的建模

确定型腔布局和浇口位置后，即可进行浇注系统的创建，其中浇口位置可根据模具设计方案设定，也可参照浇口位置分析序列的分析结果确定。浇口位置分析序列的运行方法将在第 5 章详述。

浇注系统的网格模型由柱体单元组成，其一般有两种创建方式：利用流道系统向导自动创建和自主手动创建。

4.2.1 浇注系统的自动建模

单击"几何"选项卡"创建"组中的 ⚒ 流道系统按钮，可打开流道系统向导系列对话框。利用流道系统向导，可以根据模型上设置的一个或多个浇口位置（即注射位置标记）指定主流道位置和流道系统类型，实现浇注系统的自动建模。本节将结合操作实例讲述采用流道系统向导创建点浇口、侧浇口和潜浇口 3 种常见浇注系统的方法和步骤。

【例 4-1】浇注系统的自动建模实例

（1）点浇口浇注系统的创建。

a. 打开工程和方案。在第 4 章/源文件/feed1 下找到名为 Grad.mpi 的工程文件，双击打开。在工程管理窗口双击方案"grab_it_方案（点浇口）"。

b. 创建多型腔。单击"几何"选项卡"修改"组中的 🔠 型腔重复按钮，打开"型腔重复向导"对话框，设置型腔数为"2"，单击"行"单选按钮，设置行间距为"300"mm，单击 完成 按钮，得到如图 4-17 所示的型腔布局。

c. 创建浇注系统。单击 ⚒ 流道系统按钮，打开如图 4-18 所示的"布局"对话框，单击 浇口中心(G) 按钮，设置顶部流道平面 Z 值为"70"mm；单击 下一页(N) > 按钮跳转至如图 4-19 所示的"主流道/流道/竖直流道"对话框。

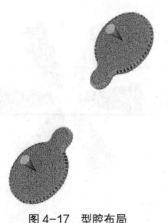

图 4-17 型腔布局

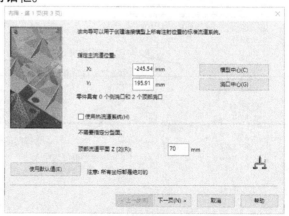

图 4-18 "布局"对话框

在"主流道"区域，设置主流道入口直径为"3"mm，长度为"50"mm，拔模角为"4"

度；在"流道"区域，勾选"梯形"复选框，设置梯形截面的内接圆直径为"8"mm，倾角为"15"度；在"竖直流道"区域，设置底部直径为"5"mm，拔模角为"3"度；单击 下一页(N) > 按钮跳转至如图 4-20 所示的"浇口"对话框。

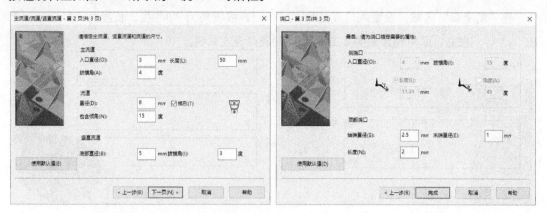

图 4-19 "主流道/流道/竖直流道"对话框 　　　　图 4-20 "浇口"对话框

在"顶部浇口"区域，设置始端直径为"2.5"mm，末端直径为"1"mm，长度为"2"mm，单击 完成 按钮，即可创建如图 4-21 所示的点浇口浇注系统。

　　d. 保存工程。

图 4-21 自动创建的点浇口浇注系统

 ①单击 浇口中心(G) 按钮，可将主流道设置在浇口中间位置，以设置平衡式浇注系统。②勾选"使用热流道系统"复选框，则所创建的浇注系统将包含热流道。③使用流道系统向导前必须指定浇口位置（即设置注射位置标记）。

（2）侧浇口浇注系统的创建。

a. 打开方案。在工程管理窗口双击方案"grab_it_方案（侧浇口）"。

b. 创建多型腔。参照步骤（1）b 完成型腔布局操作。

c. 创建浇注系统。单击 ⚒ 流道系统按钮，打开"布局"对话框，单击 底部(B) 按钮，单击 下一页(N) > 按钮跳转至"主流道/流道/竖直流道"对话框。

在"主流道"区域,设置主流道入口直径为"3"mm,长度为"60"mm,拔模角为"3.5"度;在"流道"区域,设置直径为"5"mm。单击 下一页(N) > 按钮跳转至如图 4-22 所示的"浇口"对话框。

在"侧浇口"区域,设置入口直径为"3"mm,拔模角为"0"度,长度为"4"mm,单击 完成 按钮,即可创建如图 4-23 所示的侧浇口浇注系统。

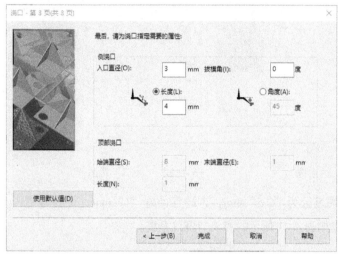

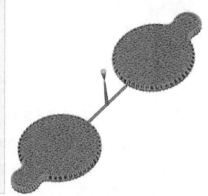

图 4-22 "浇口"对话框　　　　图 4-23 自动创建的侧浇口浇注系统

d. 将浇口截面改为矩形,操作步骤如图 4-24 所示:选择浇口处任意一节柱体单元,右击,在弹出的快捷菜单中选择"属性"命令,打开"编辑锥体截面"对话框;选择"编辑整个锥体截面的属性"单选按钮,单击 确定 按钮,打开"冷浇口"对话框;设置浇口的截面形状是"矩形",形状是"锥体(由端部尺寸)",单击 编辑尺寸... 按钮,打开"横截面尺寸"对话框;在其中设置端部尺寸分别为起始宽度"4"、始端高度"1"、末端宽度"5"和末端高度"2",依次单击 确定 按钮,即完成浇口截面修改操作。另一个浇口截面的修改操作也参照此步骤进行。

e. 保存工程。

Moldflow 会根据所选的分型面位置判断浇口类型,相应地,"浇口"对话框上激活的浇口尺寸属性也不同。

(3)潜浇口浇注系统的创建。

a. 打开方案。在工程管理窗口双击方案"grab_it_方案(潜浇口)"。

b. 创建多型腔。参照步骤(1)b 完成型腔布局操作。

c. 创建浇注系统。单击 流道系统 按钮,打开如图 4-25 所示的"布局"对话框,单击 底部(B) 按钮,此时对话框显示分型面 Z 轴值为"0"mm,然后手动输入分型面 Z 轴值为"10"mm,以确定分型面位置,单击 下一页(N) > 按钮跳转至"主流道/流道/竖直流道"对话框。

在"主流道"区域，设置主流道入口直径为"3"mm，长度为"60"mm，拔模角为"3.5"度；在"流道"区域，设置直径为"5"mm；单击 下一页(N) ▶ 按钮跳转至"浇口"对话框。

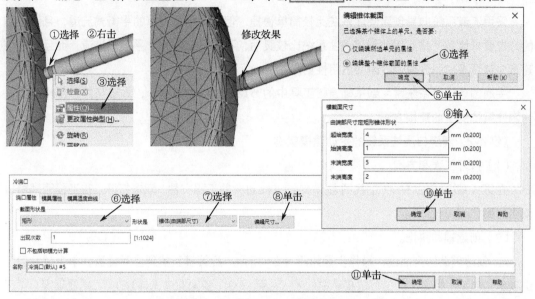

图 4-24 修改浇口截面的操作步骤

在"侧浇口"区域，设置入口直径为"1"mm，拔模角为"15"度，单击"角度"单选按钮，设定角度为"45"度，单击 完成 按钮，即可创建如图 4-26 所示的潜浇口浇注系统。

d. 保存工程。

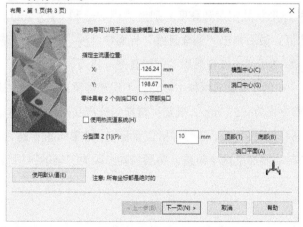

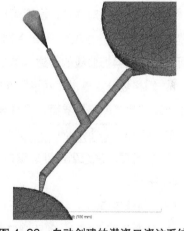

图 4-25 "布局"对话框　　　　图 4-26 自动创建的潜浇口浇注系统

 分型面位置的设置方式有 4 种：通过设置分型面的 Z 轴值设置分型面位置；单击 顶部(T) 按钮，可将分型面设置在 Z 轴方向上零件的最大高度处；单击 底部(B) 按钮，可将分型面设置在 Z 轴方向上零件的底部位置处；单击 浇口平面(A) 按钮，可将分型面设置在最高浇口处。

4.2.2 浇注系统的手动建模

采用流道系统向导创建浇注系统比较简单快捷，但只能创建简单的平衡式流道，且对模型的方位要求比较严格。手动创建浇注系统比较灵活，不仅可以创建非平衡式流道，而且可以创建走向灵活多变的分流道，因而适用性更广。

手动创建浇注系统常用到基础建模工具中的节点和曲线创建命令，本节将结合操作实例讲述浇注系统的手动建模方法。

【例 4-2】潜浇口浇注系统的手动建模实例

（1）打开工程和方案。

在第 4 章/源文件/feed2 下找到名为 edge_gate.mpi 的工程文件，双击打开。在工程管理窗口双击方案"edge_gate"。

（2）创建辅助料把。

a. 创建辅助料把曲线，操作步骤如图 4-27 所示。旋转模型找到注射位置，单击"几何"选项卡"创建"组 ✏ 曲线 下拉菜单中的 ✏ 创建直线 命令（步骤图中未体现），工程管理窗口"工具"选项卡中出现"创建直线"界面。选择注射位置处的节点为参考节点，单击"相对"单选按钮，输入结束点相对坐标为（0 0 -28），勾选"自动在曲线末端创建节点"复选框。单击"选择选项"区域右侧的 ⋯ 按钮，打开"指定属性"对话框，单击 [新建 (N)... ▼] 按钮，在弹出的下拉菜单中选择"零件柱体"选项，打开"零件柱体"对话框。单击 [编辑尺寸...] 按钮，打开"横截面尺寸"对话框，设置矩形柱体形状的宽度和高度分别为"4"mm 和"1.5"mm，依次单击 [确定] 按钮，退出各对话框。最后单击"创建直线"界面中的 [✓ 应用 (A)] 按钮即可完成辅助料把曲线的创建，单击 [✕ 关闭 (C)] 按钮退出"创建直线"界面。

b. 网格划分。单击"网格"选项卡中的 🔲（生成网格）按钮，工程管理窗口"工具"选项卡中出现"生成网格"界面，设置全局边长为"5"mm，确定"重新划分产品网格"复选框不被勾选，单击 [网格(M)] 按钮，完成网格划分，删除注射位置标记，结果如图 4-28 所示。

c. 层管理。注意到层管理窗口中自动增加了两个新层，将层名均修改为"辅助料把"，如图 4-29 所示。

（3）创建浇口。

a. 参考步骤（2）a，创建浇口曲线。选择辅助料把底部的节点为参考点，单击"相对"单选按钮，输入结束点相对坐标为（10 0 10），指定直线的属性为"冷浇口"，打开"冷浇口"对话框。设置截面形状是"圆形"，形状是"锥体（由端部尺寸）"，设置圆锥体的始端直径和末端直径分别为"1"mm 和"4.5"mm。最终生成的浇口曲线如图 4-30 所示。

b. 网格划分。单击 🔲（生成网格）按钮，在"生成网格"界面中设置全局边长为"3"mm，单击 [网格(M)] 按钮，完成网格划分，结果如图 4-31 所示。

c. 层管理。将新增的两个层的名称均改为"浇口"。

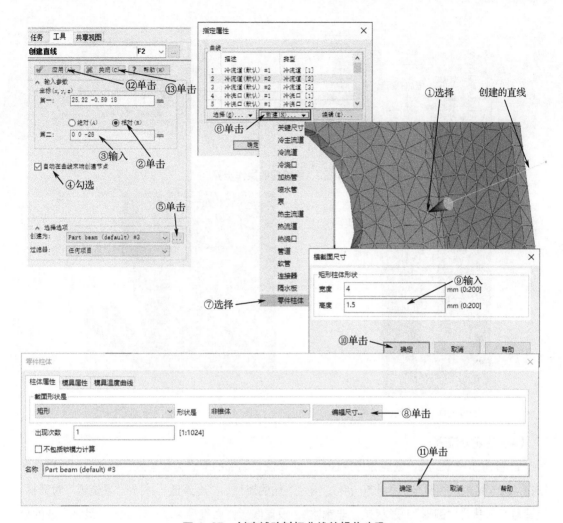

图 4-27 创建辅助料把曲线的操作步骤

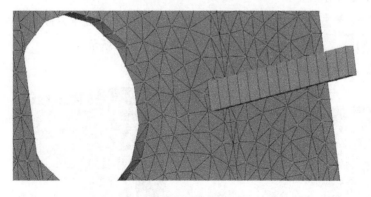

图 4-28 辅助料把的网格划分结果

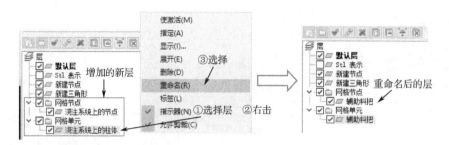

图 4-29　层管理的操作步骤

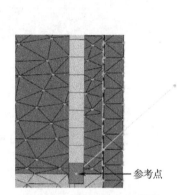

图 4-30　生成的浇口曲线

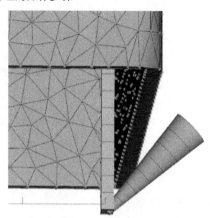

图 4-31　浇口的网格划分结果

（4）创建分流道。

a. 参考步骤（2）a，创建分流道曲线。选择浇口端部的节点为参考点，单击"相对"单选按钮，输入结束点相对坐标为（50 0 0），指定直线的属性为"冷流道"，打开"冷流道"对话框。设置截面形状是"圆形"，形状是"非锥体"，设置圆形截面直径为"4.5"mm。最终生成的分流道曲线如图 4-32 所示。

b. 网格划分。单击 ![生成网格] （生成网格）按钮，在"生成网格"界面中设置全局边长为"5"mm，单击 网格(M) 按钮，完成网格划分，结果如图 4-33 所示。

c. 层管理。将新增的两个层的名称均改为"分流道"。

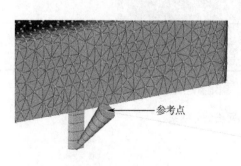

图 4-32　生成的分流道曲线

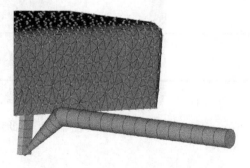

图 4-33　分流道的网格划分结果

①设置网格边长时，应保证浇口处的柱体网格数目不少于 3 个，流道系统的长径比应介于 0.1 与 4 之间。②若需修改对象属性，可选择对象后右击，在弹出的快捷菜单中选择"属性"命令，在弹出的对话框中进行修改。

（5）创建主流道。

a. 创建主流道曲线，参考步骤（2）a。选择分流道端部的节点为参考点，单击"相对"单选按钮，输入结束点相对坐标为（0 0 60），指定直线的属性为"冷主流道"，打开"冷主流道"对话框。设置主流道形状是"锥体（由端面尺寸）"，设置始端直径和末端直径分别为"6"mm 和"2"mm。最终生成的主流道曲线如图 4-34 所示。

b. 网格划分。单击（生成网格）按钮，在"生成网格"界面中设置全局边长为"5"mm，单击 ▢ 网格(M) 按钮，完成网格划分，结果如图 4-35 所示。

c. 层管理。将新增的两个层的名称均改为"主流道"。

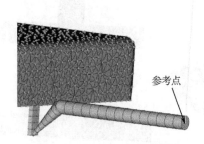

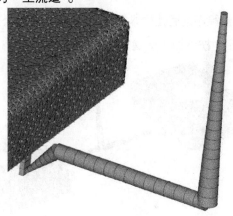

图 4-34　生成的主流道曲线　　　　图 4-35　主流道的网格划分结果

（6）构建多型腔。

a. 隐藏主流道网格单元层、节点层和主流道曲线所在的默认层，确认制品、辅助料把、浇口和分流道的节点层和网格单元层均打开。

b. 采用镜像命令构建多型腔。选择"移动"下拉菜单中的 ✂ 镜像 命令，在工程管理窗口"工具"选项卡中出现"镜像"界面，框选模型显示窗口中显示的所有对象，选择 *YZ* 平面为镜像参考面，打开主流道节点层，选择主流道上任意节点为参考点，选择"复制"和"复制到现有层"单选按钮，单击 ✓ 应用(A) 按钮即可完成镜像操作，操作步骤如图 4-36 所示。

（7）检查并修改，确保连通性。

a. 检查连通性。单击"网格"选项卡中的 ▨ 连通性 按钮，在工程管理窗口"工具"选项卡中出现"连通性诊断"界面，单击任一网格单元，再单击 ✓ 显示 按钮，模型显示窗口中显示两侧型腔并不连通，如图 4-37 所示。

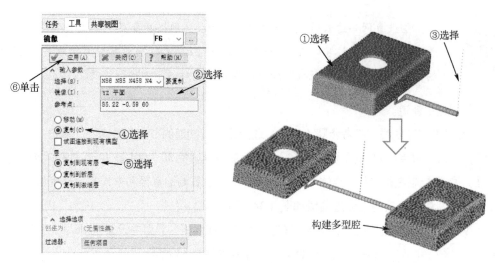

图 4-36　构建多型腔的操作步骤

　　b. 删除不连通处柱体单元。旋转模型并放大主流道根部位置，选择红色和蓝色相邻部分的一节网格，按下 Delete 键，将其删除，如图 4-38 所示。

图 4-37　连通性检查结果（一）　　　　图 4-38　删除不连通处的柱体单元

　　c. 补全浇注系统，保持连通性。单击"几何"选项卡中的 ╲ 柱体 按钮，在工程管理窗口"工具"选项卡中出现"创建柱体单元"界面，分别选择删除后所得分流道端部的两个节点，单击"选择选项"区域右侧的 … 按钮，打开"指定属性"对话框。单击 新建(N) ▼ 按钮，在弹出的下拉菜单中选择"冷流道"选项，打开"冷流道"对话框。单击 编辑尺寸… 按钮，打开"横截面尺寸"对话框，设置截面直径为"4.5"mm，依次单击 确定 按钮，退出各对话框。最后单击"创建柱体单元"界面的 应用(A) 按钮即可完成柱体单元的创建，操作步骤如图 4-39 所示。

　　d. 重新检查连通性，发现浇注系统和两个型腔模型连通，如图 4-40 所示。

　　（8）设置注射位置。

　　单击"主页"选项卡中的 （注射位置）按钮，选择主流道端部节点为注射位置，如图 4-41 所示。

　　（9）保存工程。

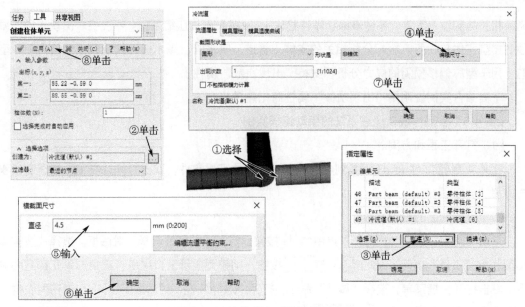

图 4-39　补全浇注系统的操作步骤

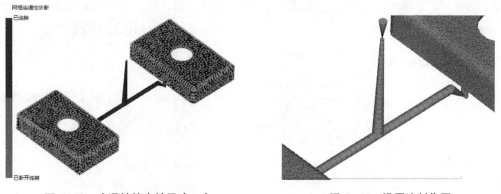

图 4-40　连通性检查结果（二）　　　　图 4-41　设置注射位置

根据【例 4-2】，可以将手动创建浇注系统的操作步骤总结为：

① 对网格模型上的关键节点进行偏移，构建曲线端点；

② 根据节点依次创建浇口、分流道和主流道的曲线，并为各条曲线指定属性，然后划分柱体网格；

③ 复制制件和浇注系统网格模型，构建多型腔布局；

④ 检查网格模型总体的连通性并修改，以确保其整体连通；

⑤ 设置注射位置。

对于多型腔模具，当腔体数较多时，容易造成网格单元数过多，因而分析时间过长的情况。设置"出现次数"属性可以减少建模工作量和分析时间，并保证分析结果的等效性，即在多型腔模具中，仅需对一个型腔进行建模，其他相同的型腔可在分析中通过设置"出现次数"属性引入。

支持"出现次数"属性的模型实体包括流道系统相关的实体（各级分流道、浇口和冷料井）、制品相关的实体（零件、零件表面和零件柱体）、预塑表面和压缩表面。不支持"出现次数"属性的模型实体包括所有冷却分析相关的实体（管道、喷水管、隔水板、软管和零件镶件）和型芯（用于型芯偏移预测的应力分析不支持"出现次数"属性）。

下面结合实例说明用"出现次数"属性简化建模的方法。

【例 4-3】香蕉形浇口浇注系统的手动建模实例

（1）打开工程和方案。

在第 4 章/源文件/feed3 下找到名为 mouse.mpi 的工程文件，双击打开。在工程管理窗口双击方案"mouse"。

（2）设置制品的出现次数。

单击"网格"选项卡"选择"组中的 按钮，打开"按属性选择"对话框。选择"按实体类型"为"三角形单元"，单击 确定 按钮，则模型显示窗口中所有三角形单元都高亮显示。右击打开快捷菜单，选择"属性"命令，打开"选择属性"对话框。按 Shift 键在列表框中选择所有三角形单元，单击 确定 按钮，打开"零件表面（Dual Domain）"对话框，输入出现次数为"2"，单击 确定 按钮即可为制品指定出现次数，操作步骤如图 4-42 所示。

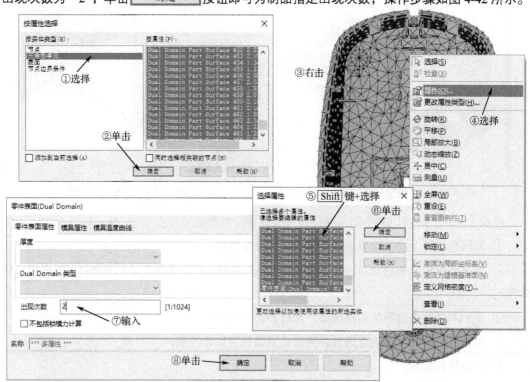

图 4-42　设置制品出现次数的操作步骤

（3）创建小浇口。

a. 创建直线，操作步骤参考图 4-27。旋转模型找到注射位置，单击"曲线"下拉菜单中的 创建直线 命令，工程管理窗口"工具"选项卡中出现"创建直线"界面。选择注射位置处的节点为参考节点，单击"相对"单选按钮，输入结束点相对坐标为（0 0 1），勾选"自动在曲线末端创建节点"复选框。单击"选择选项"区域右侧的 ⋯ 按钮，打开"指定属性"对话框，单击 紫萱(N) ▼ 按钮，在弹出的下拉菜单中选择"冷浇口"选项，打开如图 4-43 所示的"冷浇口"对话框。设置截面形状为"圆形"，形状是"锥体（由端部尺寸）"，设置出现次数为"2"，单击 编辑尺寸... 按钮，打开"横截面尺寸"对话框，设置圆锥的始端直径和末端直径分别为"0.8" mm 和"1" mm，依次单击 确定 按钮，退出各对话框。最后单击"创建直线"界面中的 ✔ 应用(A) 按钮即可完成直线的创建，单击 ✘ 关闭(C) 按钮退出"创建直线"界面。

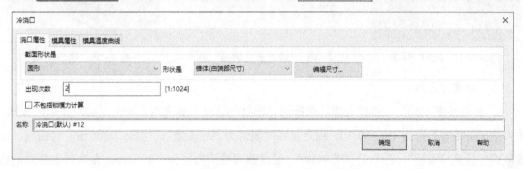

图 4-43 "冷浇口"对话框

b. 网格划分。单击"网格"选项卡中的 ▦ （生成网格）按钮，工程管理窗口"工具"选项卡中出现"生成网格"界面，设置全局边长为"0.3" mm，确定"重新划分产品网格"复选框不被勾选，单击 网格(M) 按钮，完成网格划分，删除注射位置标记，结果如图 4-44 所示。

c. 层管理。注意到层管理窗口中自动增加了两个新层，分别选择各层，右击后弹出快捷菜单，选择"重命名"命令，将层名修改为"小浇口"。

（4）创建香蕉形浇口。

a. 创建圆弧。旋转模型找到注射位置，单击"曲线"下拉菜单中的 ⌒ 按点定义圆弧 命令，工程管理窗口"工具"选项卡中出现"按点定义圆弧"界面。选择浇口端部的节点[坐标为（-0.08 7.34 3）]为第一点，根据第一点的位置输入第二点和第三点的坐标分别为（-0.08 3.34 6）和（-0.08 -1 2），如图 4-45 所示。属性设定参考步骤（3）a，设置圆锥的始端直径和末端直径分别为"1.5" mm 和"4" mm，依次单击 确定 按钮，退出各对话框。最后单击"按点定义圆弧"界面中的 ✔ 应用(A) 按钮即可完成圆弧的创建，单击 ✘ 关闭(C) 按钮退出该界面。

b. 网格划分。单击"网格"选项卡中的 ▦ （生成网格）按钮，工程管理窗口"工具"选项卡中出现"生成网格"界面，设置全局边长为"1.5" mm，确定"重新划分产品网格"复选框不被勾选，单击 网格(M) 按钮，完成网格划分，结果如图 4-46 所示。

c. 层管理。注意到层管理窗口中自动增加了两个新层，分别选择各层，右击后弹出快捷菜单，选择"重命名"命令，将层名修改为"浇口"。

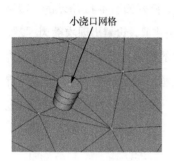

图 4-44 小浇口网格

图 4-45 "按点定义圆弧"界面

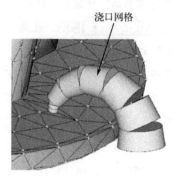

图 4-46 浇口网格

（5）创建分流道。

a. 参考步骤（3）a，创建直线。选择浇口端部的节点为参考点，单击"相对"单选按钮，输入结束点相对坐标为（0 -50 0），指定直线的属性为"冷流道"，打开"冷流道"对话框。设置截面形状是"圆形"，形状是"非锥体"，设置圆形截面直径为"4"mm。依次单击各对话框中的 ▢ 确定 ▢ 按钮，生成分流道直线。

b. 网格划分。单击 ▦（生成网格）按钮，在工程管理窗口"生成网格"界面中设置全局边长为"6"mm，单击 ▢ 网格(M) ▢ 按钮，完成网格划分，结果如图 4-47 所示。

c. 层管理。将新增的两个层的名称均改为"分流道"。

（6）创建主流道。

a. 参考步骤（3）a，创建直线。选择分流道端部的节点为参考点，单击"相对"单选按钮，输入结束点相对坐标为（0 0 -60），指定直线的属性为"冷主流道"，打开"冷主流道"对话框。设置主流道形状是"锥体（由端部尺寸）"，设置圆锥的始端直径和末端直径分别为"6"mm 和 "2"mm。依次单击各对话框中的 ▢ 确定 ▢ 按钮，生成主流道直线。

b. 网格划分。单击 ▦（生成网格）按钮，在工程管理窗口"生成网格"界面中设置全局边长为"8"mm，单击 ▢ 网格(M) ▢ 按钮，完成网格划分。

c. 层管理。将新增的两个层的名称均改为"主流道"。

（7）设置注射位置。

单击"主页"选项卡中的 ▦（注射位置）按钮，选择主流道端部节点为注射位置，如图 4-48 所示。

（8）保存工程。

仅"填充"分析和"填充+保压"分析支持"出现次数"属性。如需运行冷却或翘曲分析，则需要进行完整建模。

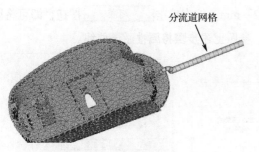

图 4-47 分流道网格

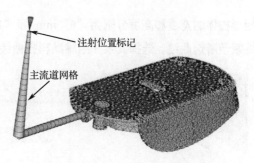

图 4-48 主流道网格及注射位置

4.2.3 按导入曲线创建浇注系统

虽然 Moldflow 提供了建模工具，但建模操作不如 CAD 软件快捷灵活和方便，因此当浇注系统较复杂时，可在 CAD 软件中完成其曲线建模，然后导入 Moldflow 中，可明显提高建模效率。

【例 4-4】按导入曲线创建浇注系统实例

（1）打开工程和方案。

在第 4 章/源文件/feed4 下找到名为 demo5.mpi 的工程文件，双击打开。在工程管理窗口双击方案"front cover"。

（2）添加浇注系统曲线。

单击"主页"选项卡"导入"组中的 （添加）按钮，打开"选择要添加的模型"对话框，在第 4 章/源文件/feed4 下找到文件 fc_runner.igs，将浇注系统曲线添加到模型空间中，如图 4-49 所示。

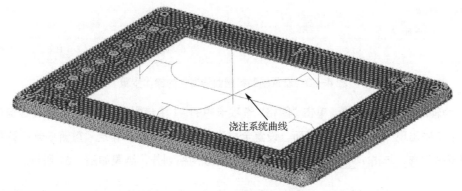

浇注系统曲线

图 4-49 添加浇注系统曲线的模型

（3）创建辅助料把。

a. 设置辅助料把曲线属性，操作步骤如图 4-50 所示。按住 Ctrl 键选择图中所示曲线，右击弹出快捷菜单，选择"属性"命令，打开"Moldflow Insight"对话框，单击 是(Y) 按钮，打开"指定属性"对话框。单击 新建 (N) ... ▼ 按钮，在弹出的下拉菜单中选择"零件柱体"选项，打开"零件柱体"对话框。单击 编辑尺寸... 按钮，打开"横截面尺寸"对话框，设置矩形柱体的宽度和高度分别为"6"mm 和"1.2"mm，依次单击 确定 按钮，即可将属性赋予所选曲线。选择其余 3 组辅助料把曲线，参照上述步骤将属性赋予曲线。

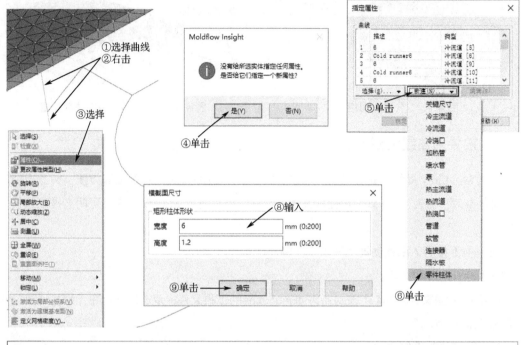

图 4-50　设置辅助料把曲线属性的操作步骤

b. 为辅助料把划分网格。单击"网格"选项卡中的 （生成网格）按钮，工程管理窗口"工具"选项卡中出现"生成网格"界面，设置全局边长为"5"mm，确定"重新划分产品网格"复选框不被勾选，单击 网格(M) 按钮，完成网格划分，结果如图 4-51 所示。

辅助料把的长边方向应与浇口曲线垂直，若不垂直，可单击任意一节柱体单元，右击弹出快捷菜单，选择"属性"命令，在弹出的"零件柱体"对话框中修改辅助料把的尺寸属性。

c. 层管理。注意到层管理窗口中自动增加了两个新层，分别选择各层，右击后弹出快捷菜单，选择"重命名"命令，将层名修改为"辅助料把"。

（4）创建浇口。

a. 设置浇口曲线属性。参照步骤（3）a，选择图 4-51 所示的浇口曲线，将其属性设置为"冷浇口"，设置截面形状是"圆形"，形状是"锥体（由端部尺寸）"，设置始端直径和末端直径分别为"1.5"mm 和"5"mm。将相同属性赋予其他三条浇口曲线。

b. 为浇口划分网格。参照步骤（3）b，设置全局边长为"0.5"mm，结果如图 4-52 所示。

c. 层管理。参照步骤（3）c 将新增层均命名为"浇口"。

（5）创建分流道。

a. 设置分流道曲线属性。参照步骤（3）a，选择图 4-52 所示的曲线，将其属性设置为"冷流道"，设置直径为"6"mm。将相同属性赋予其他三组分流道曲线。

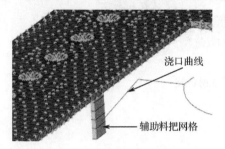

图 4-51　生成的辅助料把网格　　　　图 4-52　生成的浇口网格

b. 为分流道划分网格。参照步骤（3）b，设置全局边长为"8"mm，结果如图 4-53 所示。

c. 层管理。参照步骤（3）c 将新增层均命名为"分流道"。

（6）创建主流道。

a. 设置主流道曲线属性。参照步骤（3）a，选择图 4-53 所示的曲线 1，将其属性设置为"冷主流道"，设置主流道形状为"锥体（由端部尺寸）"，设置始端直径和末端直径分别为"6.5"mm 和"3"mm。同理，选择图 4-53 中的曲线 2，设置始端直径和末端直径分别为"6.5"mm 和"7"mm。

b. 为主流道划分网格。参照步骤（3）b，设置全局边长为"10"mm，结果如图 4-54 所示。

c. 层管理。参照步骤（3）c 将新增层均命名为"主流道"。

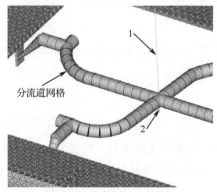
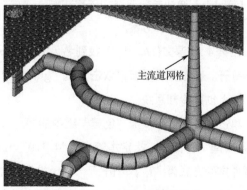

图 4-53　生成的分流道网格　　　　图 4-54　生成的主流道网格

（7）设置注射位置。

单击"主页"选项卡中的 （注射位置）按钮，选择主流道端部节点为注射位置，如图4-55所示。

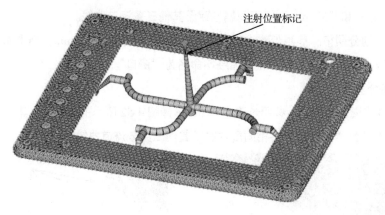

注射位置标记

图4-55 设置注射位置

（8）保存工程。

4.3 冷却系统的建模

冷却系统和浇注系统相似，都是由线型柱体单元组成的。其创建也有两种方式：直接利用冷却回路向导自动创建和手动创建。简单的冷却系统可以通过冷却回路向导创建，复杂不规则的管道、隔水板和喷水管则需要手动创建。

4.3.1 冷却系统的自动建模

单击"几何"选项卡"创建"组中的 冷却回路 按钮，可打开冷却回路向导系列对话框。利用冷却回路向导可以创建简单而规则的冷却回路，实现冷却系统的自动建模。本节将结合操作实例讲述采用冷却回路向导创建冷却系统的方法和步骤。

【例4-5】冷却系统的自动建模实例

（1）打开工程和方案。

在第4章/源文件/cool1下找到名为Grad.mpi的工程文件或者找到【例4-1】的结果文件，双击打开。在工程管理窗口双击方案"grab_it_方案（点浇口）"。

（2）创建冷却系统。

单击"几何"选项卡"创建"组中的 冷却回路 按钮，打开如图4-56所示的"冷却回路向导-布局"对话框，指定水管直径为"10"mm，水管与零件间距离为"25"mm，设置水管与零件排列方式为"Y"，单击 下一页(N) > 按钮，跳转至"冷却回路向导-管道"对话框。如图4-57所示，输入管道数量为"4"，管道中心之间距为"40"mm，零件之外距离为"50"mm，勾选"使用软管连接管道"复选框，单击 完成 按钮，则自动创建的冷却系统如图4-58所示。

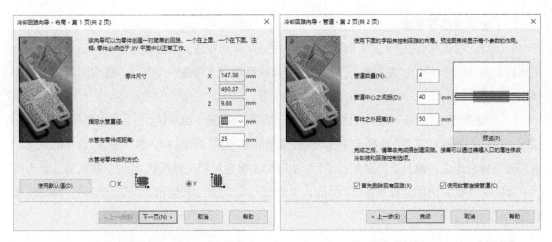

图 4-56 "冷却回路向导-布局"对话框　　　　图 4-57 "冷却回路向导-管道"对话框

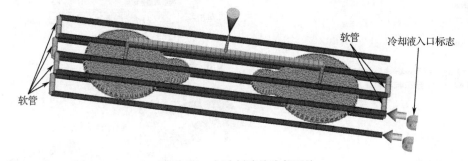

图 4-58 自动创建的冷却系统

（3）保存工程。

　①软管用于连接冷却管道，以便冷却液能够在整个冷却回路中流动；软管仅会影响冷却液流的压力降，并不参与热传导的计算；通过软管可以连接两个直径不同的冷却管道。②如果之前已经创建了冷却管道，则可以勾选"首先删除现有回路"复选框将已存在的管道删除。

4.3.2　冷却系统的手动建模

为保证型腔表面温度的均衡性，通常尽量使冷却回路各处到型腔表面的距离相等。由于大多数制品都不是平板类制品，冷却回路也通常不会设计在同一高度上，因此无法用自动建模的方式创建冷却系统。采用基础建模工具的节点和曲线创建命令，可手动创建复杂不规则的冷却系统。本节将结合操作实例讲述冷却系统的手动建模方法。

【例 4-6】冷却系统的手动建模实例

（1）打开工程和方案。

在第 4 章/源文件/cool2 下找到名为 demo.mpi 的工程文件，双击打开。在工程管理窗口双击方案"sidegate"。

（2）创建建模基准面。

a. 单击"几何"选项卡"实用程序"组中的 🔍 查询 按钮，工程管理窗口"工具"选项卡中出现如图 4-59 所示的"查询实体"界面，选择模型表面上任意一个节点，查询到其 Z 坐标为"6.382"。

b. 创建局部坐标系。单击"几何"选项卡"局部坐标系"组中的 ⤢ 创建局部坐标系（创建局部坐标系）按钮，工程管理窗口"工具"选项卡中出现"创建局部坐标系"界面。输入第一参考点（0 0 26.382）为局部坐标系原点，输入第二参考点（1 0 26.382）确定局部坐标系的 X 轴，输入第三参考点（0 1 26.382）确定局部坐标系的 XY 平面，单击 ✔ 应用(A) 按钮创建局部坐标系，操作步骤如图 4-60 所示。

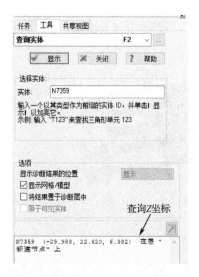

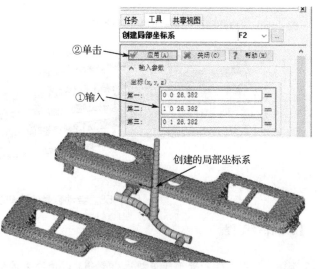

图 4-59 "查询实体"界面　　　　　　图 4-60 创建局部坐标系的操作步骤

c. 创建建模基准面。选择刚创建的局部坐标系，单击"几何"选项卡"局部坐标系"组中的 ▤ 建模基准面 按钮，将局部坐标系的 XY 平面指定为建模基准面。单击 ✔ 按钮，在弹出的下拉菜单中单击 选项 按钮，打开"选项"对话框，在"常规"选项卡中设置栅格尺寸为"10"mm。

（3）创建冷却水路。

a. 创建平面冷却水路曲线，操作步骤如图 4-61 所示。选择"几何"选项卡"创建"组 ╱ 曲线 下拉菜单中的 ╱ 创建直线 命令，工程管理窗口"工具"选项卡中出现"创建直线"界面。设置过滤器选项为"建模基准面"，选择图中的点 1 和点 2，单击 ✔ 应用(A) 按钮，创建直线 1。继续依次创建首尾相接的直线 2 和直线 3，再单击 ▤ 建模基准面 按钮关闭建模基准面。

b. 创建立体冷却水路曲线。继续使用 ╱ 创建直线 命令，设置过滤器选项为"任何项目"，选择图 4-61 所示的点 1，单击"相对"单选按钮，输入第二点的相对坐标为（0 0 30），单击 ✔ 应用(A) 按钮，创建直线 4。继续输入第二点的相对坐标为（0 -150 0），创建直线 5。选择图 4-61 所示的点 4，分别输入第二点的相对坐标为（0 0 30）和（0 -150 0），创建直线 6 和直线 7。则创建的单根冷却水路曲线，如图 4-62 所示。

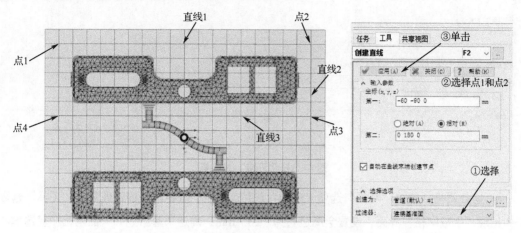

图 4-61　创建平面冷却水路的操作步骤

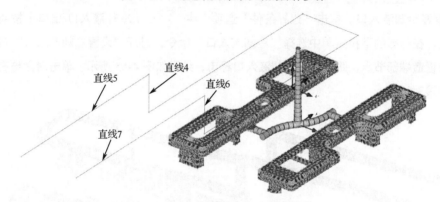

图 4-62　创建的单根冷却水路曲线

　　c. 设置曲线属性。按下 Ctrl 键选择图 4-61 和图 4-62 所示的直线 1～直线 7，右击弹出快捷菜单，选择"更改属性类型"命令，打开"将属性类型更改为"对话框，在列表框中选择"管道"选项，单击 确定 按钮，操作步骤如图 4-63 所示。

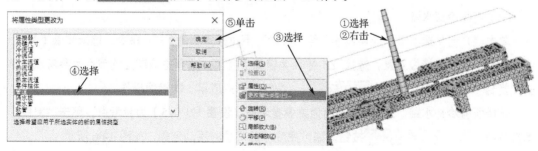

图 4-63　设置冷却水路曲线属性

　　d. 设置曲线的几何属性。依然选择上述直线 1～直线 7，右击弹出快捷菜单，选择"属性"命令，打开如图 4-64 所示的"管道"对话框，设置截面直径为"8"mm，单击 确定 按钮。

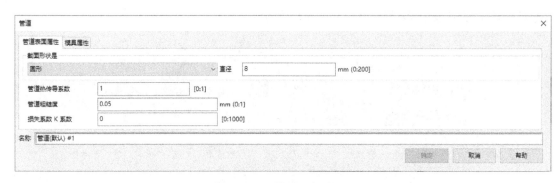

图 4-64　"管道"对话框

e. 划分网格。单击"网格"选项卡中的 (生成网格)按钮,工程管理窗口"工具"选项卡中出现"生成网格"界面,设置全局边长为"20"mm,确定"重新划分产品网格"复选框不被勾选,单击　网格(M)　按钮,完成网格划分。

f. 设置冷却液入口。单击"边界条件"选项卡中 (冷却液入口/出口)按钮下方的三角箭头,在弹出的下拉菜单中选择"冷却液入口"命令,打开"设置冷却液入口"对话框。选择冷却管道端部节点,即可插入冷却液入口标志,结果如图 4-65 所示。单击对话框右上角的"×"关闭该对话框。

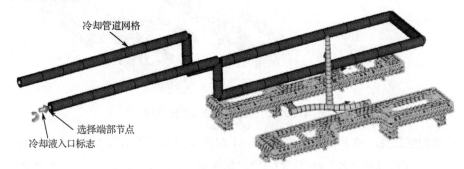

图 4-65　生成的单根冷却管道网格与冷却液入口

(4)镜像冷却水路。

单击"几何"选项卡"应用程序"组"移动"下拉菜单中的 镜像命令,选择步骤(3)所创建的冷却水路为镜像对象,选择 YZ 平面为镜像参考面,选择主流道上的节点为参考点,单击"复制"单选按钮,再单击　应用(A)　按钮即可完成第 1 次镜像操作。

选择所有冷却水路,选择 XY 平面为镜像参考面,设置(0 0 5)为参考点,单击"复制"单选按钮,单击　应用(A)　按钮,即可完成冷却系统的手动创建,如图 4-66 所示。

(5)保存工程。

①为冷却水路进行网格划分时，通常设置网格的全局边长为管路直径的 2.5～3 倍。②为加强浇口区域的冷却效果，通常选择距浇口较近的管路口为冷却液入口。有关冷却液的设置将在 8.2.2 节中详细说明。③手动创建冷却系统的操作步骤可以归纳为：创建冷却水路曲线→设置属性→网格划分→设置冷却液入口。

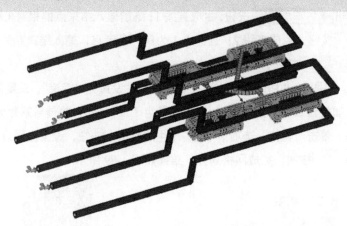

图 4-66   手动创建的冷却系统

4.3.3 喷水管和隔水板的建模

对于无法通过普通冷却管道有效冷却的模具区域，可能需要使用隔水板或喷水管来进行冷却，以将冷却液导流到通常情况下不易到达的区域，或者利用折弯创建湍流并改进冷却液的传热能力。

隔水板是镶入冷却管道的金属板，可以强迫冷却液在板的一侧向上流动，而在另一侧向下流动。而喷水管是将管置入钻孔的中心形成环形管道，冷却液流入管底部然后从顶部呈喷泉状涌出，再继续沿管外侧向下流动，随后流入冷却管道。如图 4-67 所示为冷却液在隔水板和喷水管附近的流动情况。本节将结合操作实例讲述隔水板和喷水管的建模方法。

（a）隔水板   （b）喷水管

图 4-67   冷却液在隔水板和喷水管附近的流动

【例 4-7】隔水板和喷流管的建模实例

（1）打开工程。

在第 4 章/源文件/cool3 下找到名为 cup.mpi 的工程文件，双击打开。

（2）创建隔水板。

a. 复制方案。在工程管理窗口右击方案"cup"，弹出快捷菜单，选择"重复"命令，将新方案命名为"cup1"。双击进入"cup1"方案。

b. 创建冷却水路曲线。选择"几何"选项卡"创建"组 ⌒ 曲线 下拉菜单中的 ╱ 创建直线 命令，工程管理窗口"工具"选项卡中出现"创建直线"界面，绘制如图 4-68 所示的冷却水路曲线。输入第一参考点的坐标为（-125 100 0），单击"相对"单选按钮，输入结束点的相对坐标为（0 -100 0），单击 ☑ 应用(A) 按钮，生成直线 1；继续输入结束点的相对坐标为（0 -100 0），单击 ☑ 应用(A) 按钮，生成直线 2；选择点 1 为第一参考点，输入结束点的相对坐标为（80 0 0），单击 ☑ 应用(A) 按钮，生成直线 3。

c. 设置属性。将图 4-68 所示直线 1 和直线 2 的属性设置为"管道"，设置截面直径为"10"mm；将直线 3 的属性设置为"隔水板"，设置直径为"12"mm，热传导系数为"0.5"。

d. 划分网格。单击"网格"选项卡中的 ▦（生成网格）按钮，设置全局边长为"25"mm，单击 网格(M) 按钮，完成网格划分，结果如图 4-69 所示。

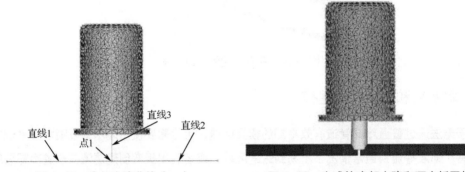

图 4-68 冷却水路曲线（一）　　　　图 4-69 生成的冷却水路和隔水板网格

提示　　　因为隔水板式水路将冷却水路平分为两部分，因此热传导系数应设为 0.5。

（3）创建喷水管。

a. 复制方案。在工程管理窗口右击方案"cup"，弹出快捷菜单，选择"重复"命令，将新方案命名为"cup2"。双击进入"cup2"方案。

b. 创建冷却水路曲线。选择"几何"选项卡"创建"组 ╱ 节点 下拉菜单中的 XYZ 按坐标定义节点 命令，按坐标创建点 1（-150 100 0）、点 2（-150 0 0）、点 3（-125 0 0）、点 4（-40 0 0）和点 5（-125 -100 0）。选择"几何"选项卡"创建"组 ⌒ 曲线 下拉菜单中的 ╱ 创建直线 命令，连接点 1 和点 2、点 2 和点 3、点 3 和点 4、点 3 和点 5，创建直线 1~直线 4。

c. 设置属性。将图 4-70 所示直线 1、直线 2 和直线 4 的属性设置为"管道"，设置截面直径为"8"mm；将直线 3 的属性设置为"喷水管"，设置外径和内径分别为"12"mm 和"8"mm。

d. 划分网格。单击"网格"选项卡中的 ▦（生成网格）按钮，设置全局边长为"25"mm，单击 网格(M) 按钮，完成网格划分，结果如图 4-71 所示。

（4）保存工程。

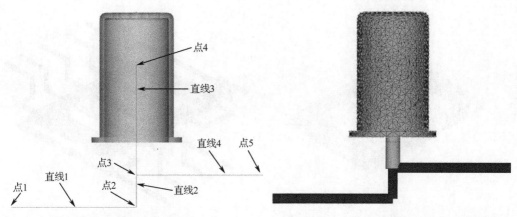

图 4-70 冷却水路曲线（二）   图 4-71 生成的冷却水路和喷水管网格

> 喷水管两个截面的直径之比必须能够确保两个截面上的流阻相等。为实现此目的，内径与外径之比应约为 0.7，喷水管顶部约等于外径一半的空间应包含在喷水管内。

4.3.4 按导入曲线创建冷却系统

当塑件形状比较复杂时，若需创建随形冷却管道，则冷却管道形状必然复杂多变，仅依靠 Moldflow 提供的建模工具进行建模，通常效率过低，有时甚至难以达到设计要求。与浇注系统相似，冷却系统曲线也可在 CAD 软件中完成建模，然后导入到 Moldflow 中。

【例 4-8】按导入曲线创建冷却系统实例

（1）打开工程和方案。

在第 4 章/源文件/cool4 下找到名为 demo.mpi 的工程文件或者找到【例 4-4】的结果文件，双击打开。在工程管理窗口双击方案"front cover"。

（2）添加冷却系统曲线。

单击"主页"选项卡"导入"组中的 （添加）按钮，打开"选择要添加的模型"对话框，在第 4 章/源文件/cool4 下找到文件 fc_cooling.igs，将冷却系统曲线添加到模型空间中，如图 4-72 所示。

（3）设置曲线的属性。

在层管理窗口关闭除"IGES 曲线"外的所有层，选择所有曲线，右击弹出快捷菜单，选择"属性"命令，设置曲线属性为"管道"，截面形状为"圆形"，直径为"8"mm。

（4）划分网格。

单击"网格"选项卡中的 （生成网格）按钮，设置全局边长为"25"mm，单击 网格(M) 按钮，完成网格划分。重新显示网格模型，结果如图 4-73 所示。

（5）保存工程。

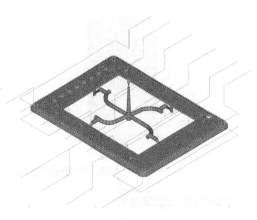

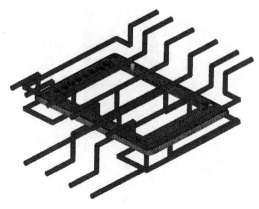

图 4-72　添加冷却系统曲线的模型　　　　图 4-73　按导入曲线创建的冷却系统

4.4　浇注系统和冷却系统的综合建模实例

如图 4-74 所示为冰箱瓶座端挡网格模型，要求为其创建浇注系统和冷却系统。

步骤 1　打开工程和方案。

在第 4 章/源文件/hold-end 下找到名为"holder-end.mpi"的工程文件或者找到第 3 章综合实例的结果文件，双击打开。在工程管理窗口双击方案"holder end"。

步骤 2　创建浇口。

图 4-74　冰箱瓶座端挡网格模型

a. 创建浇口曲线。旋转模型找到注射位置，单击"几何"选项卡"创建"组 ╱⁼ 曲线 下拉菜单中的 ╱ 创建直线 命令，工程管理窗口"工具"选项卡中出现"创建直线"界面。选择注射位置处的节点为参考节点，单击"相对"单选按钮，输入结束点相对坐标为（0 4 0），单击 ✔ 应用(A) 按钮即可完成浇口曲线的创建。

b. 设置浇口曲线属性。选择浇口曲线，右击弹出快捷菜单，选择"属性"命令，设定曲线属性为"冷浇口"，设置截面形状是"矩形"，形状是"锥体（由端部尺寸）"，设置截面起始宽度、始端高度、末端宽度和末端高度分别为"4.2"mm、"1.5"mm、"5.6"mm 和"2"mm。

c. 划分浇口网格。单击"网格"选项卡中的 ▦（生成网格）按钮，设置全局边长为"1.3"mm，单击 网格(M) 按钮，完成网格划分，结果如图 4-75 所示。

d. 层管理。将两个新增层均命名为"浇口"。

步骤 3　创建分流道。

a. 创建分流道曲线。单击"几何"选项卡"创建"组 ╱⁼ 曲线 下拉菜单中的 ╱ 创建直线 命令，工程管理窗口"工具"选项卡中出现"创建直线"界面。选择浇口末端的节点为参考节点，单击"相对"单选按钮，输入结束点相对坐标为（0 40 0），单击 ✔ 应用(A) 按钮即可完成分流道曲线的创建。

b. 设置分流道曲线属性。选择分流道曲线，右击弹出快捷菜单，选择"属性"命令，设定曲线属性为"冷流道"，设置截面形状是"圆形"，形状是"非锥体"，截面直径为"5.6"mm。

c. 划分分流道网格。单击"网格"选项卡中的（生成网格）按钮，设置全局边长为"6"mm，单击 网格(M) 按钮，完成网格划分，结果如图 4-76 所示。

d. 层管理。将两个新增层均命名为"分流道"。

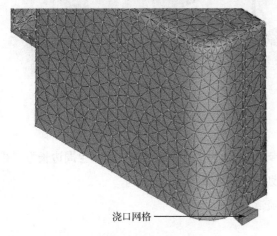

图 4-75 添加浇口网格

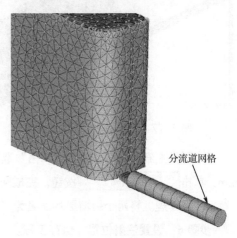

分流道网格

图 4-76 添加分流道网格

步骤 4 创建多型腔。

a. 旋转复制网格模型。选择"移动"下拉菜单中的 旋转 命令，在工程管理窗口"工具"选项卡中出现"旋转"界面，框选所有对象，选择 Z 轴为旋转中心轴，输入旋转角度为"180"度，选择分流道末端节点为参考点，单击"复制"单选按钮，再单击 应用(A) 按钮即可完成旋转复制操作。

b. 检查连通性。单击"网格"选项卡中的 连通性 按钮，单击任一网格单元，再单击 显示 按钮，模型显示窗口显示两侧型腔并不连通。

c. 删除不连通处柱体单元。旋转模型并放大分流道端部位置，选择红色和蓝色相邻部分的一节柱体单元，按下 Delete 键将其删除，结果如图 4-77 所示。

d. 补全浇注系统，保持连通性。单击"几何"选项卡中的 柱体 按钮，在工程管理窗口"工具"选项卡中出现"创建柱体单元"界面，分别选择删除后所得分流道端部的两个节点，选择柱体单元的属性为"冷流道"，设置截面直径为"5.6"mm，创建柱体单元。重新检查连通性，模型显示窗口显示型腔已连通，如图 4-78 所示。

步骤 5 创建主流道。

a. 创建主流道曲线。单击 曲线 下拉菜单中的 创建直线 命令，工程管理窗口"工具"选项卡中出现"创建直线"界面。选择分流道中间位置的节点为参考节点，单击"相对"单选按钮，输入结束点相对坐标为（0 0 60），单击 应用(A) 按钮即可完成主流道曲线的创建。

b. 设置主流道曲线属性。选择主流道曲线，右击弹出快捷菜单，选择"属性"命令，设定曲线属性为"冷主流道"，设置主流道形状为"锥体（由端部尺寸）"，始端直径和末端直径分别为"6"mm 和"2.5"mm。

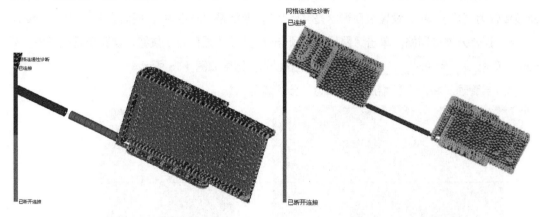

图 4-77 删除不连通处的柱体单元   图 4-78 连通的多型腔

c. 划分主流道网格。单击"网格"选项卡中的 ▦（生成网格）按钮，设置全局边长为"8"mm，单击 ▭ 网格(M) 按钮，完成网格划分，结果如图 4-79 所示。

d. 层管理。将两个新增层均命名为"主流道"。

步骤 6 设置注射位置，保存工程。

a. 单击"主页"选项卡中的 ⬆（注射位置）按钮，选择主流道端部节点为注射位置，如图 4-80 所示。

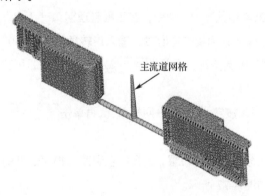
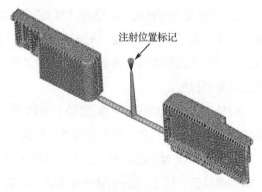

图 4-79 添加主流道网格   图 4-80 添加注射位置标记

b. 保存工程。

步骤 7 创建型腔侧冷却水路。

a. 创建局部坐标系。单击"几何"选项卡"实用程序"组中的 🔍 查询 按钮，查询到主流道端点坐标为（3.652 68.927 -8.495）。单击"几何"选项卡中的 ↳（创建局部坐标系）按钮，以三个点（3.652 68.927 -40）、（4 68.927 -40）和（3.652 70 -40）为参考点创建局部坐标系。

b. 创建建模基准面。单击"几何"选项卡"局部坐标系"组中的 ⬚ 建模基准面 按钮，将局部坐标系的 XY 平面指定为建模基准面。单击 ✓ 按钮，在弹出的下拉菜单中单击 选项 按钮，打开"选项"对话框，在"常规"选项卡中设置栅格尺寸为"5"mm。

c. 创建型腔侧冷却水路曲线 1。选择"几何"选项卡"创建"组 ╱⌒ 曲线 下拉菜单中的 ╱ 创建直线 命令，设置过滤器选项为"建模基准面"，以图 4-81 所示的点 1～点 8 为端点，创建直线 1～直线 7。再单击 ▧ 建模基准面 按钮，关闭建模基准面。

d. 创建型腔侧冷却水路曲线 2。参照本步骤 a～c，以三个点（3.652 68.927 11）（4 68.927 11）（3.652 70 11）为参考点创建局部坐标系，激活建模基准面。以图 4-82 所示的点 1～点 4 为端点，创建直线 1～直线 3，关闭建模基准面。

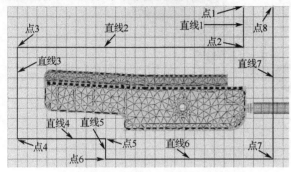

图 4-81　型腔侧冷却水路曲线 1　　　图 4-82　型腔侧冷却水路曲线 2

e. 设置属性。将步骤 c 和步骤 d 创建的各直线的属性设置为"管道"，截面直径为"8"mm。

f. 划分冷却水路网格。单击"网格"选项卡中的 ▤（生成网格）按钮，设置全局边长为"20"mm，单击 网格(M) 按钮，完成网格划分。

g. 将两个新增层均命名为"型腔侧冷却"。单击"边界条件"选项卡中的 ▤（冷却液入口/出口）按钮下方的三角箭头，在弹出的下拉菜单中选择"冷却液入口"命令。选择冷却管道端部节点，插入冷却液入口标志，如图 4-83 所示。

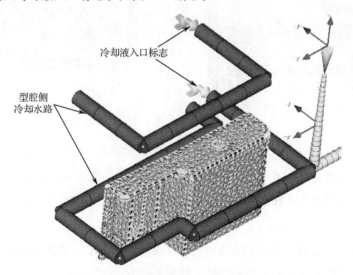

图 4-83　单腔型腔侧冷却水路网格和冷却液入口标志

h. 旋转复制冷却水路。选择"移动"下拉菜单中的 ▱ 旋转 命令，在工程管理窗口"工具"选项卡中出现"旋转"界面，框选所有前述冷却水路，选择 Z 轴为旋转中心轴，输入旋转角度为"180"度，选择主流道任意节点为参考点，单击"复制"单选按钮，再单击 ✔ 应用(A) 按钮即可完成旋转复制操作，最终所得型腔侧冷却水路如图 4-84 所示。

i. 保存工程。

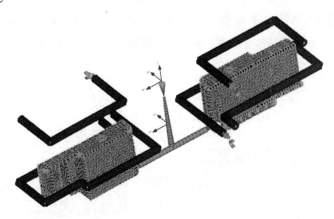

图 4-84 型腔侧冷却水路

步骤 8 创建型芯侧冷却水路。

a. 创建型芯侧冷却水路曲线。参照步骤 7a～7c，以三个点（3.652 68.927 -90）（4 68.927 -90）（3.652 70 -90）为参考点创建局部坐标系，激活建模基准面。以图 4-85 所示的点 1～点 4 为端点，创建直线 1～直线 3，关闭建模基准面。

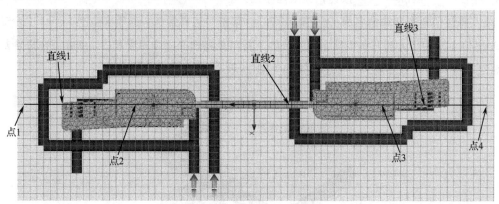

图 4-85 型芯侧冷却水路曲线

b. 创建隔水板曲线。选择"几何"选项卡"创建"组 ⌒曲线 下拉菜单中的 ╱创建直线 命令，分别选择图 4-85 所示的点 2 和点 3，选择"相对"单选按钮，设置相对坐标为（0 0 30），生成直线 4 和直线 5，如图 4-86 所示。

c. 设置属性。将步骤 a 创建的各直线的属性设置为"管道"，截面直径为"8" mm。将步骤 b 创建的各直线的属性设置为"隔水板"，截面直径为"12" mm。

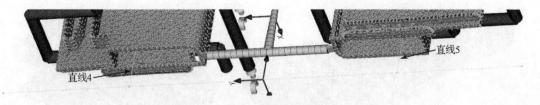

图 4-86 隔水板曲线

d. 划分冷却水路网格。单击"网格"选项卡中的 ![icon] (生成网格)按钮,设置全局边长为"20"mm,单击 网格(M) 按钮,完成网格划分。

e. 将两个新增层均命名为"型芯侧冷却"。单击"边界条件"选项卡中的 ![icon] (冷却液入口/出口)按钮下方的三角箭头,在弹出的下拉菜单中选择"冷却液入口"命令。选择冷却管道端部节点,插入冷却液入口标志,结果如图 4-87 所示。

f. 保存工程。

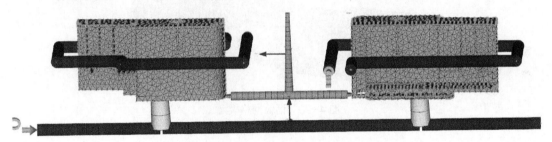

图 4-87 型芯侧冷却水路网格和冷却液入口标志

4.5 本章小结

本章详细介绍了 Moldflow 中基本建模工具的应用,以及结合基本建模工具进行浇注系统和冷却系统建模的方法和步骤。

通过本章的学习,读者应掌握并熟练应用基本建模的有关命令和工具,并能根据设计思想,完成浇注系统和冷却系统的建模,以便更有效和准确地建立分析模型。

4.6 习题

1. 如图 4-88 所示为铰链盒网格模型,请根据其结构特征创建浇注系统和冷却系统。(源文件位置:第 4 章/练习文件/clasp)

2. 如图 4-89 所示为塑料夹网格模型,请根据其结构特征创建浇注系统和冷却系统。(源文件位置:第 4 章/练习文件/clip-example)

图 4-88　铰链盒网格模型　　　　　　　　　图 4-89　塑料夹网格模型

3. 如图 4-90 所示为话筒网格模型，请根据其结构特征创建浇注系统和冷却系统。（源文件位置：第 4 章/练习文件/phone）

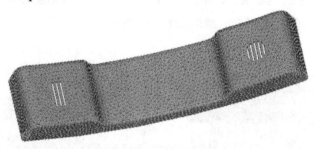

图 4-90　话筒网格模型

第 **5** 章　浇口位置分析

浇口是熔化的聚合物从流道流入型腔必经的通道。运行 Moldflow 的浇口位置分析序列，可借助其强大的分析能力，综合考虑流动阻力和流动平衡，为型腔找到最佳浇口位置。

5.1　浇口位置设计概述

浇口的位置直接关系到熔体在模具型腔内的流动，从而影响聚合物分子的充填行为和成型质量，因此浇口位置的合理选择十分重要。

通常，若没有设定限制性浇口位置（即不允许设置浇口的位置），运行浇口位置分析序列所得到的浇口位置一般为塑件几何中心附近的节点。限制性因素考虑越周全，分析所得的浇口位置越具有可行性。

为了保证塑件的成型质量，在设置浇口位置时还应考虑：

（1）将浇口放置于厚壁区域，且尽量远离薄壁区域，以避免产生迟滞效应甚至短射现象。

（2）将浇口设在正对着型腔壁或粗大型芯的部位，避免正对宽大型腔，以免发生喷射现象。

（3）合理布置浇口位置，以避免缝合线（熔接痕）的产生，或避免缝合线出现在重要位置；也可适当增加浇口数量，提高缝合线的强度。

（4）注意浇口位置对熔体在型腔内的填充顺序的影响，避免产生困气，造成质量缺陷。

另外，浇口位置的设计还需要考虑塑件外观质量，塑件的力学性能、使用要求，模具制造的工艺性等各方面的因素。

5.2　浇口位置分析方法

Moldflow 运行浇口位置分析的算法有两种：高级浇口定位器算法和浇口区域定位器算法。

高级浇口定位器算法是默认算法，其基于流阻最小化来确定一个或多个最佳浇口位置（即插入注射位置标记）。浇口区域定位器算法基于塑件几何结构、流动阻力、厚度及成型可行性等条件来推荐最佳浇口位置；如果已存在浇口位置，则该算法会寻找一个或多个浇口位置以实现平衡填充。

需要说明的是，在 Moldflow 中，任何分析的分析结果都与塑件材料的性能密切相关，因此在运行浇口位置分析前应进行材料类型的选择。

5.2.1　材料类型的选择

Moldflow 提供了一个内容丰富的材料库，包含材料制造商 584 家、材料牌号 12000 多种。材料库中包含有关材料的详细特性信息，以供用户比较和选择。

1. 材料选择

单击功能区"主页"选项卡中的 （选择材料）按钮，或双击方案任务窗口中的材料图标，或右击方案任务窗口中的材料图标并在弹出的快捷菜单中选择"选择材料"命令，如图 5-1 所示，均可打开"选择材料"对话框。

图 5-1 "选择材料"命令的启用

如果已知材料制造商和牌号，则可以从材料库中直接选取材料，操作步骤如图 5-2 所示。单击"选择材料"对话框中的 搜索... 按钮，打开"搜索条件"对话框。在"搜索字段"列表框中直接选择相应选项，并在"子字符串"文本框中输入要搜索的内容，输入完毕后不需按 Enter 键，再继续选择其他选项，直至输入所有已知条件后，单击 搜索 按钮或按 Enter 键，弹出"选择热塑性材料"对话框。在列表框中选择材料，单击 选择 按钮，回到"选择材料"对话框，然后单击 确定 按钮，即可完成选择材料的操作。

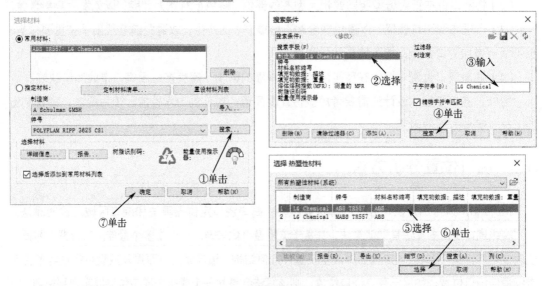

图 5-2 选择材料的操作步骤

如果不知道要使用的具体材料，可根据性能要求选择材料。单击"搜索条件"对话框中的 添加(A)... 按钮，打开如图 5-3 所示的"增加搜索范围"对话框。选择材料某属性后，单击 添加(A) 按钮回到"搜索条件"对话框，即可按所选搜索条件搜索材料。选择符合性能要求的材料，查看和比较材料的性能属性，最终选择符合使用要求的材料。

若勾选了"选择材料"对话框底部的"选择后添加到常用材料列表"复选框，则选择材料后该材料将自动添加到"常用材料"列表框中，以后用到时可直接选用。若列表框中某材料不常用，可选中后单击 删除 按钮，将其删除。

图 5-3 "增加搜索范围"对话框

2. 材料属性的查看

右击方案任务窗口中的材料图标，在弹出的快捷菜单中选择"细节"命令，打开如图 5-4 所示的"热塑性材料"对话框，可以查看选定的热塑性材料的属性。"推荐工艺"选项卡用于指定热塑性材料的建议工艺条件。其中：

图 5-4 "热塑性材料"对话框

- "模具表面温度"和"熔体温度"分别是"模具温度范围（推荐）"和"熔体温度范围（推荐）"的中间值，是工艺设置时模具表面温度和熔体温度的默认值。
  - ➢ 模具表面温度是指塑料和金属的临界面处的模具温度。工艺设置时应按"模具温度范围（推荐）"设定模具表面温度。
  - ➢ 熔体温度是指塑料熔体开始向型腔流动时的温度。若模型有流道系统，则熔体温度指熔体进入流道系统时的温度；若没有流道系统，则指熔体离开浇口时的温度。工艺设置时应按"熔体温度范围（推荐）"设定熔体温度。
- "绝对最大熔体温度"为材料熔化工艺设置的最高温度，若设定的材料温度为绝对最大熔体温度，则进行加工时可能需要特殊的预防措施和减少滞留时间。
- "顶出温度"为材料足够刚硬能够承受顶出且没有由模具顶针造成的永久变形或严重痕

迹时的建议温度。工艺设置时应设定塑件的顶出温度不高于此值。

● "最大剪切应力"由材料本身的特性所决定，超出此应力后便开始出现材料降解现象。分析完成后，应检查型腔内的剪切应力是否高于最大剪切应力。

● "最大剪切速率"由材料本身的特性所决定，超出此值后便开始出现材料降解现象。分析完成后，应检查型腔内的剪切速率是否高于最大剪切速率。

选择其他选项卡可查看材料的其他各项属性，若某参数存在文本框，则可根据实际情况输入相应数值。模拟中使用的数据越完整、越接近真实数据，得到的结果越准确。另外，如果属性名称以红色显示，则表示此材料的这一属性尚未经过测试，但是发现从类似的常规测试中得到的材料数据适用于该材料，并已分配到该材料。

5.2.2　浇口位置分析流程

运行浇口位置分析的流程可以概括为：设置分析序列→材料选择→工艺设置→开始分析→查看分析结果。

1. 设置分析序列

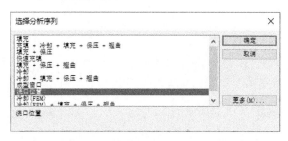

图5-5　"选择分析序列"对话框

单击功能区"主页"选项卡中的 （分析序列）按钮，打开如图5-5所示的"选择分析序列"对话框，选择分析序列为"浇口位置"，再单击 确定 按钮即可。

2. 材料选择

单击功能区"主页"选项卡中的 （选择材料）按钮，打开"选择材料"对话框。可以从材料库中直接选取材料，也可根据性能要求选择材料。

3. 工艺设置

单击功能区"主页"选项卡中的 （工艺设置）按钮，打开如图5-6所示的"工艺设置向导-浇口位置设置"对话框，以指定浇口位置分析采用的算法和相关工艺。

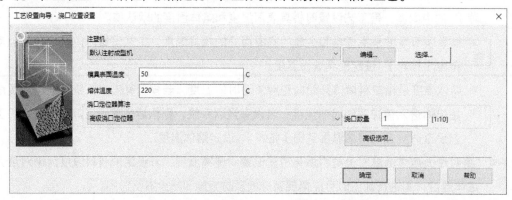

图5-6　"工艺设置向导-浇口位置设置"对话框

- "注塑机"下拉列表，用于选择和编辑分析期间用来模拟成型机的注塑机。单击 选择... 按钮可从数据库中选择注塑机。单击 编辑... 按钮可以更改注射单元、液压单元和锁模单元的各项参数。运行浇口位置分析时，通常不需设置注塑机。

- "模具表面温度"和"熔体温度"文本框，默认值分别为对应材料"模具温度范围（推荐）"和"熔体温度范围（推荐）"的中间值。模具表面温度会影响塑料熔体的冷却速度，最高值不要高于顶出温度推荐值；熔体温度不能低于转变温度。

- "浇口定位器算法"下拉列表，用于选择运行浇口位置分析时查找最佳浇口位置的算法。若选择"高级浇口定位器"算法，则可选择浇口数量，数量范围为 1~10。

- "高级选项"按钮，用于为分析序列指定与浇口位置分析相关的高级选项。单击 高级选项... 按钮，打开如图 5-7 所示的"浇口位置高级选项"对话框。

图 5-7 "浇口位置高级选项"对话框

> 设置"最小厚度比（仅高级浇口定位器）"可避免在极薄的区域设定浇口，默认值为 0.25，即厚度小于名义厚度（零件大部分部位的壁厚值）25%的位置处不设浇口。

> 设置"最大设计注射压力"的方法有两种：若选用"自动"方式，则求解器按照注塑机设置中相应限制的 80%自动计算最大设计注射压力；若选用"指定"方式，则需自行指定注射压力值。例如，可设置最大设计注射压力为"指定"不超过"70MPa"，则若压力超过 70MPa，会发出警告，提示需要设置多个浇口。

> 设置"最大设计锁模力"的方法有两种：若选用"自动"方式，则求解器按照注塑机设置中相应限制的 80%自动计算最大设计锁模力；若选用"指定"方式，则需自行指定锁模力值。

4. 开始分析

单击功能区"主页"选项卡中的 （分析）按钮，或双击方案任务窗口中的"分析"选项即可运行分析。

5. 查看分析结果

1）流动阻力指示器结果

流动阻力指示器结果显示了来自浇口的流动前沿所受的阻力，使用高级浇口定位器算法时可生成此结果。

查看此项结果时应注意：从浇口位置到填充路径末端，流动阻力应均匀分布，否则需要重新定位浇口位置或添加更多的浇口位置；若流动阻力相对较高的区域被流动阻力相对较低的区域环绕，则可能会导致缺陷或填充问题。该结果应与填充分析结果及浇口匹配性结果配合使用以确定最合适的浇口位置。

2）浇口匹配性结果

浇口匹配性结果可评定模型中各个位置作为浇口位置的匹配性，使用高级浇口定位器算法且浇口数量为 1 时可生成此结果。蓝色表示当前位置浇口匹配性最好，红色最差，其他为过渡区域。单击功能区"结果"选项卡中的 ▦（检查）按钮，检查分析结果，数值越接近 1，表示浇口匹配性越好，越适合在该处放置浇口。

生成该结果的同时将创建一个新的方案副本，将浇口放置在分析发现的最佳位置上。该方案可用于填充分析，以便根据填充分析结果最终确定合适的浇口位置。

3）最佳浇口位置结果

最佳浇口位置结果可评定模型中各个位置作为浇口位置的匹配性，使用浇口区域定位器算法时可生成此结果。检查分析结果，数值越接近 1，表示浇口匹配性越好，越适合在该处放置浇口。

如果模型上没有已指定的浇口位置（即塑件表面没有设置任何注射位置标记），则会确定一个最佳浇口位置；若已指定一个或多个浇口位置，则会寻找一个或多个浇口位置以实现平衡填充。

4）分析日志

分析日志中可以找到建议浇口位置的节点号，若存在多个最佳浇口位置结果，建议选择距离现有浇口最远的节点为浇口位置。

【例 5-1】浇口位置分析实例

（1）打开工程和方案。

在第 5 章/源文件/Gate_Placement 下找到名为 Gate Placement.mpi 的工程文件，双击打开。在工程管理窗口右击方案"Cover"，弹出快捷菜单，选择"重复"命令复制方案，并将新方案命名为"Cover（1gate）"。双击进入"Cover（1gate）"方案。

（2）设置分析序列。

单击功能区"主页"选项卡中的 ▦（分析序列）按钮，打开"选择分析序列"对话框，选择分析序列为"浇口位置"，单击 [　确定　] 按钮。

（3）材料选择。

单击功能区"主页"选项卡中的 ✿（选择材料）按钮，打开"选择材料"对话框。单击"选择材料"对话框中的 [搜索…] 按钮，打开"搜索条件"对话框。依次选择"制造商"、"牌号"和"材料名称缩写"，相应地，在"子字符串"文本框中依次输入"BASF"、"8333GHI"和"PA6"，按 [Enter] 键，弹出"选择热塑性材料"对话框，在列表框中选择搜索出的唯一材料，单击 [选择] 按钮，回到"选择材料"对话框，然后单击 [　确定　] 按钮。

（4）工艺设置。

单击功能区"主页"选项卡中的 ▦（工艺设置）按钮，打开"工艺设置向导–浇口位置设置"

对话框。保持默认选项，单击 确定 按钮。

（5）开始分析。

双击方案任务窗口中的"分析"选项即可运行分析。

（6）查看分析结果。

a. 流动阻力指示器结果。

如图 5-8 所示为流动阻力指示器阴影图，查看发现，从注射位置到填充路径末端，流动阻力均匀分布。

b. 浇口匹配性结果。

如图 5-9 所示为浇口匹配性阴影图。模型中间的蓝色位置处的浇口匹配性最好。

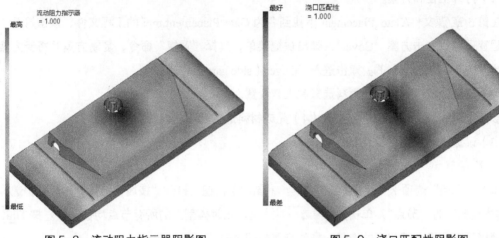

图 5-8　流动阻力指示器阴影图　　　　图 5-9　浇口匹配性阴影图

c. 浇口位置结果。

运行浇口位置分析的同时创建了一个名为"Cover（1gate）（浇口位置）"的方案副本，将注射位置标记放置在分析发现的最佳浇口位置上，如图 5-10 所示。该方案可用于填充分析，以便根据填充分析结果最终确定合适的浇口位置。

根据分析日志，建议浇口位置靠近 N187 节点。

图 5-10　最佳浇口位置

（7）保存方案。

5.2.3 限制性浇口位置分析

因为浇口痕迹通常会影响塑件的外观质量、装配精度和使用性能，因此设计浇口位置时，不仅需要考虑填充平衡，还需要避免将浇口放在影响塑件外观、装配和使用的位置。通过指定限制性浇口节点，可以防止浇口位置分析算法将浇口位置自动设置在这些位置上。

单击功能区"边界条件"选项卡中的 ⬚（限制性浇口节点）按钮，工程管理窗口"工具"选项卡中出现"限制性浇口节点"界面，选择要指定为限制性浇口节点的节点，然后单击 ✔ 应用(A) 按钮即可。

【例 5-2】限制性浇口位置分析实例

（1）打开工程和方案。

在第 5 章/源文件/Gate_Placement 下找到名为 Gate Placement.mpi 的工程文件，双击打开。在工程管理窗口右击方案"Cover"，弹出快捷菜单，选择"重复"命令，复制方案并将新方案命名为"Cover（side gate）"。双击进入"Cover（side gate）"方案。

（2）设置分析序列，完成材料选择和工艺设置。

参照【例 5-1】步骤（2）～步骤（4）完成材料选择和工艺设置。

（3）设置限制性浇口节点。

a. 选择节点。

单击"几何"选项卡"选择"组中的 ⬚（属性）按钮，打开"按属性选择"对话框，选择"按实体类型"为"节点"，单击 确定 按钮，此时模型上的所有节点均被选中。按 Shift 键取消模型下边缘一行节点的选择，操作步骤如图 5-11 所示。

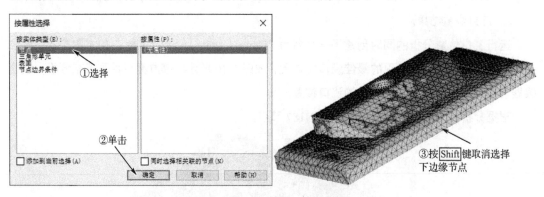

图 5-11 选择节点操作步骤

b. 将所选节点设为限制性浇口节点。

单击"边界条件"选项卡中的 ⬚（限制性浇口节点）按钮，工程管理窗口"工具"选项卡中出现"限制性浇口节点"界面，单击 ✔ 应用(A) 按钮，此时设置的节点均以红色显示。

（4）开始分析。

双击方案任务窗口中的"分析"选项即可运行分析。

（5）查看分析结果。

a. 流动阻力指示器结果。

如图 5-12 所示为流动阻力指示器阴影图，与图 5-8 对比，查看发现适合放置浇口的蓝色区域由塑件的中间位置转换到了底部边缘的中间位置，同时限制性浇口节点均以红色显示。

b. 浇口匹配性结果。

如图 5-13 所示为浇口匹配性阴影图，观察发现，仅底部边缘位置有彩色阴影显示，其余设置为限制性浇口节点的位置均以灰色显示，无匹配性数值。最佳浇口位置应处于蓝色区域，即塑件下边缘中间位置。

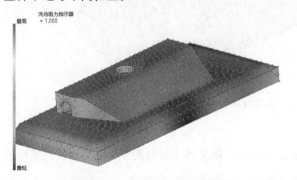

图 5-12　流动阻力指示器阴影图

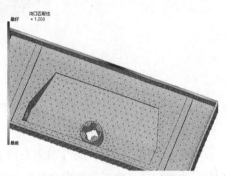

图 5-13　浇口匹配性阴影图

c. 浇口位置结果。

运行浇口位置分析的同时创建了一个名为"Cover（side gate）（浇口位置）"的方案副本，将浇口放置在分析发现的最佳位置上，如图 5-14 所示。该方案可用于填充分析，以便根据填充分析结果最终确定合适的浇口位置。

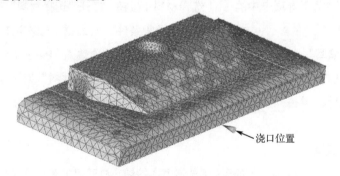

图 5-14　设置限制性浇口节点后的最佳浇口位置

根据分析日志，建议浇口位置靠近 N1940 节点。

（6）保存工程。

5.3　浇口位置分析综合实例

如图 5-15 所示为话筒网格模型，要求对其进行浇口位置分析，寻找最佳浇口位置。

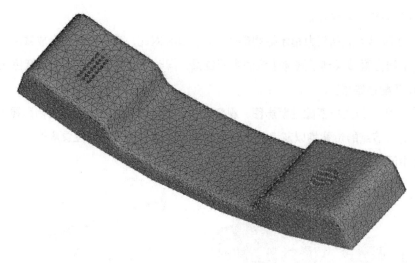

图 5-15 话筒网格模型

步骤 1 打开工程和方案。

在第 5 章/源文件/phone 下找到名为 phone.mpi 的工程文件或者找到第 3 章综合实例的结果文件，双击打开。在工程管理窗口双击方案"phone"。

步骤 2 设置分析序列。

单击功能区"主页"选项卡中的 ▦ （分析序列）按钮，打开"选择分析序列"对话框，选择分析序列为"浇口位置"，单击 确定 按钮。

步骤 3 材料选择。

单击功能区"主页"选项卡中的 ⚛ （选择材料）按钮，打开"选择材料"对话框。单击"选择材料"对话框中的 搜索... 按钮，打开"搜索条件"对话框。依次选择"制造商"、"牌号"和"材料名称缩写"，相应地，在"子字符串"文本框中依次输入"Basell Polyolefins Europe"、"Metocene HM648T"和"PP"。按 Enter 键，弹出"选择热塑性材料"对话框，在列表框中选择搜索出的唯一材料，单击 选择 按钮，回到"选择材料"对话框，然后单击 确定 按钮。

步骤 4 工艺设置。

单击功能区"主页"选项卡中的 ▦ （工艺设置）按钮，打开"工艺设置向导-浇口位置设置"对话框。保持默认选项，单击 确定 按钮。

步骤 5 启动分析并查看浇口位置。

a. 双击方案任务窗口中的"分析"选项即可运行分析。

b. 分析后创建的浇口位置在话筒的外表面，如图 5-16 所示。但话筒外表面为外观面，不适合设置浇口，因此应将外表面的节点设置为限制性浇口节点。

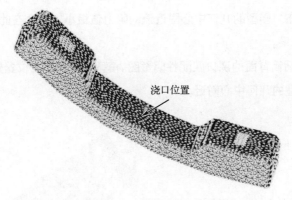

浇口位置

图 5-16　话筒的浇口位置

步骤 6　设置限制性浇口节点。

a.　选择节点。

旋转网格模型至图 5-17 所示"下"面方向显示。在层管理窗口取消勾选"New Triangles"层复选框，关闭该层。单击"几何"选项卡"选择"组中的 （选择向着屏幕的实体）按钮，框选所有节点，如图 5-17 所示。勾选"New Triangles"层复选框，重新打开该层，将网格模型旋转至"上"面方向显示，按 Shift 键框选高亮显示的部分节点，如图 5-18 所示。

图 5-17　选择模型"下"面所有节点

图 5-18　旋转模型取消多选节点的选择

> **提示**　为了防止分析算法求解器将注射位置放在模型的外表面而影响塑件的外观质量，需要将外表面的节点设定为限制性浇口节点。单击 按钮后，只能选中向着屏幕的节点，但是因为上下两层的节点并不完全对应，背面有一部分节点被"露出来"，因此这部分节点也被选中。此时需要反向旋转模型，按 Shift 键取消这部分节点的选择。

b.　将所选节点设为限制性浇口节点。

单击功能区"边界条件"选项卡中的 （限制性浇口节点）按钮，工程管理窗口"工具"选项卡中出现"限制性浇口节点"界面，单击 应用(A) 按钮，此时选择的节点均以红色显示。

步骤 7　运行分析。

双击方案任务窗口中的"分析"选项即可运行分析。

步骤 8　查看分析结果。

a.　流动阻力指示器结果。

如图 5-19 所示为话筒背面的流动阻力指示器阴影图。查看发现，从浇口位置到填充路径末

端，流动阻力均匀分布。模型的几何中心附近流动阻力值最小，适合在此区域设置浇口。

    b．浇口匹配性结果。

    如图 5-20 所示为话筒背面的浇口匹配性阴影图。模型中间的蓝色位置处的浇口匹配性最好，可见浇口应放置在模型的几何中心附近。

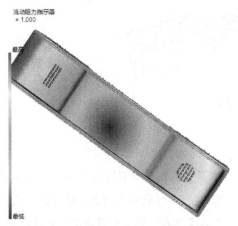
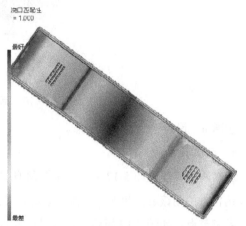

图 5-19　话筒背面流动阻力指示器阴影图　　　　图 5-20　话筒背面浇口匹配性阴影图

    c．浇口位置结果。

    运行浇口位置分析的同时创建了一个名为"phone（浇口位置）"的方案副本，将浇口放置在分析发现的最佳位置上，如图 5-21 所示。该方案可用于填充分析，以便根据填充分析结果最终确定合适的浇口位置。

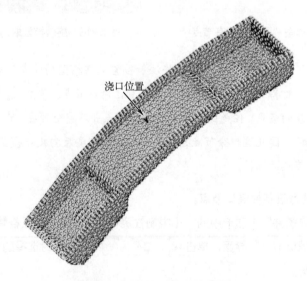

图 5-21　话筒的最佳浇口位置

    根据分析日志，建议浇口位置靠近 N2943 节点。

    d．保存工程。

5.4 本章小结

浇口的位置直接影响熔体在模具型腔内的填充行为和塑料制品的成型质量。本章详细介绍了采用 Moldflow 进行浇口位置分析的方法。但由于浇口位置分析只是基于塑件的几何特征信息进行的，因此在实际分析中不能过分依赖这个分析结果，还应根据塑件的外观、装配和使用要求，结合填充分析结果，合理设置浇口位置。

通过本章的学习，读者应掌握常规浇口位置分析的方法和通过设置限制性浇口节点进行浇口位置分析的方法，并能评价分析结果，初步设置浇口位置。

5.5 习题

1. 为如图 5-22 所示的门板网格模型运行浇口位置分析，并评价分析结果。设置材料制造商为 LG Chemiacal，牌号为 ABS TR557。（源文件位置：第 5 章/练习文件/Door Panel）

2. 为如图 5-23 所示的铰链盒网格模型运行浇口位置分析，并评价分析结果。设置材料制造商为 Basell Polyolefins Europe，牌号为 Metocene HM648T，材料类型为 PP，并设置模型上表面各点为限制性浇口节点。（源文件位置：第 5 章/练习文件/clasp）

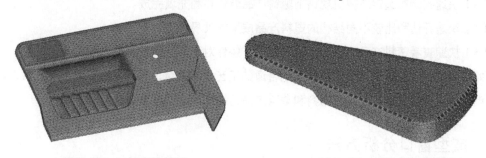

图 5-22 门板网格模型　　　　　　　　图 5-23 铰链盒网格模型

3. 为如图 5-24 所示的扫码器网格模型运行浇口位置分析，并评价分析结果。设置材料制造商为 Basell Polyolefins Europe，牌号为 Metocene HM648T，材料类型为 PP，并设置模型外表面各点为限制性浇口节点。（源文件位置：第 5 章/练习文件/scanner）

图 5-24 扫码器网格模型

第 **6** 章 成型窗口分析

成型窗口分析用于分析计算成型方案的最佳工艺设置范围，在此范围内较易生产出合格的塑料产品。成型窗口分析所得到的注射时间、模具温度和熔体温度的推荐值，可以用作填充和保压分析的初步输入，因此成型窗口分析应该在填充和保压分析前进行。

6.1 成型窗口分析概述

借助成型窗口分析可以找到成型质量最优的塑料产品的工艺条件和成型质量合格的塑料产品的最广的工艺条件范围，并可以此分析结果为依据，进行填充和保压分析的工艺条件的初步设置。

成型窗口范围越大，说明成型问题越少，越容易得到质量好的塑料产品。因此成型窗口的分析结果还可以用来：

（1）快速评估不同材料对成型质量的影响，优选材料。

（2）快速分析和比较不同浇口位置对成型质量的影响，优化浇口数量与位置。

（3）快速判断在选定注塑机规格下塑料产品能否顺利充填完成。

（4）快速评估和比较不同结构的塑料产品成型的难易程度。

（5）快速查看塑料产品的结构、材料和工艺条件对冷却时间的影响，预估冷却时间。

如果成型窗口分析结果显示很难找到合适的工艺参数组合，或者成型窗口过于狭窄，则需重新调整浇口位置、浇口数量、材料和塑料产品的结构等，然后重新进行分析。

6.2 成型窗口分析方法

成型窗口分析前需要完成模型的网格划分、选定成型材料和设定注射位置。但不需进行型腔排布，即仅需单腔网格模型。同时因为流道部分的剪切热和型腔部分的剪切热算法不一致，因此无需添加浇注系统，否则分析结果反而不准确。完成上述准备工作后就可以进行成型窗口分析。

6.2.1 成型窗口分析流程

成型窗口分析流程如图 6-1 所示，可以简单概括为：设定分析序列→设置工艺条件（设置注塑机压力条件和设置高级选项）→运行分析→分析推荐条件。

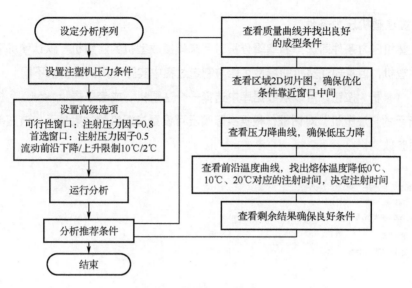

图6-1　成型窗口分析流程图

6.2.2　成型窗口分析工艺条件的设置

　　单击功能区"主页"选项卡中的 （分析序列）按钮，打开如图6-2所示的"选择分析序列"对话框，选择分析序列为"成型窗口"，单击 确定 按钮即可完成分析序列的设置。

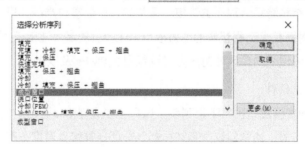

图6-2　"选择分析序列"对话框

　　单击功能区"主页"选项卡中的 （工艺设置）按钮，打开如图 6-3 所示的"工艺设置向导-成型窗口设置"对话框，以指定与成型窗口分析相关的工艺设置。

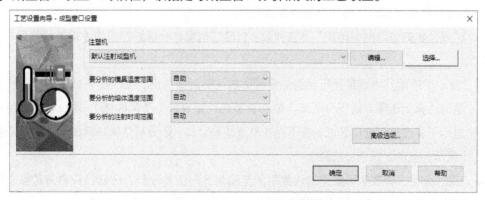

图6-3　"工艺设置向导-成型窗口设置"对话框

1．设置注塑机压力条件

设置注塑机压力条件即选择和编辑分析时用来模拟成型机的注塑机。默认情况下，会指定一个常规注塑机，但常规注塑机的特性可能与制造过程中实际使用的注塑机不同。

单击 选择... 按钮，可以从数据库中选择一个注塑机。或者单击 编辑... 按钮，弹出如图 6-4 所示的"注塑机"对话框，根据实际情况可设置注塑机的注射单元、液压单元和锁模单元的各项参数。

图6-4 "注塑机"对话框

单击"液压单元"选项卡，可以看到"注塑机最大注射压力"默认值为"180"MPa，可根据材料和塑料产品的结构特征合理设置该值。通常对大多数塑料产品，可设置注塑机的最大注射压力为 140MPa。对高黏度工程塑料的注射成型，注塑机的最大注射压力可设为 170MPa；对优质精密微型制品，注塑机的最大注射压力可设置到 250MPa 及以上。

2．设置其他工艺条件

（1）"要分析的模具温度范围"下拉列表：选择将在成型窗口分析中使用的模具温度范围。初次进行成型窗口分析时，通常建议选择"自动"选项计算模具温度范围。再次分析时，可根据之前的分析结果"指定"模具温度的取值范围。

（2）"要分析的熔体温度范围"下拉列表：选择将在成型窗口分析中使用的熔体温度范围。初次进行成型窗口分析时，通常建议选择"自动"选项计算熔体温度范围。再次分析时，可根据之前的分析结果"指定"熔体温度的取值范围。

（3）"要分析的注射时间范围"下拉列表：指定成型窗口分析要扫描的注射时间范围，有四个选项。

- "自动"选项：将确定运行分析的最合适的注射时间范围，初次进行成型窗口分析通常建议选择此选项。运行分析后，若存在首选成型窗口（蓝色区域），则分析结果将集中显示于首选成型窗口区域；若不存在首选成型窗口，则分析结果将跨越很大的范围显示（显示为蓝色、绿色和红色）。
- "宽"选项：将在尽可能广的注射时间范围内运行优化分析，分析结果将跨越整个范围显示（显示为蓝色、绿色和红色）。

- "精确的"选项：根据模具和熔体温度范围确定合适的注射时间范围，然后在该范围内运行分析。运行分析后，分析结果将在存在的首选成型窗口上集中显示（显示为蓝色）；若不存在首选成型窗口，分析结果将在存在的可行性成型窗口上集中显示（显示为绿色）。
- "指定"选项：选择该选项，可直接输入特定注射时间范围。

3. 设置高级选项

单击 高级选项... 按钮，打开"成型窗口高级选项"对话框（见图6-5），其中列出计算可行性成型窗口和首选成型窗口的限制条件。可行性成型窗口设定计算成型合格产品的工艺参数的最大可能范围，而首选成型窗口则是为生产优质产品而设置的工艺参数的可能范围。

一般建议在"计算可行性成型窗口限制"区域设置"注射压力限制"因子为"0.8"；在"计算首选成型窗口的限制"区域设置"流动前沿温度下降限制"最大下降为"10"℃，"流动前沿温度上升限制"最大上升为"2"℃，"注射压力限制"因子为"0.5"，其余限制保持默认设置。

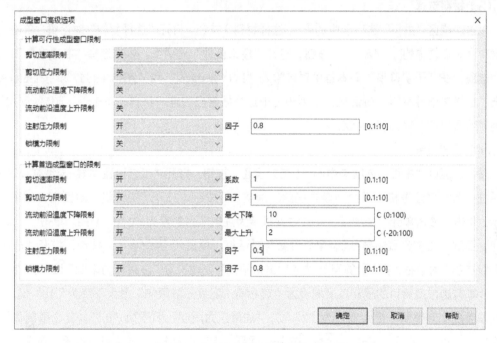

图6-5 "成型窗口高级选项"对话框

【例6-1】成型窗口分析实例

（1）打开工程和方案。

在第6章/源文件/Lock cover下找到名为lock cover.mpi的工程文件，双击打开。在工程管理窗口找到"lock cover"方案，双击打开。模型显示窗口显示锁扣盖板的CAE模型，如图6-6所示。

（2）设置分析序列。

单击功能区"主页"选项卡中的 （分析序列）按钮，打开"选择分析序列"对话框，选择分析序列为"成型窗口"，单击 确定 按钮。

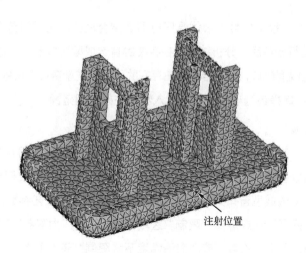

注射位置

图 6-6   锁扣盖板的 CAE 模型

（3）材料选择。

单击功能区"主页"选项卡中的 ⊗（选择材料）按钮，打开"选择材料"对话框。单击"选择材料"对话框中的 搜索... 按钮，打开"搜索条件"对话框。依次选择"制造商"和"牌号"选项，在"子字符串"文本框中对应输入"LG Chemical"和"ABS TR557"。按 Enter 键，弹出"选择热塑性材料"对话框，在列表框中选择搜索出的唯一材料，单击 选择 按钮，回到"选择材料"对话框，然后单击 确定 按钮。

（4）工艺设置。

单击功能区"主页"选项卡中的 （工艺设置）按钮，打开"工艺设置向导-成型窗口设置"对话框。单击"注塑机"下拉列表右侧的 编辑... 按钮，打开"注塑机"对话框，如图 6-4 所示，单击"液压单元"选项卡，将"注塑机最大注射压力"设为"140"MPa。单击 确定 按钮，回到"工艺设置向导-成型窗口设置"对话框。单击 高级选项... 按钮，打开"成型窗口高级选项"对话框，在"计算可行性成型窗口限制"区域设置"注射压力限制"因子为"0.8"；在"计算首选成型窗口的限制"区域设置"流动前沿温度下降限制"最大下降为"10"℃，"流动前沿温度上升限制"最大上升为"2"℃，"注射压力限制"因子为"0.5"，其余限制保持默认设置，如图 6-5 所示。单击 确定 按钮，回到"工艺设置向导-成型窗口设置"对话框，其他选项保持默认，单击 确定 按钮，完成工艺设置。

（5）开始分析。

双击方案任务窗口中的"分析"选项即可运行分析。分析结果将在 6.3 节中进行讨论。

（6）保存工程。

6.3   成型窗口分析结果评价

成型窗口分析结果共 7 项，通过查看日志文件推荐参数和评价分析结果可以找出推荐工艺条件。

1. 日志文件结果

成型窗口分析完毕后，查看日志文件，可得到推荐工艺条件。若在设置工艺条件时，将要分析的模具温度范围和要分析的熔体温度范围设置为"自动"，如图 6-3 所示，则求解器将采用材料库中设定的范围，并在材料库允许的温度范围内取较高值。

以【例 6-1】所述分析的分析结果为例，塑料产品选材为 ABS，成型窗口分析后，日志文件显示推荐的模具温度为 80℃，推荐的熔体温度为 250.79℃，在此工艺条件下推荐的注射时间为 0.2233s，如图 6-7 所示。而根据材料库推荐，ABS 材料对应的模具温度范围为 40～80℃，熔体温度范围为 215～255℃。对比发现，推荐的模具温度和熔体温度均接近材料库温度范围的上限值。若按此工艺条件成型，则在充模流速较高的局部位置非常容易出现熔体温度超限的情况，从而影响成型质量。因此日志文件所示各推荐值仅做参考，不建议直接采用。

```
最大设计注射压力    :        140.00 MPa
推荐的模具温度      :         80.00 C
推荐的熔体温度      :        250.79 C
推荐的注射时间      :         0.2233 s
```

图 6-7　日志文件推荐的工艺参数

2. 质量（成型窗口）

该结果能够呈现出塑料产品的总体质量如何随模具温度、熔体温度和注射时间等输入变量变化而变化的曲线。默认情况下将显示产品的成型质量随模具温度变化的曲线。如需探究注射时间对成型质量的影响，可在勾选并选中该分析结果后右击，在弹出的快捷菜单中选择"属性"命令，打开"探测解决空间-XY 图"对话框。勾选"注射时间"参数，则模型显示窗口所显示的成型质量曲线的 X 轴变量变为"注射时间"，此时对话框中该变量的滑块处于未激活状态。拖动另外两个变量的滑块可改变成型参数，单击 ▢关闭▢ 按钮，此时模型显示窗口所显示的成型质量曲线则为在滑块所示的模具温度和熔体温度下，产品的成型质量随注射时间变化的曲线，操作步骤如图 6-8 所示。同理，可探究产品的成型质量随熔体温度变化的曲线。需要说明的是，各变量滑块的位置是非连续的，因此无法将其拖至任意值位置，操作时将滑块拖至距预设值最近的数值即可。

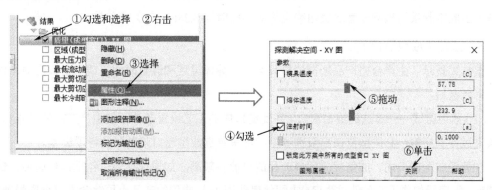

图 6-8　修改成型质量曲线变量的操作步骤

现以【例6-1】所述分析的分析结果为例，说明通常情况下根据该结果查找推荐成型工艺条件的方法。选择 X 轴变量为"注射时间"，拖动模具温度的变量滑块至模具温度范围（40～80℃）的中间值附近，拖动熔体温度的变量滑块至熔体温度范围（215～255℃）的中间值附近，如图6-8中的"探测解决空间-XY图"对话框所示，单击 ▢ 关闭 ▢ 按钮，此时模型显示窗口显示的成型质量曲线如图 6-9 所示。单击功能区"结果"选项卡中的 ▦（检查）按钮，按 Ctrl 键选择曲线各点，可检查各点处对应的注射时间和成型质量值。通常成型质量曲线最高点所对应的注射时间，即为推荐注射时间（本例为 0.2863s），在后续的填充分析中将作为工艺设置值输入。成型质量值大于 0.5 的范围为首选注射时间范围，约为 0.19～0.60s，也可作为后续分析的工艺设置值。但首选注射时间范围的中间值并非推荐值，这是因为在如图6-5所示的成型窗口高级选项的设置中，为防止塑料在充模成型过程中发生剪切过热，而将首选成型窗口的"流动前沿温度下降限制"设定为 10℃，而"流动前沿温度上升限制"设定为 2℃，即温度的下降和上升限制不对称。

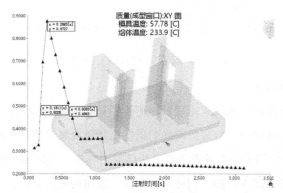

图6-9 锁扣盖板的成型质量曲线图

对比发现，日志中推荐的注射时间为 0.2233s，而根据成型质量曲线查得的最佳注射时间为 0.2863s，日志中推荐的注射时间更短。这是因为日志推荐了更高的模具温度和熔体温度，以保证更好的填充效果，因此注射时间明显短。但由于日志推荐的模具温度和熔体温度均接近上限值，对于某些薄壁区域，可能会出现剪切热过高，导致局部温度高于推荐温度的情况，引起质量缺陷。而在成型质量曲线中采用模具温度范围和熔体温度范围的中间值，则不容易出现这个问题。因此推荐采用根据成型质量曲线查得的注射时间 0.2863s 作为最佳值。

3. 区域（成型窗口）

该结果显示了生产合格产品所需的模具温度、熔体温度和注射时间。成型窗口会显示以下三个彩色区域：

（1）蓝色区域——首选的成型窗口。在此窗口内的工艺设置条件可使生产产品的过程满足：①填充过程非短射；②成型窗口高级选项中"计算首选成型窗口限制"的各项设置。

在蓝色成型窗口内，成型优质塑料产品的可能性较高。如果成型窗口包括蓝色区域，但非常狭窄，则表示如果工艺条件发生变化（即使变化很小），成型的产品也可能会不符合质量要求。

因为在塑料产品的成型过程中，成型条件通常无法精准控制，因此可尝试采用修改注射位置等方法，以生成较宽的蓝色区域，确保成型质量的稳定性。

（2）绿色区域——可行的成型窗口。在此窗口内的工艺设置条件，仍能够生产出该塑料产品，但质量可能不高。此时生产过程满足：①填充过程非短射；②成型窗口高级选项中"计算可行性成型窗口限制"的各项设置。

成型窗口全部显示为绿色时，表示没有特别好的工艺设置组合可以生产出优质产品。根据产品的质量要求的严格程度，可以尝试修改注射位置、添加注射位置、更换材料或更改零件几何结构等方法。

（3）红色区域——不可行的成型窗口。全部显示为红色的成型窗口表示不存在良好的可采用的工艺设置组合，此时可以尝试修改注射位置、添加注射位置、更换材料或更改零件几何结构等方法，改善产品的成型质量。

即使已经执行了成型窗口分析，预测的工艺设置组合仍有可能导致成型问题或质量问题。这是因为成型窗口分析仅提供快速的初步建议，并不能替代完整的分析。

Moldflow 版本不同时，成型窗口显示颜色会有不同，请注意对比其图例栏。

对于不同产品的一模成型，可分别做成型窗口分析，取各自成型窗口首选区域的重叠区进行成型预测。

以【例 6-1】所述分析的分析结果为例，在模型显示窗口拖动区域（成型窗口）结果，可获得如图 6-10 所示的区域（成型窗口）切片图，首选注射时间范围约为 0.19～0.61s，与质量（成型窗口）结果所得结论基本一致。

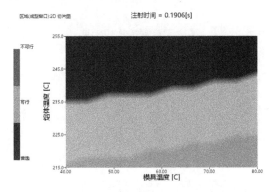
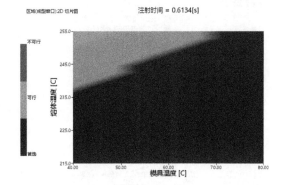

（a）首选注射时间下限值　　　　　　　　　（b）首选注射时间上限值

图 6-10　锁扣盖板的区域（成型窗口）切片图

4. 最大压力降（成型窗口）

该结果可显示最大压力降（即注射压力变化）随模具温度、熔体温度和注射时间变化的曲线，默认显示最大压力降随模具温度变化的曲线。如需探究熔体温度或注射时间对最大压力降的影响，可在勾选并选中该分析结果后右击，在弹出的快捷菜单中选择"属性"命令，在打开的"探测解决空间-XY图"对话框中进行设置，具体操作步骤可参考图6-8。

以【例6-1】所述分析的分析结果为例，选择 X 轴变量为"注射时间"，拖动模具温度和熔体温度的变量滑块分别至57.78℃和233.9℃，得到最大压力降随注射时间变化的曲线如图6-11所示。观察到最大压力降曲线基本随注射时间增加而减少。单击功能区"结果"选项卡中的（检查）按钮，按 Ctrl 键选择曲线各点，可检查不同注射时间所对应的最大压力降。当注射时间约为0.19s时，对应的最大压力降为10.18MPa。一般应保证此值在注塑机注射压力规格的一半（一般为70MPa）以内，若过高通常需要调整注射时间。

5. 最低流动前沿温度（成型窗口）

该结果显示最低流动前沿温度随模具温度、熔体温度和注射时间变化的曲线，默认显示最低流动前沿温度随模具温度变化的曲线。如需探究熔体温度或注射时间对最低流动前沿温度的影响，可在勾选并选中该分析结果后右击，在弹出的快捷菜单中选择"属性"命令，在打开的"探测解决空间-XY图"对话框中进行设置，具体操作步骤可参考图6-8。最低流动前沿温度是重要结果，是评估成型质量的重要标准。流动前沿温度下降值不应超过20℃，否则注射时间应该取更小值。

以【例6-1】所述分析的分析结果为例，选择 X 轴变量为"注射时间"，拖动模具温度和熔体温度的变量滑块分别至57.78℃和233.9℃，得到最低流动前沿温度随注射时间变化的曲线如图6-12所示。单击功能区"结果"选项卡中的（检查）按钮，按 Ctrl 键选择曲线各点，可检查不同注射时间所对应的最低流动前沿温度。可以看到，流动前沿温度下降值为5℃、10℃、15℃和20℃时，即最低流动前沿温度分别为235℃、230℃、225℃和220℃时，对应的注射时间约为0.22s、0.40s、0.63s和0.86s。当注射时间为0.28s时，流动前沿温度下降值约为7℃，符合要求。

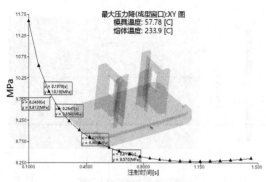

图6-11　锁扣盖板的最大压力降曲线图　　　图6-12　锁扣盖板的最低流动前沿温度曲线图

6. 最大剪切速率（成型窗口）和最大剪切应力（成型窗口）

最大剪切速率（成型窗口）和最大剪切应力（成型窗口）结果分别显示最大剪切速率和最

大剪切应力随模具温度、熔体温度和注射时间变化的曲线，默认显示最大剪切速率和最大剪切应力随模具温度变化的曲线。由于最大剪切速率和最大剪切应力均与注射时间密切相关，因此通常这两个曲线图均以"注射时间"为 X 轴变量，具体设置步骤可参考图 6-8。查看相关结果时，应注意最大剪切速率和最大剪切应力不要超过材料库规定的允许值。

以【例 6-1】所述分析的分析结果为例，选择 X 轴变量为"注射时间"，拖动模具温度和熔体温度的变量滑块分别至 57.78℃ 和 233.9℃，得到最大剪切速率和最大剪切应力随注射时间变化的曲线分别如图 6-13 和图 6-14 所示。单击功能区"结果"选项卡中的 （检查）按钮，按 Ctrl 键选择曲线各点，可检查不同注射时间所对应的最大值。图 6-13 显示，当注射时间取 0.19～0.60s 时，最大剪切速率约为 2596s^{-1}，小于材料库规定的 ABS 的最大剪切速率 50000s^{-1}，符合要求。图 6-14 显示，当注射时间取 0.19～0.60s 时，最大剪切应力约为 0.16MPa，小于材料库规定的 ABS 的最大剪切应力 0.3MPa，符合要求。

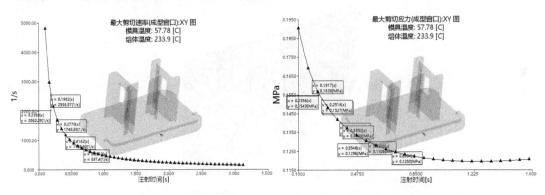

图 6-13　锁扣盖板的最大剪切速率曲线图　　　图 6-14　锁扣盖板的最大剪切应力曲线图

7. 最长冷却时间（成型窗口）

该结果显示最长冷却时间随模具温度、熔体温度和注射时间变化的曲线，默认显示最长冷却时间随模具温度变化的曲线，可参考图 6-8 修改 X 轴变量。由于模具温度对冷却时间影响最大，因此常以模具温度为 X 轴变量。冷却时间不宜过长，若冷却时间过长可适当降低模具温度。

以【例 6-1】所述分析的分析结果为例，分别设 X 轴变量为"模具温度"、"熔体温度"和"注射时间"，相应地分别拖动熔体温度、注射时间和模具温度的变量滑块至 233.9℃、0.2849s 和 57.78℃，得到的最长冷却时间曲线如图 6-15 所示。对比发现，模具温度对冷却时间影响最大，其次是熔体温度，注射时间对冷却时间影响很小。因此，若要减少冷却时间，提高成型效率，应适当降低模具温度。单击功能区"结果"选项卡中的 （检查）按钮，检查发现模具温度为 57℃ 左右时，最长冷却时间约为 17s。

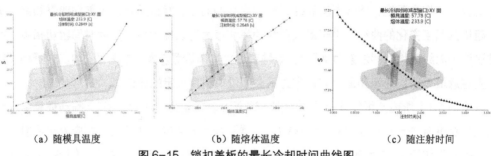

（a）随模具温度　　　　　　（b）随熔体温度　　　　　　（c）随注射时间

图 6-15　锁扣盖板的最长冷却时间曲线图

6.4　成型窗口分析综合实例

如图 6-16 所示为冰箱瓶座端挡网格模型，要求对其进行成型窗口分析，找出推荐工艺条件。

图 6-16　冰箱瓶座端挡网格模型

步骤 1　打开工程和方案。

在第 6 章/源文件/hold-end 下找到名为 holder-end.mpi 的工程文件并双击打开，双击方案"holder end"。

步骤 2　设置分析序列。

单击功能区"主页"选项卡中的 （分析序列）按钮，打开"选择分析序列"对话框，选择分析序列为"成型窗口"，单击 确定 按钮。

步骤 3　材料选择。

单击功能区"主页"选项卡中的 （选择材料）按钮，打开"选择材料"对话框。单击"选择材料"对话框中的 搜索... 按钮，打开"搜索条件"对话框。依次选择"制造商"和"牌号"选项，在"子字符串"文本框中对应输入"LG Chemical"和"ABS TR557"。按 Enter 键，弹出"选择热塑性材料"对话框，在列表框中选择搜索出的唯一材料，单击 选择 按钮，回到"选择材料"对话框，然后单击 确定 按钮。

步骤 4　工艺设置。

单击功能区"主页"选项卡中的 （工艺设置）按钮，打开"工艺设置向导-成型窗口设置"对话框。单击"注塑机"下拉列表右侧的 编辑... 按钮，打开"注塑机"对话框，单击"液压单元"选项卡，将"注塑机最大注射压力"设为"140"MPa。单击 确定 按钮，回到"工艺设置向导–成型窗口设置"对话框。单击 高级选项... 按钮，打开"成型窗口高级选项"对话框，在"计算可行性成型窗口限制"区域设置"注射压力限制"因子为"0.8"；在"计算首选成型窗口的限制"区域设置"流动前沿温度下降限制"最大下降为"10"℃，"流动前沿温度上升限制"最大上升为"2"℃，"注射压力限制"因子为"0.5"，其余限制保持默认设置，如图6-5所示。单击 确定 按钮，回到"工艺设置向导–成型窗口设置"对话框，其他选项保持默认，单击 确定 按钮，完成工艺设置。

步骤 5 启动分析。

双击方案任务窗口中的"分析"选项即可运行分析。

步骤 6 查看分析结果。

1）日志文件结果

日志文件显示推荐的模具温度为66.67℃，推荐的熔体温度为255.00℃，在此工艺条件下推荐的注射时间为0.5653s，如图6-17所示。而根据材料库推荐，所选材料对应的模具温度范围为40~80℃，熔体温度范围为215~255℃。对比发现，日志文件推荐的熔体温度接近熔体温度范围的上限值，在充模流速较高的局部位置有可能出现熔体温度超限的情况，工艺条件并不安全，不建议直接采用。

2）质量（成型窗口）

选择 X 轴变量为"注射时间"，拖动模具温度和熔体温度的变量滑块分别至57.78℃和233.9℃，得到如图6-18所示的成型质量值随注射时间变化的曲线。单击功能区"结果"选项卡中的 🔍（检查）按钮，按 Ctrl 键选择曲线各点，检查成型质量曲线最高点所对应的注射时间，即为注射时间的推荐值（0.7739s）。成型质量值大于0.5时，对应的注射时间范围约为0.62~1.20s，也可采用。

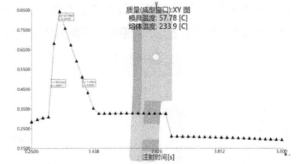

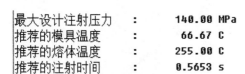

最大设计注射压力	:	140.00 MPa
推荐的模具温度	:	66.67 C
推荐的熔体温度	:	255.00 C
推荐的注射时间	:	0.5653 s

图6-17 日志文件推荐的冰箱瓶座端挡的工艺参数 　图6-18 冰箱瓶座端挡的成型质量曲线图

3）区域（成型窗口）

在模型显示窗口拖动区域（成型窗口）结果，可获得如图6-19所示的区域（成型窗口）切片图，首选注射时间范围约为0.66~1.23s，与质量（成型窗口）结果所得结论基本一致。

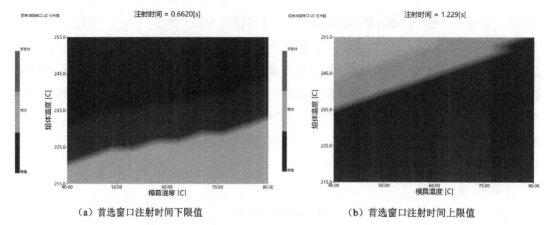

（a）首选窗口注射时间下限值   （b）首选窗口注射时间上限值

图6-19　冰箱瓶座端挡的区域（成型窗口）切片图

4）最大压力降（成型窗口）

选择 X 轴变量为"注射时间"，拖动模具温度和熔体温度的变量滑块分别至57.78℃和233.9℃，得到最大压力降随注射时间变化的曲线如图6-20所示。单击功能区"结果"选项卡中的 （检查）按钮，按 Ctrl 键选择曲线各点，检查到当注射时间约为0.62s和1.20s时，对应的最大压力降约为18MPa和16MPa，在注塑机注射压力规格的一半（70MPa）以内，表明推荐注射时间对最大压力降的影响在合理范围内。

5）最低流动前沿温度（成型窗口）

选择 X 轴变量为"注射时间"，拖动模具温度和熔体温度的变量滑块分别至57.78℃和233.9℃，得到最低流动前沿温度随注射时间变化的曲线如图6-21所示。单击功能区"结果"选项卡中的 （检查）按钮，按 Ctrl 键选择曲线各点，检查到流动前沿温度下降值为5℃、10℃、15℃和20℃时，即最低流动前沿温度分别为237.5℃、232.5℃、227.5℃和222.5℃时，对应的注射时间分别约为0.5s、0.8s、1.2s和1.6s。其中，对应推荐注射时间为0.8s时，流动前沿温度下降值约为10℃，小于20℃，符合要求。根据图6-18，当注射时间为1.2s时，对应的成型质量值约为0.5，此时最低流动前沿温度下降值约为15℃，小于20℃，符合要求，也可采用。

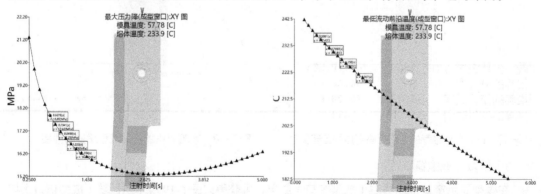

图6-20　冰箱瓶座端挡的最大压力降曲线图　　图6-21　冰箱瓶座端挡的最低流动前沿温度曲线图

6）最大剪切速率（成型窗口）

选择 X 轴变量为"注射时间"，拖动模具温度和熔体温度的变量滑块分别至 57.78℃和 233.9℃，得到最大剪切速率随注射时间变化的曲线如图 6-22 所示。单击功能区"结果"选项卡中的（检查）按钮，按 Ctrl 键选择曲线各点，检查到当注射时间取 0.62～1.20s 时，最大剪切速率约为 3385s^{-1}，小于材料库规定的 ABS 的最大剪切速率 50000s^{-1}，符合要求。

7）最大剪切应力（成型窗口）

选择 X 轴变量为"注射时间"，拖动模具温度和熔体温度的变量滑块分别至 57.78℃和 233.9℃，得到最大剪切应力随注射时间变化的曲线 6-23 所示。单击功能区"结果"选项卡中的（检查）按钮，按 Ctrl 键选择曲线各点，可检查不同注射时间所对应的最大剪切应力。在图 6-23 中，当注射时间取 0.62～1.20s 时，最大剪切应力约为 0.17MPa，小于材料库规定的 ABS 的最大剪切应力 0.3MPa，符合要求。

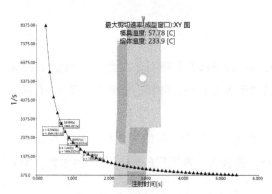

图 6-22　冰箱瓶座端挡的最大剪切速率曲线图　　　图 6-23　冰箱瓶座端挡的最大剪切应力曲线图

8）最长冷却时间（成型窗口）

选择 X 轴变量为"模具温度"，拖动熔体温度和注射时间的变量滑块分别至 233.9℃和 0.7755s，得到的最长冷却时间曲线如图 6-24 所示。单击功能区"结果"选项卡中的（检查）按钮，检查发现当模具温度为 57℃左右时，最长冷却时间约为 20s。由于注射时间对冷却时间的影响非常小，因此可将 20s 作为最长冷却时间的参考值。

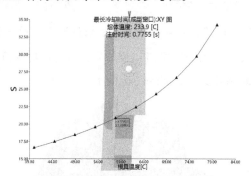

图 6-24　冰箱瓶座端挡的最长冷却时间曲线图

根据以上分析结果，冰箱瓶座端挡成型时，推荐的模具温度和熔体温度分别约为 60℃和 235℃，推荐的注射时间约为 0.77s，推荐的注射时间范围为 0.62～1.2s，最长冷却时间约为 20s。

步骤 7 保存方案。

6.5 本章小结

Moldflow 的成型窗口分析有助于找到成型质量最优的塑料产品的工艺条件和成型质量合格的塑料产品的最广工艺条件范围，是后续进行填充和保压分析的重要依据。本章详细介绍了进行成型窗口分析的方法和步骤，评价成型窗口分析结果的方法，以及根据分析结果找出推荐工艺条件的方法。

通过本章的学习，读者应掌握进行成型窗口分析的方法，能根据分析结果找出推荐工艺条件，并以此为依据进行填充和保压分析的工艺设置。

6.6 习题

1. 如图 6-25 所示为铰链盒网格模型，材料制造商、牌号和名称缩写分别为 Basell Polyolefins Europe、Metocene HM648T 和 PP。要求对其进行成型窗口分析，并找出推荐工艺条件。（源文件位置：第 6 章/练习文件/clasp）

2. 如图 6-26 所示为扫码器网格模型，材料制造商、牌号和名称缩写分别为 LG Chemial、ABS TR557 和 ABS。要求对其进行成型窗口分析，并找出推荐工艺条件。（源文件位置：第 6 章/练习文件/scanner）

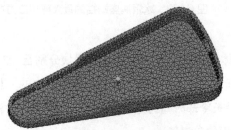
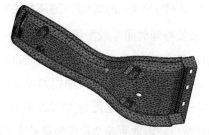

图 6-25 铰链盒网格模型 　　　　　　图 6-26 扫码器网格模型

3. 如图 6-27 所示为工具箱扣手网格模型，材料制造商、牌号和名称缩写分别为 Basell Polyolefins Europe、Metocene HM648T 和 PP。要求对其进行成型窗口分析，并找出推荐工艺条件。（源文件位置：第 6 章/练习文件/toolbox handle）

图 6-27 工具箱扣手网格模型

第 **7** 章 填充分析

注射成型过程中，注塑机的螺杆向前移动将储备于料筒前端的已经塑化完毕的均化的塑料熔体注射入模具型腔，直至型腔被塑料熔体充满，这一阶段称为填充。Moldflow 的填充分析将模拟计算从注塑开始到型腔被填满的整个过程的填充行为。确定浇口位置和成型工艺条件后，需要通过填充分析查看填充效果，对给定的浇口位置和成型工艺条件进行评估。

7.1 填充分析概述

在填充的初始阶段，塑料熔体前沿的流动阻力约为 1 个大气压，正常填充过程中，若注射压力足够高，则塑料熔体将以设定的流量曲线（或螺杆行程曲线）顺利充模，这一阶段称为速度控制阶段。但由于填充速度较快，型腔内的气体来不及排出，因此随着填充的进行，型腔压力将逐渐增大，塑料熔体前沿的流动阻力也就逐渐增大。型腔压力上升越快，流动阻力也越大。塑料熔体在填充过程中需要具有足够的注射压力和注射速率，以克服流动阻力而迅速填满型腔，否则塑料熔体流动将会停止而造成短射。

当型腔即将充满时，型腔压力会发生上溢现象，此时很难以流率来控制螺杆的前进，通常会将操作切换至压力控制阶段，而成型阶段也将转换至保压阶段。

填充过程是塑料熔体在型腔内成型的起始步骤，是注塑模流分析的关键流程之一，该分析及优化应在模具结构设计前进行。由于填充过程涉及塑料熔体流动及传热，塑料的性质会随温度、压力和剪切速率等变量的变化而变化，加上熔体流动前沿是随时间而变化的自由面，因此填充过程是一个十分复杂的过程。

Moldflow 的填充分析可以对塑料熔体从开始进入型腔至充满型腔的整个过程进行模拟。填充分析的分析结果包括充填时间、压力、流动前沿温度、分子取向、剪切应力、气穴和熔接线等。

填充分析有助于获得最佳浇注系统设计。浇注系统直接影响熔体的流动行为，通过对不同浇注系统下熔体的流动行为进行分析比较，可选择最佳的浇口位置、浇口数量和浇注系统布局等。

填充分析需要确保塑料熔体的填充行为合理，才能保证后续的保压和冷却过程是在塑料熔体合理填充的基础上进行的。熔体的填充要避免出现充填不完整及流动不平衡等成型问题，同时尽可能地采用较低的注塑压力、锁模力，以降低制品生产对注塑机的要求。

7.2 填充分析方法

熔体的填充过程分析及优化是注塑成型优化的第一步，也是后续进行其他分析的基础。

7.2.1　填充分析流程

填充分析流程如图 7-1 所示，可以简单概括为：分析前处理（包括准备网格模型、设定材料和设置浇口位置等）→成型窗口分析（获取成型条件，根据注射时间计算注射速率，作为填充分析的工艺设置值）→首次运行填充分析（获取速度/压力切换点，作为填充分析的工艺设置值）→再次运行填充分析→判断是否有填充问题→寻找解决方案，重新运行分析→完成填充分析。

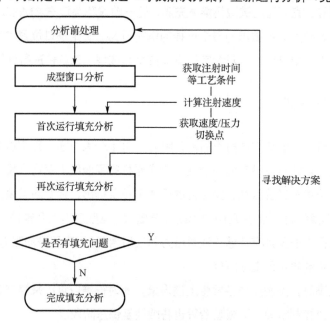

图 7-1　填充分析流程图

1. 分析前处理

分析前处理的内容包括创建工程项目、准备塑料零件和浇注系统的网格模型、设定材料，以及设置浇口位置。

　　　　因为流道部分的剪切热和型腔部分的剪切热算法不一致，所以成型窗口分析时通常不建议添加浇注系统，而填充分析时则需模型带浇注系统，因此通常至少创建两个方案，分别是无浇注系统和有浇注系统的网格模型，用于进行成型窗口分析和填充分析。

2. 成型窗口分析

运行成型窗口分析的目的是获取工艺条件的推荐值，以用作填充分析的工艺设置。由于成型窗口分析时无浇注系统，因此通常根据成型窗口分析推荐的注射时间和塑料制品的体积，计算得到注射速率，以对填充分析进行填充控制。

3. 首次运行填充分析

根据成型窗口分析结果设置模具表面温度和熔体温度，根据上一步骤计算得到的注射速率进行填充控制，设置速度/压力切换方式为"自动"。填充分析不必精确设置保压条件，通常设置"%填充压力与时间"选项控制，对应值为80%和10s。运行填充分析后，可以根据分析日志获取速度/压力切换点。具体操作将在【例7-1】的步骤（3）中详细说明。

4. 再次运行填充分析

设置速度/压力切换方式为"由%充填体积"，并根据首次填充分析结果设置速度/压力切换点。

　　一种常见的设置方法是，直接设置速度/压力切换方式为"由%充填体积"，切换点为99%，但这种设置方法不是很合理。因为塑料为粘弹性材料，塑料熔体在型腔内受压时被压缩，压力撤销后，会产生部分回弹而膨胀。采用自动切换方式时，获取速度/压力切换点的方法是，施加压力将熔体推入型腔，快填满时，撤掉压力，假设无回流现象，塑料熔体膨胀至型腔充满，此时对应的体积百分比即为速度/压力切换点。由此可见，速度/压力切换点跟塑料的PVT属性密切相关，笼统地将所有塑料制品的速度/压力切换点都设定为填充体积的99%，是不合理的。

5. 判断是否有填充问题

查看分析日志和分析结果，主要查看充填时间、速度/压力切换时的压力、锁模力、流动速率、填充结束时刻的压力、熔接线、流动前沿温度和壁上剪切应力等首要结果，根据实际情况查看其他次要结果，判断是否存在短射、气穴、高应力、高压力、高锁模力和差的填充等填充问题。若存在，则需分析寻找解决方案，如是否需要调整塑料产品的材料和结构，是否需要修改浇口位置和浇口数量，是否需要优化成型工艺参数，并重新进行分析。若不存在填充问题，则填充分析完成。

7.2.2 填充分析工艺条件的设置

通常认为，在塑料原料、注塑机和模具结构确定之后，注射成型工艺条件的选择和控制，就成为决定成型质量的主要因素。一般来说，整个注射成型周期的工艺条件主要指温度、压力和时间。

温度条件主要指熔体温度和模具温度，其中熔体温度影响注射充模过程，而模具温度则同时影响填充和冷却定型过程。注射成型过程需要控制的压力包括注射压力、保压压力和塑化压力，其中注射压力与注射速率相辅相成，对熔体的流动和充模具有决定性作用；保压压力和保压时间密切相关，主要影响型腔压力和最终成型质量；塑化压力的大小影响熔体的塑化过程。注射成型周期包括注射时间、保压冷却时间和其他操作时间。

Moldflow对注射成型的工艺条件，以及它们之间的相互关系都有很好的表示和控制方法。设置填充分析工艺条件时，只需要设置模具温度和熔体温度，并选择合适的控制方法控制熔体的填充行为。

单击功能区"主页"选项卡中的 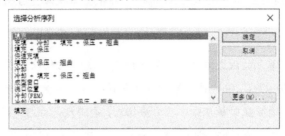（分析序列）按钮，打开如图 7-2 所示的"选择分析序列"对话框，从列表框里选择"填充"分析序列，单击 ┌──── 确定 ────┐ 按钮即可完成分析序列的设置。单击功能区"主页"选项卡中的 （工艺设置）按钮，打开如图 7-3 所示的"工艺设置向导–填充设置"对话框，以指定与填充分析相关的工艺设置。

图 7-2 "选择分析序列"对话框

图 7-3 "工艺设置向导–填充设置"对话框

1. 模具表面温度

模具表面温度是指塑料和金属的临界面处的模具温度，默认值为材料库所推荐的模具表面温度，也是材料库推荐的模具温度范围的中间值。可根据实际情况或成型窗口分析结果设定模具表面温度，注意输入的模具表面温度不得超出材料库推荐的模具表面温度范围。

2. 熔体温度

熔体温度是指塑料熔体开始向型腔流动时的温度。若模型有流道系统，则熔体温度指熔体进入流道系统时的温度；若模型没有流道系统，则指熔体离开浇口时的温度。默认值为材料库所推荐的熔体温度，也是材料库所推荐的熔体温度范围的中间值。可根据实际情况或成型窗口分析结果输入熔体温度。但考虑到熔体在流道中流动时产生的剪切热，设定的熔体温度可略低于成型窗口分析所确定的熔体温度，以保证进入型腔的熔体温度与成型窗口分析所设定的熔体温度尽可能接近。输入的熔体温度不得超出材料库推荐的熔体温度范围。

3. 填充控制

该选项用于指定填充阶段控制熔体填充行为的方法，此选项的下拉列表中共有 6 个选项，其中：

"自动"选项，可快速确定合适的注射时间或速率，填充结束时具有很小的流动前沿温度降。该选项只适合于不带流道系统的填充分析。

"注射时间"选项，是常用的填充控制方式，定义了速度控制阶段所对应的时间，实际充填时间会略高。可输入成型窗口分析所确定的注射时间。但由于成型窗口分析时，网格模型不带浇注系统，因此填充分析时，网格模型若带浇注系统，需根据型腔体积换算所需的流动速率，再根据流动速率计算全部注射时间，或采用"流动速率"方式控制填充过程。

"流动速率"选项，定义了填充时熔体的流动速率，是分析带浇注系统模型的填充过程时常用的控制方式。

"相对/绝对/原有螺杆速度曲线"选项，通过指定两个变量来控制螺杆速度曲线，从下拉列表中选择螺杆速度的控制变量，单击 编辑曲线... 按钮，然后输入变量值以生成螺杆速度曲线。在初始设计阶段一般不常用，可在分析完成后，根据分析日志所推荐的螺杆速度曲线进行分析。

4. 速度/压力切换

该选项用于指定从速度控制切换到压力控制的条件。首先选择所需的切换条件，然后指定切换点。

此选项的下拉列表中共有 9 个选项，其中：

"自动"选项为首次运行填充分析时最常用的切换方法。在典型的成型机上，标准设置是在填充体积为 99%时进行切换，以保证螺杆行程停止后仍有足够的熔体充满型腔。

"由%充填体积"选项是手动设置时最常用的切换方法。可根据首次填充分析后，分析日志所推荐的速度/压力切换点进行设置，该数值通常考虑了材料可压缩性，更具参考价值。

其余选项分别为指定螺杆位置、注射压力、液压压力、锁模力、指定节点处压力、注射时间和以上任一选项达到指定值。

5. 保压控制

该选项用于指定保压阶段的控制方法。首先选择所需的控制方法，单击 编辑曲线... 按钮，然后输入变量值以生成压力曲线。

此选项的下拉列表中共有 5 个选项，默认选项为"%填充压力与时间"，默认保压时间为 10s，保压压力为填充压力的 80%，此设置在填充过程的保压阶段通常是合理的，运行保压分析后可修改；若已知保压压力，也可选择"保压压力与时间"选项，以保压压力与时间的函数形式控制成型周期中的保压阶段。

6. 高级选项

单击 高级选项... 按钮，打开如图 7-4 所示的"填充+保压分析高级选项"对话框，可用于进行成型材料、工艺、注塑机、模具材料和求解器参数的编辑和选择。一般在此只需根据实际情况编辑或选择注塑机及模具材料，其他选项保持默认值。

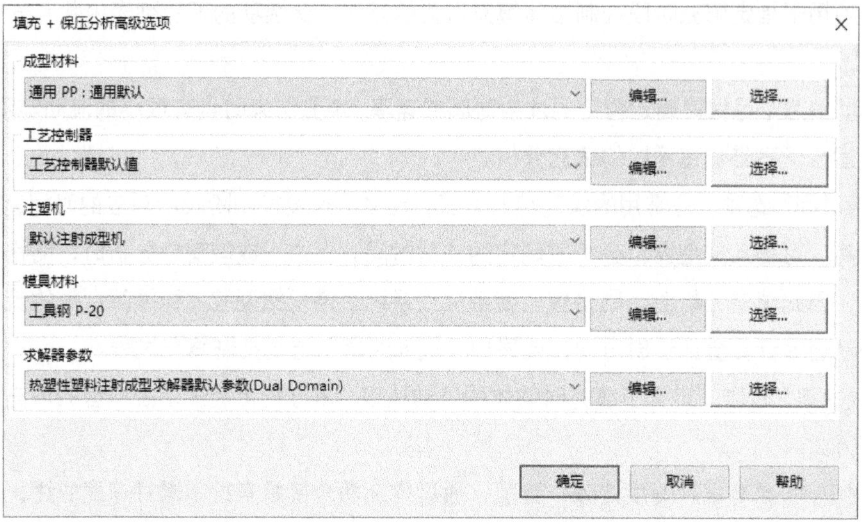

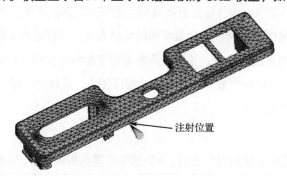

图 7-4 "填充+保压分析高级选项"对话框

7. 纤维取向分析

当材料中包含纤维时，若勾选此复选框，则启动纤维取向分析。

【例 7-1】填充分析实例

（1）打开工程和方案。

在第 7 章/源文件/filling 下找到名为 demo.mpi 的工程文件。在工程管理窗口找到"demo 无流道"方案，双击打开。模型显示窗口中显示按钮盖板的 CAE 模型，如图 7-5 所示。

注射位置

图 7-5 按钮盖板的 CAE 模型

（2）成型窗口分析。

a. 设置分析序列。单击功能区"主页"选项卡中的 （分析序列）按钮，打开"选择分析序列"对话框，选择分析序列为"成型窗口"，单击 确定 按钮。

b. 进行工艺设置。单击功能区"主页"选项卡中的 （工艺设置）按钮，打开"工艺设置向导-成型窗口设置"对话框。单击"注塑机"下拉列表右侧的 编辑... 按钮，打开"注塑机"对话框，单击"液压单元"选项卡，将"注塑机最大注射压力"设为"140"MPa，如图 7-6 所示。单击 确定 按钮，回到"工艺设置向导-成型窗口设置"对话框。单击 高级选项... 按钮，打开"成型窗口高级选项"对话框，在"计算可行性成型窗口限制"区域设置"注射压力限制"因子为"0.8"；在"计算首选成型窗口的限制"区域设置"流动前沿温度下降限制"最大下降为"10"℃，"流动前沿温度上升限制"最大上升为"2"℃，"注射压力限制"因子为"0.5"，其余限制保持默认设置，如图 7-7 所示。单击 确定 按钮，回到"工艺设置向导-成型窗口设置"对话框，其他选项保持默认，单击 确定 按钮，完成工艺设置。

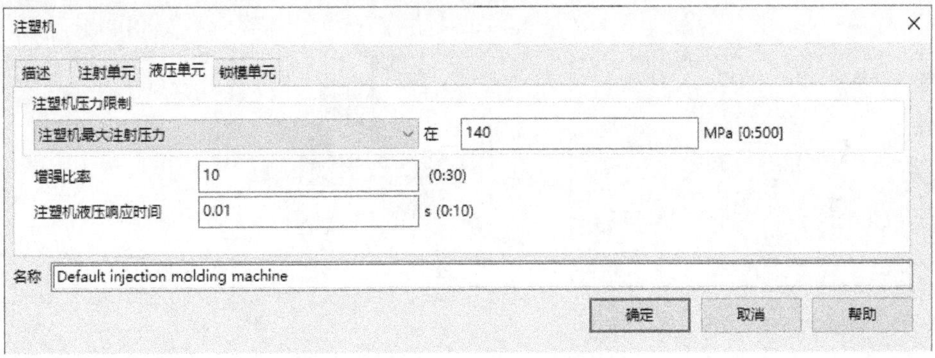

图 7-6 "注塑机"对话框

图 7-7 "成型窗口高级选项"对话框

c. 运行成型窗口分析。双击方案任务窗口中的"分析"选项即可运行分析。

d. 查看成型质量曲线。在方案任务窗口的结果中，勾选并选中"质量（成型窗口）：XY图"选项，右击，在弹出的快捷菜单中选择"属性"命令，打开"探测解决空间-XY 图"对话框。选择 X 轴变量为"注射时间"，拖动模具温度和熔体温度的变量滑块分别至 37.78℃和 238.9℃，如图 7-8 所示。单击 关闭 按钮，得到如图 7-9 所示的成型质量值随注射时间变化的曲线。单击功能区“结果”选项卡中的（检查）按钮，按 Ctrl 键选择曲线各点，检查成型质量曲线最高点所对应的注射时间，即 0.4255s 为注射时间的推荐值。若注塑机的最大注射速率无法满足，则可适当延长注射时间至 0.65s，确保质量系数在 0.5 以上即可

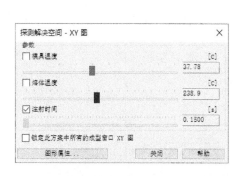

图 7-8 “探测解决空间-XY 图”对话框

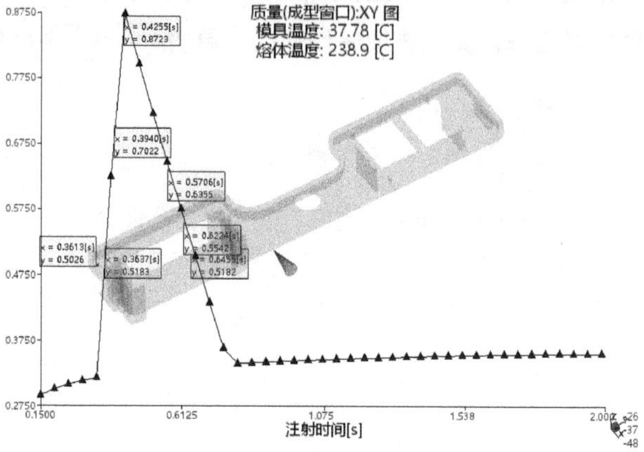

图 7-9 按钮盖板的成型质量曲线

e. 查看区域（成型窗口）切片图，如图 7-10 所示。拖动成型窗口至注射时间为 0.42s 处（由于计算结果是离散的，因此无法精确地将窗口拖动至推荐注射时间 0.4255s 处），单击功能区“结果”选项卡中的（检查）按钮，查看发现模具表面温度和熔体温度分别为 40℃和 240℃（即材料库推荐值）所对应的点位于该切片图的中间位置，表明采用此工艺参数时，获得优质成型塑料产品的可能性较高，可以作为填充分析的初始工艺条件设定值。

f. 计算注射速率。单击功能区“网格”选项卡中的（网格统计）按钮，在“网格统计”界面中单击 显示 按钮，查看在界面下方的文本框内显示的网格信息，可知三角形网格的体积约为 10.05cm^3，如图 7-11 所示。再结合推荐注射时间 0.4255s，计算得注射速率 =10.05cm^3÷0.4255s≈23.62 cm^3/s 。

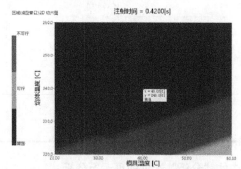

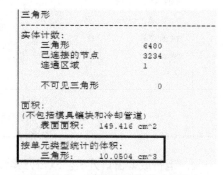

图 7-10 注射时间为 0.42s 时的区域（成型窗口）切片图

三角形

实体计数：
三角形 6480
已连接的节点 3234
连通区域 1

不可见三角形 0

面积：
（不包括模具镶块和冷却管道）
表面面积： 149.416 cm^2

按单元类型统计的体积：
三角形： 10.0504 cm^3

图 7-11 网格统计信息（部分）

（3）首次运行填充分析。

a. 复制方案并打开。在工程管理窗口右击“demo 有流道”方案，在弹出的快捷菜单中选择“重复”命令，并将复制的方案重命名为“demo（filling1）”，双击打开该方案。

　　b. 设置分析序列。单击功能区"主页"选项卡中的（分析序列）按钮，打开"选择分析序列"对话框，从列表框里选择"填充"分析序列，单击 确定 按钮。

　　c. 进行工艺设置。单击功能区"主页"选项卡中的（工艺设置）按钮，打开"工艺设置向导–填充设置"对话框。此时"模具表面温度"和"熔体温度"的默认值分别按材料库的推荐值设置，根据成型窗口分析结果，可保持这两个值不变。选择"填充控制"方式为"流动速率"，并在右侧输入框中输入"23.62"cm³/s。保持"速度/压力切换"方式为"自动"。保持"保压控制"方式为"%填充压力与时间"，单击右侧的 编辑曲线... 按钮，打开"保压控制曲线设置"对话框，注意此时的默认设置："保压持续时间"为10s，"%充填压力"为80%，单击 确定 按钮，回到"工艺设置向导–填充设置"对话框，单击该对话框上的 确定 按钮，完成工艺设置，操作步骤如图7-12所示。

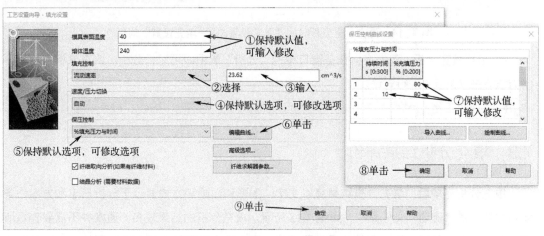

图7-12　首次填充分析工艺设置的操作步骤

　　d. 运行首次填充分析。双击方案任务窗口中的"分析"选项即可运行分析。

　　e. 查看分析日志，获取速度/压力切换值。单击Moldflow程序窗口右下角的 日志 按钮，打开分析日志。查看发现速度/压力切换发生在填充体积为97.62%时，如图7-13所示。

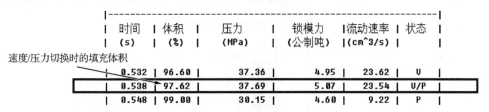

图7-13　分析日志中的填充过程数据（部分）

（4）再次运行填充分析。

　　a. 复制方案并打开。在工程管理窗口右击"demo（filling1）"方案，在弹出的快捷菜单中选择"重复"命令，并将复制的方案重命名为"demo（filling2）"，双击打开该方案。

　　b. 进行工艺设置。单击功能区"主页"选项卡中的（工艺设置）按钮，打开"工艺设置向导–填充设置"对话框。选择"速度/压力切换"方式为"由%充填体积"，输入速度/压力切换时的体积百分比为"97.62"%，保持其他设置不变，如图 7-14 所示。单击 [确定] 按钮，完成工艺设置。

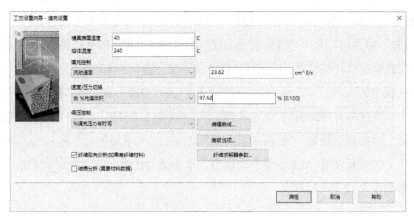

图 7-14   再次填充分析时的"工艺设置向导–填充设置"对话框

c. 运行填充分析。双击方案任务窗口中的"分析"选项即可运行分析。填充分析的结果评价方法将在 7.3 节中进行讨论。

（5）保存工程。

7.3   填充分析结果评价

填充分析完毕后，填充分析结果将以文字、图形和动画等方式显示于分析日志和方案任务窗口中结果的"流动"文件夹中，如图 7-15 所示。填充分析的结果较多，通常并不需要查看所有的分析结果，只需查看主要的几项首要结果，再根据实际需要查看部分次要结果，以判断是否存在填充问题。

图 7-15   填充分析结果

7.3.1 填充分析首要结果的评价

填充分析的首要结果是能显示熔体填充行为和填充效果的重要结果。通常包括以下几项。

1. 充填时间

充填时间结果显示了熔体填充型腔时流动前沿到达型腔各位置的时间分布。充填时间的默认绘制方式是阴影图，但使用等值线图更容易解释结果。修改结果绘制方式的操作如图 7-16 所示。勾选"充填时间"结果并右击，在弹出的快捷菜单中选择"属性"命令，打开"图形属性"对话框，在"方法"选项卡中单击"等值线"单选按钮，修改等值线数量，可以调整等值线密度。单击 确定 按钮，即可将充填时间结果的绘制方式改为等值线图。其他结果的绘制方式的修改也参照此步骤。

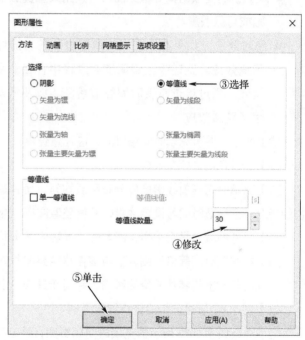

图 7-16　修改结果绘制方式的操作步骤

充填时间是非常重要的结果，用以查看整个型腔的填充情况及查看有无发生短射、迟滞和过保压现象。将充填时间与熔接线结果重叠显示，有助于查看可能因熔接线导致的结构缺陷和可见瑕疵。评价时应注意检查是否存在：

- 短射。若熔体流动阻力过大，会导致熔体无法完整填充型腔，进而生成不完整的零件。查看阴影图更容易发现短射缺陷。注射开始处的区域为暗蓝色，最后填充的区域为红色。如果发生短射，则未填充的部分没有颜色。

- 迟滞。若浇口附近的位置存在较薄部位，则由于熔体经过该位置时前进阻力较大，而在厚壁处流动阻力明显较小，这会导致熔体在较薄部位中的流动停止或明显减速。只有当熔体在主体方向填充完成或进入保压一阶段时，才会形成足够的流动压力对此薄壁部位进行填充，而此时熔体温度较低，填充效果较差，因而容易降低塑料零件质量，体现为表面外观发生变化、保压差、应力高和塑料分子的取向不均。若此时流动前沿完全冻结，则会导致短射现象。迟滞容易在加强筋和较薄部位产生。查看等值线图时，应注意检查等值线间距非常小的区域，判断是否发生了迟滞。另外，充填时间与设定注射时间偏差值应在 0.5s 之内，否则也可能是填充过程中发生了迟滞，应注意检查。

● 过保压。若某个填充路径早于其他填充路径完成填充，则可能存在过保压。过保压可能导致零件重量过大、翘曲以及整个塑料零件中的密度分布不均。

● 熔接线。通常将充填时间等值线图与熔接线结果重叠显示，综合判断熔接线的相对质量。

● 气穴。将充填时间等值线图与气穴结果重叠显示，以确认其位置。气穴可能导致结构缺陷或可见瑕疵。

● 跑道效应。如果在填充完较薄部位之前，流体快速通过型腔的较厚部位，便会发生跑道效应。跑道效应表明填充过程中存在非平衡填充路径，并常伴随产生熔接线和气穴。通过检查充填时间等值线图，以及气穴和熔接线的位置与数目，判断是否发生了跑道效应。

综上所述，评价充填时间结果时，应注意查看：

（1）是否存在未填充区域。

（2）充填时间等值线密度应分布尽量均匀，尤其查看加强筋和较薄部位是否存在等值线过密的情况，且充填时间与设定注射时间偏差值应在 0.5s 之内。

（3）零件的填充是否平衡，即型腔的远端应基本同时填满。

（4）将充填时间等值线图分别与熔接线结果和气穴结果重叠显示，判断是否存在熔接线和气穴，以及其对塑料零件质量的影响，并判断是否发生了跑道效应。

以【例 7-1】所述分析的分析结果为例：

（1）查看如图 7-17 所示的充填时间阴影图，可见不存在未填充区域，因此可以判断不存在短射现象。

（2）查看如图 7-18 所示的充填时间等值线图，等值线分布均匀，筋部不存在等值线过密的情况，充填时间与设定注射时间的偏差值在 0.5s 之内。初步判断未发生迟滞。

（3）查看型腔末端充填时间，发现型腔填充不完全均衡，即远离浇口一端填充稍迟，约 0.1s。初步判断，填充过程中可能存在一定程度的过保压，改变浇口位置或可优化，也可结合后续保压分析结果分析优化方案。

（4）充填时间与熔接线和气穴重叠显示的结果评价将分别在熔接线结果和气穴结果的分析中讲述。

根据【例 7-1】步骤（2）f 的计算，取注射速率 23.62cm³/s，并在步骤（3）c 中按此注射速率进行了填充工艺设置。网格统计时，分别选择"单元类型"为"三角形"和"柱体"，可知零件的体积约为 10.05cm³，浇注系统的体积约为 1.4cm³。计算可得，设定的注射时间为（10.05+1.4）÷23.62≈0.485s。根据填充分析结果，完成填充所用时间为 0.5601s。产生这种差异原因是，设定的注射速率是用来控制初始填充速度的，而实际填充过程中的填充速度通常是不断变化的，因而最终所得到的最终充填时间并非初始设定值。另外，日志中所示"要充填体积"是根据模型几何尺寸计算得到的，而塑料熔体具有一定的可压缩性，因而充填中需要更多的塑料才能充满型腔，因此通常填充分析获得的充填时间比设定值略长。

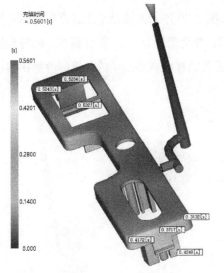

图 7-17　充填时间阴影图

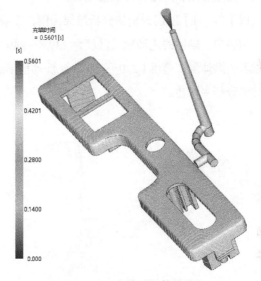

图 7-18　充填时间等值线图

2. 速度/压力切换时的压力

速度/压力切换时的压力结果显示速度/压力切换时的压力分布，默认绘制方式是阴影图。由于在整个成型周期内，型腔内的最大压力发生在速度/压力切换时刻，因此可以根据该结果查看最大压力的分布和数值，查看型腔压力是否平衡，检查实际注射压力可能过高的区域。

如果已知注塑机的最大注射压力，则建议发生速度/压力切换时，浇注系统处的最大压力不超过注塑机最大注射压力的 75%，而零件本身的最大压力不超过注塑机最大注射压力的 50%。若选定注塑机，通常喷嘴处的最大注射压力约为 140MPa。因此建议模具的最大压力（即速度/压力切换时的压力）不超过 100MPa，并建议零件部分的最大压力不超过 70MPa。

以【例 7-1】所述分析的分析结果为例，查看如图 7-19 所示的速度/压力切换时的压力等值线图，可知发生速度/压力切换时，浇注系统处的最大压力为 37.69MPa，零件本身的最大压力约为 21.65MPa。等值线分布基本均匀，相比之下，远离浇口一端的等值线相对较密，这是此区域流动阻力相对较大，型腔压力衰减稍快造成的。由此初步判断型腔填充不完全均衡，即远离浇口一端填充稍迟，这与对充填时间的分析结果一致。

3. 流动前沿温度

流动前沿温度结果显示的是熔体流动前沿达到型腔各处时熔体截面中心的温度，默认绘制方式是阴影图。评价流动前沿温度结果时应注意：①流动前沿的温度变化值越小，可能产生的问题就越少，其温度变化值最好不超过 5℃，可适当放宽至 20℃。流动前沿温度变化较大通常表示注射时间过长，或存在迟滞区域。如果零件薄壁区域中的流动前沿温度过低，则迟滞可能导致短射。在流动前沿温度上升过快的区域，可能出现材料降解和表面缺陷。②流动前沿温度变化应控制在材料熔融温度范围内，若某处流动前沿温度降到凝固温度则必然发生短射。③通常将流动前沿温度等值线图与熔接线结果重叠绘制，综合判断熔接线质量。若熔接线形成处的流动前沿温度高，则熔接线质量较好。

以【例 7-1】所述分析的分析结果为例，查看如图 7-20 所示的流动前沿温度阴影图可知，整个型腔内，熔体的流动前沿温度为 239.8～240.7℃，变化量仅 0.9℃，符合要求，也符合材料库推荐的熔体温度范围（220～260℃）。流动前沿温度与熔接线重叠显示的结果评价将在熔接线的结果分析中讲述。

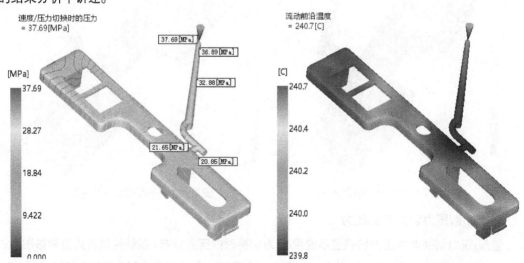

图 7-19　速度/压力切换时的压力等值线图　　　　图 7-20　流动前沿温度阴影图

4. 锁模力：XY 图

该结果为锁模力随时间变化的曲线图，为选择注塑机的锁模力规格提供参数依据。锁模力是注射压力和零件在 XY 平面的投影面积的函数。通常建议最大锁模力小于注塑机最大锁模力的 80%，剩余的 20% 为安全余量。若存在滑动型芯、导柱以及工具配置所需的与其他工具相关的预加载因素，则应考虑采用更大的安全余量。另外需要注意的是，要正确计算锁模力，必须保证模具的开模和锁模方向沿 Z 轴方向。最大锁模力也可从分析日志中查找。

以【例 7-1】所述分析的分析结果为例，查看如图 7-21 所示的锁模力变化曲线图，可知其峰值对应的锁模力为 5.074 吨。也可从如图 7-13 所示的分析日志中查找到最大锁模力，即发生速度/压力切换时的锁模力，通常只要选用最大锁模力超过 6.5 吨的注塑机即可保证锁模安全。

5. 压力

压力结果显示各处压力随时间的变化情况，是过程结果。利用功能区"结果"选项卡"动画"组中的各按钮，可以用动画的方式查看其变化过程。压力分布应该像充填时间结果一样平衡，压力图和充填时间图应该看起来差不多，这样在填充过程中就没有或很少有潜流发生。

填充结束时刻的压力是重要结果，通过查询分析日志可以查得填充结束时刻，通常勾选"压力"结果时，默认时刻也是填充结束时刻。一般建议填充结束时零件末端压力为 0MPa，带流道零件的填充压力低于 100MPa，不带流道零件的填充压力低于 70MPa，且零件部分压力差值在 40MPa 以内。

以【例 7-1】所述分析的分析结果为例，查看如图 7-22 所示的填充结束时刻的压力阴影图，检查各处型腔压力，零件部分压力范围约为 0～18MPa，带浇注系统后的压力范围为 0～37.59MPa，均在建议范围内。

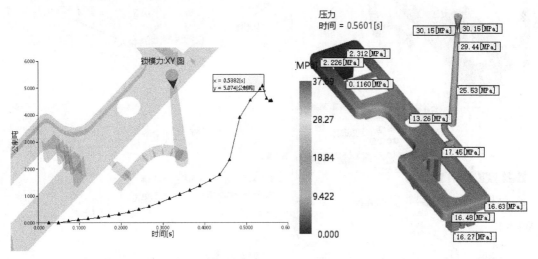

图 7-21　锁模力变化曲线图　　　　　图 7-22　填充结束时刻的压力阴影图

6. 壁上剪切应力

壁上剪切应力结果显示型腔各处壁上剪切应力的分布随时间的变化情况，是过程结果，可用动画的方式查看其变化过程。壁上剪切应力是冻结/熔化界面处单元面积上的剪切力，与该位置处的压力梯度成比例。如果型腔内熔体完全熔化未冻结，则冻结/熔化界面位于模具壁上。

壁上剪切应力是重要结果，应保证其最大值小于材料库所推荐的最大剪切应力的允许值，否则塑料零件可能会因应力而出现在顶出或工作时开裂等问题。但浇注系统中的剪切应力通常并不重要，允许超限。仅当聚合物添加剂对剪切非常敏感时，浇口和流道中的剪切应力才变得重要。若塑料零件上出现壁上剪切应力过高的情况，可以考虑采用将高剪切应力位置进行局部加厚、降低注射速率、提前进行速度/压力切换、更改材料为黏性较低的材料或增加熔体温度等方法。

确定高剪切应力发生位置的操作步骤如图 7-23 所示。勾选"壁上剪切应力"结果并右击，在弹出的快捷菜单中选择"属性"命令，打开"图形属性"对话框。单击"比例"选项卡，选择"指定"单选按钮，将比例的最小值设置为材料库规定的最大剪切应力，最大值设置为成型过程中出现的最大剪切应力，取消勾选"扩充颜色"复选框。单击"网格显示"选项卡，选择"曲面显示"方式为"透明"，将零件设为透明显示，单击 确定 按钮，退出"图形属性"对话框。单击"结果"选项卡"动画"组中的 �️ 按钮，用动画形式逐帧查看壁上剪切应力变化过程（重点查看分析日志给出的最大剪切应力发生前后的时刻），模型上出现彩色的位置即壁上剪切应力超限的位置，单击功能区中的 🔍（检查）按钮，可检查各该处的壁上剪切应力值。

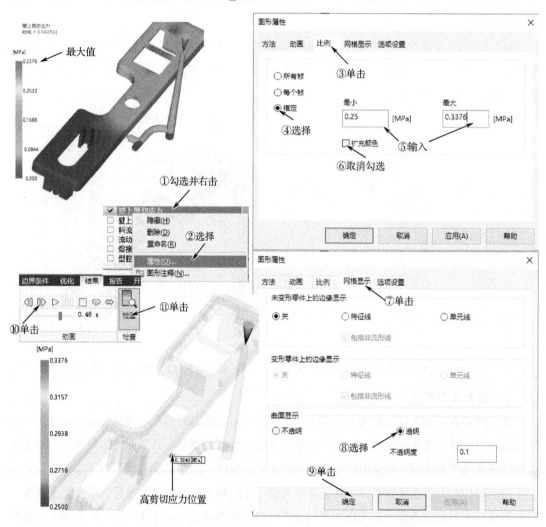

图 7-23　确定高剪切应力发生位置的操作步骤

以【例 7-1】所述分析的分析结果为例，查看壁上剪切应力图，发现其最大值为 0.3376MPa，而材料库推荐的该材料的最大剪切应力为 0.25MPa，因此设置结果显示比例的最小值和最大值分别为 0.25MPa 和 0.3376MPa。根据分析日志，最大剪切应力发生 0.484s，如图 7-24 所示。单击"结果"选项卡"动画"组中的 按钮，逐帧查看壁上剪切应力结果，发现在整个成型过程中，塑料零件上始终未出现彩色区域。查看 0.48s 左右时刻，发现浇口位置出现了彩色区域，因此可判断在 0.48s 左右时刻，仅在浇口位置出现最大剪切应力超限的情况。

```
剪切应力 - 最大值        (在    0.484 s) =        0.3376 MPa
剪切应力 - 第 95 个百分数 (在    0.073 s) =        0.2297 MPa
```

图 7-24　按钮盖板的填充分析日志（部分）

还可以通过"壁上剪切应力：XY 图"，查看整个成型周期内不同位置的壁上剪切应力随时间变化的曲线，但该结果不是填充分析后默认的绘制结果。在方案任务窗口选择"结果"并右击，在弹出的快捷菜单中选择"新建图"命令，打开"创建新图"对话框，在"可用结果"列表框中选择"壁上剪切应力"，选择"图形类型"为"XY 图"，单击 确定 按钮，完成"壁上剪切应力：XY 图"的创建。选择需查看壁上剪切应力值的各位置，即可生成各位置处的壁上剪切应力随时间变化的曲线图，操作步骤如图 7-25 所示。其他未列出的数据结果图也可参考此步骤创建。根据此变化曲线，可以发现仅浇口位置处发生了剪切应力超限的情况。对于外观和使用性能要求不高的塑料制品，壁上剪切应力允许适当超限，但对于使用条件恶劣和透明制品，则不允许出现超限。

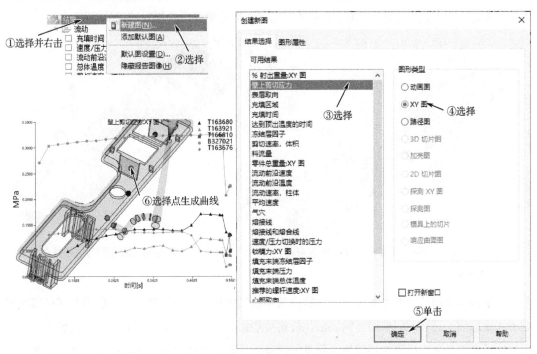

图 7-25　新建"壁上剪切应力：XY 图"的操作步骤

7. 熔接线

当两股熔体的流动前沿汇集在一起，或一股熔体流动前沿分开后又合到一起时，就会产生熔接线。熔接线结果显示的是两股料流的汇合角度小于某设定值的位置，并非实际意义上的熔接痕，并且熔接线对网格密度非常敏感，有时熔接线可能显示在其并不存在的地方。将熔接线与充填时间结果重叠显示，可确定熔接线是否存在；与流动前沿温度结果重叠显示，可判断熔接线的相对质量。通常情况下，当熔接线形成时的熔体温度不低于注射温度下 20℃ 时，可形成"优质"的熔接线。

熔接线质量较差时，塑料零件在熔接线处有破裂或变形的可能性。熔接线还容易导致零件表面出现条纹、凹槽或颜色变化。因此在强度要求高或外观光滑的区域应避免出现熔接线。通过改变浇口位置和零件局部厚度可改变熔接线位置；提高熔体温度、注射速度或保压压力，优化流道系统的设计，或在熔接线的区域放置一个排气槽，可以提高熔接线的质量。但解决这个问题后，可能又会带来其他问题，因此在选择修改前，应综合考虑各方面因素。

以【例 7-1】所述分析的分析结果为例，将充填时间以等值线图的方式显示，选择熔接线结果但不勾选，右击，在弹出的快捷菜单中选择"重叠"命令，即可生成充填时间等值线图与熔接线的重叠图，如图 7-26 所示。熔体相遇时，熔接角度越大，熔接线的熔接质量越好。当熔接角度达到 120°时，熔接线消失。因此将熔接线结果的显示比例的上限值设置为 120°。根据熔接线图，生成熔接线的位置共 4 处。结合充填时间等值线图，可以确定 4 条熔接线均是实际存在的。将流动前沿温度阴影图与熔接线重叠显示，如图 7-27 所示，发现各条熔接线形成时的熔体温度满足不低于注射温度下 20℃的条件，因此可形成熔接质量相对较好的熔接线。

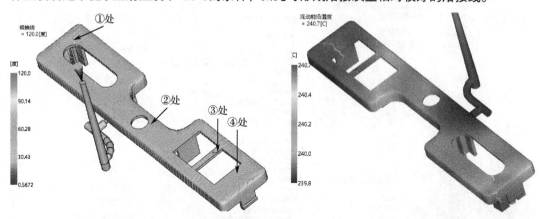

图 7-26　充填时间等值线图与熔接线的重叠图　　图 7-27　流动前沿温度阴影图与熔接线的重叠图

8. 气穴

由于转换流动前沿或由型腔壁困住的空气泡或其他气体泡称为气穴，它会导致零件表面形成小孔或瑕疵，还可能引起熔体的局部热降解或烧焦。气穴允许出现在分型面上，因为此处气体可以排出，也允许出现在外观要求不高的表面上。改变零件壁厚、注射速率和浇口位置可有助于消除气穴，也可以在气穴产生位置，切割模具镶件、设置排气通道或排气塞来排出气穴气体。气穴结果与充填时间等值线图重叠显示，可判断是否形成气穴。

以【例 7-1】所述分析的分析结果为例，其充填时间等值线图与气穴的重叠图如图 7-28 所示，在箭头标注位置均显示产生了气穴。其中图 7-28（a）中①处气穴与图 7-26 中③处熔接线位置相近，且此处充填时间等值线形状曲折，表明此处气穴是两股熔体流动前沿汇合，且流动前沿与型腔壁之间形成漩涡而产生的。受塑件几何形状制约，此处产生熔接线和气穴几乎是不可避免的，但该处位于分型面上，因此气体方便排出，且熔接线形成时料流温度较高，因此对塑料零件的整体质量影响不大。图 7-28（a）中②处气穴离分型面较远，但结合充填时间等值线结果查看，该处等值线平滑，熔体填充平稳，未发生料流汇合，也未与型腔壁之间形成气泡或漩涡，因此初步判断该处气穴实际可能并不存在，但也需根据实际试模结果判定。翻转发现，零件反面也存在多处气穴，但各处气穴均处于分型面位置，实际生产中气体可顺利排出，因而对成型质量无影响。

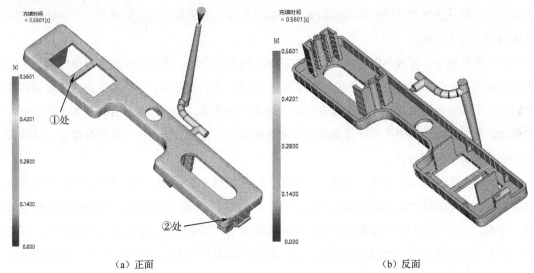

（a）正面 （b）反面

图 7-28 充填时间等值线图与气穴的重叠图

7.3.2 填充分析次要结果的评价

填充分析的次要结果相对不重要，通常不需全部进行评价，仅需结合首要结果反映出来的问题，以及塑件的结构特点和使用要求对个别结果进行评价。

（1）总体温度：显示整个填充过程中不同时刻下产品厚度方向上的温度加权平均值，是过程结果，可用动画的方式查看其变化过程，默认显示冷却结束时刻的结果。熔体连续流动区域的总体温度通常较高，当熔体流动停止时，总体温度会迅速下降，因此评价总体温度结果也是一种检查流动分布的方式，要求填充过程中总体温度均匀分布。

（2）剪切速率，体积：显示整个填充过程中不同时刻下模具型腔中剪切应变的速率，是过程结果，可用动画的方式查看其变化过程，默认显示冷却结束时刻的结果。常用来判断浇口处的剪切速率是否超过材料的许用值，防止产生降解。

（3）注射位置处压力：显示整个成型周期内注射位置处的压力随时间变化的曲线。可以根据该结果查看最大注射压力及设定的保压压力和保压时间。在填充阶段，压力曲线斜率的显著变化表示零件中的压力梯度变化。

（4）达到顶出温度的时间：显示产品局部厚度 100%达到顶出温度时所需的冷却时间，该时间从填充开始时计算，用以预估成型周期。流道的冷却时间通常多于塑料制品的冷却时间，但流道部分不属于产品，因此流道凝固 60%即可顶出。

（5）冻结层因子：将冻结层厚度显示为零件厚度的因子形式，反映整个成型周期内，每个单元冻结的百分比，是过程结果，可用动画的方式查看其变化过程。此结果的范围为 0～1，值越高表示冻结层越厚，可用以评估不同区域的冻结时间差。根据浇口凝固时刻，可以设置保压结束的时间，是冷却分析的重要结果。

（6）%射出重量：显示填充分析期间各个时间段内总注射重量占零件总重量的百分比。可用以判断去除保压压力是否会影响注射重量，以及根据流道重量在总注射重量中的百分比来评估流道设计的经济性。

（7）平均速度：反映不同时间段下流动前沿的速度和方向，流动速度的大小是沿厚度方向的简单平均值（但只考虑熔体，不考虑冻结层）。该结果是过程结果，可用动画的方式查看其变化过程。平均速度结果可用于确定具有较高流动速率的区域，评价料流汇合处是否发生潜流。将平均速度结果与充填时间结果重叠显示有助于确定浇口位置、流道尺寸和零件厚度，从而实现平衡的模具和流道设计。

（8）填充末端冻结层因子：显示每个单元在填充结束时冻结层的厚度因子，值越高表示冻结层越厚。填充末端的最大冻结层因子应小于 0.20（也可放宽至小于 0.25）。较高的值会使型腔难以填满。在成型周期初期填充但几乎没有后续流动的区域通常具有最高的冻结层因子。根据该结果可以观察保压是否对某些区域有作用，若填充结束时熔体已经凝固，则保压对这些区域无效。

（9）充填区域：显示每个浇口能填充的范围。对多浇口填充分析可观察填充是否平衡。

（10）第一主方向上的型腔内残余应力和第二主方向上的型腔内残余应力：第一主方向上的型腔内残余应力结果显示顶出之前取向方向上的应力；第二主方向上的型腔内残余应力结果显示顶出之前第一主方向的垂直方向上的应力。应力正值表示拉伸，负值表示压缩。型腔内残余应力几乎都是正值，当零件被顶出时，该应力将被释放并且零件可能会收缩。负值表示出现了过保压。但要更精确地查明零件的哪些部分处于拉伸状态以及哪些部分处于压缩状态，需查看翘曲应力结果。

（11）心部取向与表层取向：表层取向通常与速度方向一致，心部取向通常与速度方向垂直。零件的线性收缩量取决于其心部取向与表层取向。正确的分子取向对确保零件的机械质量非常重要。表层取向结果对评估零件机械属性很有用处。表层分子在取向方向上的抗冲击强度通常高很多。表层取向通常表示强度方向。对于必须承受强冲击或作用力的塑料零件，可按照为得到沿冲击或作用力方向的表层取向的目的设计浇口位置。

（12）推荐的螺杆速度：该结果以 XY 图显示，用来在整个填充阶段保持恒定的流动前沿速度，流动前沿的面积越大，保持恒定的流动前沿速度所需的螺杆速度就越快。

7.4　填充分析综合实例

如图 7-29 所示为工具箱扣手网格模型，其中分流道、浇口和塑料零件的出现次数为 2。要求对其进行成型窗口分析，找出推荐工艺条件，并据此进行填充分析，评价分析结果。

图 7-29　工具箱扣手网格模型

步骤 1　打开工程和方案。

在第 7 章/源文件/Toolbox handle 下找到名为 Toolbox handle.mpi 的工程文件，双击打开。

步骤 2　成型窗口分析。

a. 双击打开方案"Toolbox handle（无流道）"。

b. 设置分析序列。单击功能区"主页"选项卡中的 （分析序列）按钮，打开"选择分析序列"对话框，选择分析序列为"成型窗口"，单击 确定 按钮。

c. 选择材料。单击功能区"主页"选项卡中的 （选择材料）按钮，打开"选择材料"对话框。单击"选择材料"对话框中的 搜索... 按钮，打开"搜索条件"对话框。依次选择"制造商"、"牌号"和"材料名称"选项，对应地，在"子字符串"输入框中分别输入"Basell Polyolefins Europe"、"Metocene HM648T"和"PP"。按 Enter 键，弹出"选择热塑性材料"对话框，在列表框中选择搜索出的唯一材料，单击 选择 按钮，回到"选择材料"对话框，然后单击 确定 按钮。

d. 进行工艺设置。单击功能区"主页"选项卡中的 （工艺设置）按钮，打开"工艺设置向导–成型窗口设置"对话框。单击 高级选项... 按钮，打开"成型窗口高级选项"对话框，在"计算可行性成型窗口限制"区域设置"注射压力限制"因子为"0.8"；在"计算首选成型窗口的限制"区域设置"流动前沿温度下降限制"最大下降为"10"℃，"流动前沿温度上升限制"最大上升为"2"℃，"注射压力限制"因子为"0.5"，其余限制保持默认设置，如图 7-7 所示。单击 确定 按钮，回到"工艺设置向导–成型窗口设置"对话框，其他选项保持默认，单击 确定 按钮，完成工艺设置。

e. 运行成型窗口分析。双击方案任务窗口中的"分析"选项即可运行分析。

f. 查看成型质量曲线。在方案任务窗口的结果中，勾选并选中"质量（成型窗口）:XY 图"选项，右击，在弹出的快捷菜单中选择"属性"命令，打开"探测解决空间-XY 图"对话框。选择 X 轴变量为"注射时间"，拖动模具温度和熔体温度的变量滑块分别至 28.89℃和 238.9℃，如图 7-30 所示。单击 关闭 按钮，得到如图 7-31 所示的成型质量值随注射时间变化的曲线。单击功能区"结果"选项卡中的 （检查）按钮，按 Ctrl 键选择曲线各点，检查成型质量曲线最高点所对应的注射时间，即约 0.27s 为注射时间的推荐值。若注塑机的最大注射速率无法满足，则可适当延长注射时间至 0.9s，确保质量系数在 0.5 以上即可。

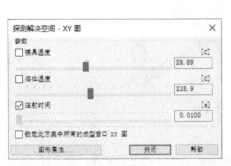

图 7-30 "探测解决空间-XY 图"对话框

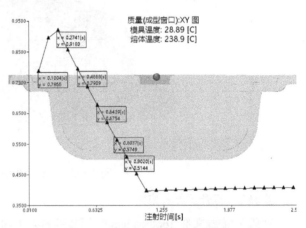

图 7-31 工具箱扣手的成型质量曲线图

g. 查看区域（成型质量）切片图，拖动成型窗口至注射时间约为 0.27s 处，如图 7-32 所示，整个区域都是首选区域，表明采用此工艺参数时，获得优质成型塑料产品的可能性较高，可以作为填充分析的初始工艺条件设定值。

h. 计算注射速率。单击功能区"网格"选项卡中的 （网格统计）按钮，在工程管理窗口"工具"选项卡中出现"网格统计"界面，单击 显示 按钮，查看在界面下方的文本框内显示的网格统计信息，可知三角形网格的体积约为 14.9cm³，如图 7-33 所示。再结合推荐注射时间约为 0.27s，计算得注射速率=14.9cm³÷0.27s≈55.2cm³/s。

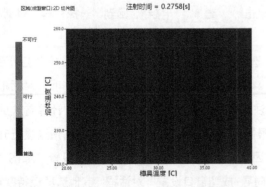

图 7-32 注射时间约为 0.27s 时的区域（成型质量）切片图

图 7-33 网格统计信息（部分）

步骤 3 首次运行填充分析。

a. 复制方案并打开。右击方案"Toolbox handle（无流道）"，在弹出的快捷菜单中选择"重复"命令，并将复制的新方案重命名为"Toolbox handle（filling1）"，双击打开该方案。

b. 选择材料。单击功能区"主页"选项卡中的 ⚛（选择材料）按钮，打开"选择材料"对话框。在"常用材料"列表框中选择"Metocene HM648T：Basell Polyolefins Europe"材料，单击 确定 按钮。

c. 设置分析序列。单击功能区"主页"选项卡中的（分析序列）按钮，打开"选择分析序列"对话框，从列表框里选择"填充"分析序列，单击 确定 按钮。

d. 进行工艺设置。单击功能区"主页"选项卡中的（工艺设置）按钮，打开"工艺设置向导-填充设置"对话框。此时"模具表面温度"和"熔体温度"的默认值分别按材料库的推荐值设置，保持不变。选择"填充控制"方式为"流动速率"，并在右侧输入框中输入"55.2"cm³/s。保持"速度/压力切换"方式为"自动"。单击 确定 按钮，完成工艺设置。

e. 运行首次填充分析。双击方案任务窗口中的"分析"选项即可运行分析。

f. 查看分析日志，获取速度/压力切换值。单击 Moldflow 程序窗口右下角的 日志 按钮，打开分析日志。查看发现速度/压力切换发生在填充体积为 99.01% 时，如图 7-34 所示。

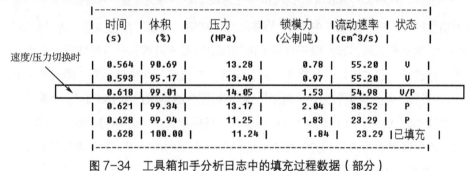

图 7-34 工具箱扣手分析日志中的填充过程数据（部分）

步骤4 再次运行填充分析。

a. 复制方案并打开。右击方案"Toolbox handle（filling1）"，在弹出的快捷菜单中选择"重复"命令，并将复制的新方案重命名为"Toolbox handle（filling2）"，双击打开该方案。

b. 进行工艺设置。单击功能区"主页"选项卡中的（工艺设置）按钮，打开"工艺设置向导-填充设置"对话框。选择"速度/压力切换"方式为"由%充填体积"，输入速度/压力切换时的体积百分比为"99.01"%，保持其他设置不变，如图 7-35 所示。单击 确定 按钮，完成工艺设置。

c. 再次运行填充分析。双击方案任务窗口中的"分析"选项，单击弹出的对话框上的 删除(D) 按钮，即可运行分析。

步骤5 填充分析结果评价。

1）充填时间

查看如图 7-36 所示的充填时间阴影图，不存在未填充区域，因此可以判断不存在短射现象。查看如图 7-37 所示的充填时间等值线图，等值线分布均匀，筋部不存在等值线过密的情况。查看型腔末端的充填时间，发现型腔填充均衡。

工艺设置向导 - 填充设置	×

模具表面温度　30　C
熔体温度　240　C
填充控制
流动速率　55.2　cm^3/s
速度/压力切换
由 %充填体积　99.01　% [0:100]
保压控制
%填充压力与时间　　编辑曲线...
　　高级选项...
☑ 纤维取向分析(如果有纤维材料)　纤维求解器参数...
☐ 结晶分析 (需要材料数据)

确定　取消　帮助

图 7-35　再次填充分析时的"工艺设置向导-填充设置"对话框

单击功能区"网格"选项卡中的 （网格统计）按钮，设置"单元类型"为"柱体"，取消勾选"主流道"网格单元层，勾选"限于可见实体"复选框，得分流道和浇口的体积共约为 0.81cm³；取消勾选"分流道"和"浇口"网格单元层，勾选"主流道"网格单元层，得主流道的体积约为 0.54cm³。设置"单元类型"为"三角形"，得塑料零件的体积约为 14.9cm³。计算得到一次成型的总注射量约为 0.54+（0.81+14.9）×2=31.96cm³。根据步骤（2）h，所得的注射速率 55.2cm³/s，计算可得相应的注射时间约为 31.96÷55.2≈0.58s。根据充填时间结果，完成填充所需要的时间约为 0.63s，偏差值在 0.5s 之内，初步判断未发生迟滞。

图 7-36　工具箱扣手的充填时间阴影图

图 7-37　工具箱扣手的充填时间等值线图

2）速度/压力切换时的压力

查看如图 7-38 所示的速度/压力切换时的压力等值线图，可知发生速度/压力切换时，浇注系统处的最大压力为 14.05MPa，零件本身的最大压力约为 3.4MPa。等值线分布均匀，初步判断型腔填充均衡。

3）流动前沿温度

查看如图 7-39 所示的流动前沿温度阴影图，可知整个型腔内，熔体的流动前沿温度为 239.8～240.3℃，变化量仅 0.5℃，符合流动前沿温度变化要求，也符合材料库推荐的熔体温度范围（220～260℃）。

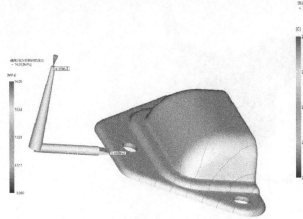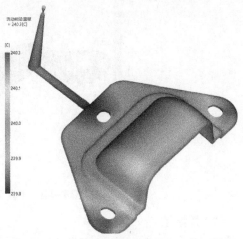

图 7-38　工具箱扣手的速度/压力切换时的压力等值线图　　图 7-39　工具箱扣手的流动前沿温度阴影图

4）锁模力：XY 图

查看如图 7-40 所示的锁模力变化曲线图，可知其峰值对应的锁模力为 2.038 吨，通常只要选用最大锁模力超过 2.55 吨的注塑机即可保证锁模安全。

5）压力

查看如图 7-41 所示的填充结束时刻的压力阴影图，检查各处型腔压力，零件部分压力为 0～2.9MPa，带浇注系统后的压力为 0～14.05MPa，填充结束时零件末端压力为 0MPa。满足带流道零件的填充压力低于 100MPa、不带流道零件的填充压力低于 70MPa 的要求。

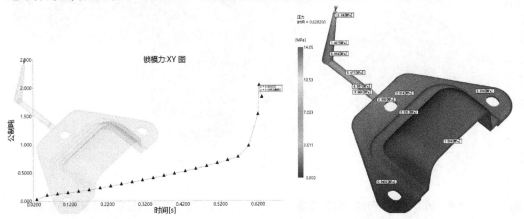

图 7-40　工具箱扣手的锁模力变化曲线图　　图 7-41　工具箱扣手的填充结束时刻的压力阴影图

6）壁上剪切应力

查看如图 7-42 所示的壁上剪切应力图，可见壁上剪切应力最大值为 0.1888MPa，而材料库推荐的所用材料的最大剪切应力为 0.25MPa，不存在壁上剪切应力超限的情况。

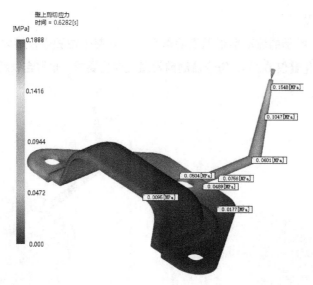

图 7-42　工具箱扣手的壁上剪切应力图

7）熔接线

　　将充填时间等值线图与熔接线结果重叠显示，如图 7-43 所示，熔接线的位置共 3 处。将流动前沿温度阴影图与熔接线结果重叠显示，如图 7-44 所示，发现各条熔接线形成时的熔体温度满足不低于注射温度下 20℃的条件，因此可形成熔接质量相对较好的熔接线。

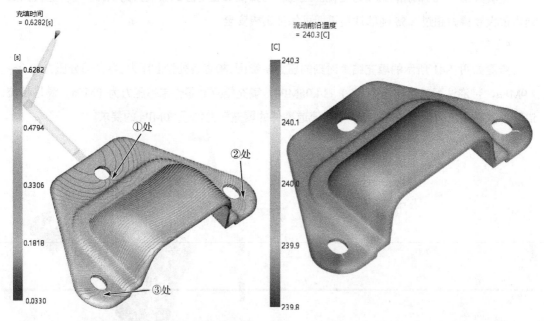

图 7-43　充填时间等值线图与熔接线的重叠图　　图 7-44　流动前沿温度阴影图与熔接线的重叠图

8）气穴

　　充填时间等值线图与气穴的重叠图如图 7-45 所示，在箭头标注位置均显示产生了气穴。其中图 7-45（a）中①处气穴处，充填时间等值线形状较曲折，但在与之对称的另一侧并未出现气穴，由此判断此处的分析结果可能与网格分布有关，需要根据实际试模结果判定。图 7-45（a）

中②处气穴离分型面较远，但结合充填时间等值线结果查看，该处等值线平滑，熔体填充平稳，未发生料流汇合，也未与型腔壁之间形成气泡或漩涡，因此初步判断该处气穴实际可能并不存在，但也需根据实际试模结果判定。其余气穴均在分型面上。翻转发现，图 7-45（b）中所示各处气穴也均位于分型面上，实际生产中气体可顺利排出，因而对成型质量无影响。

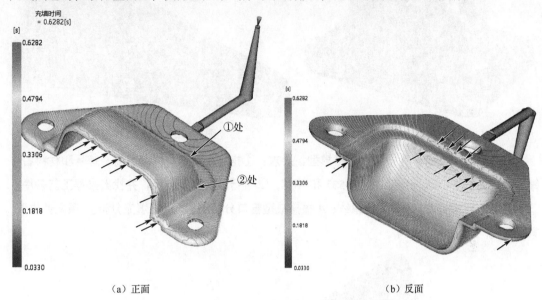

（a）正面　　　　　　　　　　　　（b）反面

图 7-45　充填时间等值线图与气穴的重叠图

步骤 6　保存工程。

7.5　本章小结

确定浇口位置和成型工艺条件后，通过填充分析对塑料熔体从开始进入型腔至充满型腔的整个过程进行模拟。根据填充效果，可对给定的浇口位置和成型工艺条件进行评估。本章详细介绍了进行填充分析的方法和步骤，以及对分析结果进行评估的方法。

通过本章的学习，读者应掌握进行填充分析的方法和步骤，掌握分析结果的评估方法，并能根据分析结果判断成型缺陷，找到优化填充的方法。

7.6　习题

1. 如图 7-46 所示为锁扣盖板网格模型，要求：①根据塑件结构特点，创建浇注系统；②根据【例 6-1】所述的成型窗口分析和 6.3 节所述的分析结果，进行填充分析。（源文件位置：第 7 章/练习文件/Lock cover）

2. 如图 7-47 所示为铰链盒网格模型，要求：①指定材料，材料制造商、牌号和材料名称缩写分别为 Basell Polyolefins Europe、Metocene HM648T 和 PP；②进行成型窗口分析，并找出推荐工艺条件；③根据塑件结构特点，创建浇注系统；④根据成型窗口分析结果，进行填充分

析。(源文件位置:第7章/练习文件/clasp)

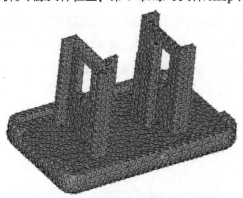 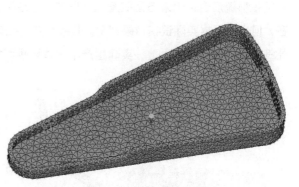

图 7-46　锁扣盖板网格模型　　　　　图 7-47　铰链盒网格模型

3. 如图 7-48 所示为扫码器网格模型,要求:①指定材料,材料制造商、牌号和材料名称缩写分别为 LG Chemial、ABS TR557 和 ABS;②进行成型窗口分析,并找出推荐工艺条件;③根据塑件结构特点,创建浇注系统;④根据成型窗口分析结果,进行填充分析。(源文件位置:第7章/练习文件/scanner)

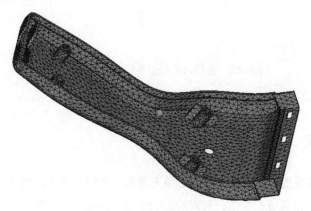

图 7-48　扫码器网格模型

第 **8** 章　冷却分析

冷却阶段是指从浇口的塑料熔体完全冻结时起，直至塑件从型腔中脱离为止。实际上，冷却从塑料熔体注入模具型腔就开始了，即在整个成型周期内，冷却系统内的冷却介质都在流动，将模具内的热量带走。Moldflow 的冷却分析将模拟塑料熔体在模具内的热量传递情况，从而帮助判断塑件冷却效果的优劣，优化冷却系统的设置，缩短塑件的成型周期。

8.1　冷却分析概述

在浇口内的塑料熔体完全冻结后，即便螺杆不卸压，也无法继续对型腔部分进行补缩，而只是对浇注系统部分进行压实。也就是说，即便保压时间设置再长，冷却阶段的时间也应从浇口冻结时刻开始计算。

在塑料注射成型中，注射模具不仅是塑料熔体的成型设备，还起着热交换器的作用。由于各种塑料的性能和成型工艺要求不同，对模具温度的要求也不同。为调节型腔温度，需在模具内开设冷却系统。通常而言，塑件的成型温度大约为 200～300℃，冷却之后约在 60～80℃脱模，这个过程中所释放出来的热量有 5%以辐射和对流的方式散发到大气中，5%左右通过模板传走，其余 90%由冷却介质带走。一般在塑件的整个生产周期中，模内冷却时间占 75%，因此提高冷却效率、缩短冷却时间是提高生产效率的关键。但如果冷却过急或不均匀，会导致塑料制件各处因收缩不均匀而产生内应力，最终产生翘曲。

因此，优化注射模具冷却系统的两个目标：一是提高冷却效率，尽快将型腔内热量带走，使注射成型冷却时间最短；二是提高型腔内温度的均衡性，对热量高的区域重点冷却，达到模具型腔内温度均匀的目的，以减少塑件的翘曲变形，提高产品质量。但大多数情况下，这两个目标是相互矛盾的，即快速冷却容易引起型腔各处的温度不均衡。设计均匀快速的冷却系统，即在达到产品质量要求的前提下，使产品的成型周期合理，同时满足注射成型的技术要求和经济要求。

冷却系统的设计内容包括冷却管道的布局与连接、冷却管道的尺寸、冷却管道的类型，以及冷却介质的类型、温度和流动速率等。除此之外，影响注射成型冷却过程的因素还包括塑料制件的几何形状、模具材料、熔体温度、塑件顶出温度和模具温度等。用实验方法测试冷却系统的不同设计方案对塑料制件的成型质量和冷却时间的影响是困难和烦琐的，而计算机模拟则可方便地完成这种预测。

Moldflow 的冷却分析可以模拟整个成型周期内塑料熔体在模具内的热量传递情况，因而可根据冷却效果优化冷却系统，达到均衡冷却、提高塑件成型质量，同时缩短塑件成型周期、提高生产效率的目的。

8.2　冷却分析方法

冷却分析主要用于确定塑料制件的温度、模具表面温度，以及冷却时间。虽然实际注射成型周期中，冷却阶段伴随着保压阶段，但采用 Moldflow 进行冷却分析前通常无需进行保压分析。

8.2.1　冷却分析的假设和流程

为简化计算过程，提高运算速度，Moldflow 的冷却分析基于以下三个假设：

（1）Moldflow 的冷却分析是一种静态的温度场平衡分析。即分析开始时，塑料熔体已完全充满型腔，并忽略熔体在填充过程中的热量损失。这是因为通常情况下，熔体填充时间相对于冷却时间非常短，因此填充阶段的热量损失可忽略不计。

（2）当采用双层面和中性面网格模型时，忽略壁边缘处的热量损失，即假设熔体只有厚度方向上的传热。这是因为对于薄壁零件，边缘处的热量损失量极小。若塑料制件壁厚较大，应采用 3D 网格模型进行分析。

（3）假设塑料熔体在模具型腔中始终是静止的，没有额外的热量产生，冷却过程仅是一个放热过程。这是因为尽管在冷却阶段内，型腔内的塑料熔体还是会产生少量流动，但因为浇口已冻结，因而熔体无法流入流出，流动过程中产生的热量可以忽略。

基于上述假设，冷却分析流程可以概括为如图 8-1 所示。

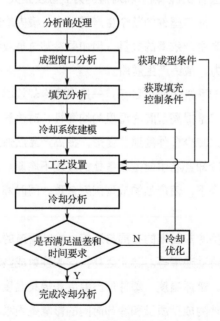

图 8-1　冷却分析流程

（1）分析前处理。包括准备网格模型、设定材料和设置浇口位置等。

（2）成型窗口分析。根据分析结果获取熔体温度、模具表面温度和注射条件等工艺条件的推荐值。

（3）填充分析。尽管冷却分析不需直接使用填充分析的结果，但工艺设置中需指定与填充分析相关的工艺参数，且浇注系统的设计对冷却过程影响很大，因此冷却分析前应完成填充分析和优化（包括浇口位置、浇注系统和工艺参数）。

（4）冷却系统建模。根据塑件的几何结构和浇注系统完成冷却回路的建模，并指定冷却液类型、温度和流动状态控制方式。

（5）工艺设置。根据成型窗口分析结果和填充分析结果完成冷却分析工艺设置，指定模具的材料属性。

（6）冷却分析。根据分析结果判断塑料制件和模具温差是否满足要求，或温差满足要求的情况下冷却时间是否满足效率要求。

（7）若冷却分析结果不满足要求，则寻找解决方案。根据分析结果调整冷却系统建模和属性设置，或调整冷却分析工艺设置，直至满足温差和时间要求，冷却分析结束。

8.2.2　冷却分析工艺条件的设置

冷却阶段的工艺条件包括温度和时间。温度条件主要指熔体温度、模具表面温度和冷却液温度；时间条件主要指"注射+保压+冷却"时间，用于定义模具和塑料熔体接触的时间。

单击功能区"主页"选项卡中的 （分析序列）按钮，打开如图 8-2 所示的"选择分析序列"对话框，从列表框里选择"冷却"分析序列，单击 确定 按钮即可完成分析序列的设置。

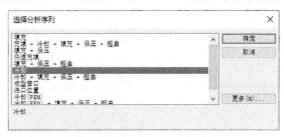

图 8-2　"选择分析序列"对话框

1．冷却分析基本工艺设置

单击功能区"主页"选项卡中的 （工艺设置）按钮，打开如图 8-3 所示的"工艺设置向导-冷却设置"对话框，以指定与冷却分析相关的工艺设置。

（1）熔体温度，即熔体进入流道系统时的温度。默认值为材料库所推荐的熔体温度，也是材料库所推荐的熔体温度范围的中间值。可根据实际情况输入，也可根据成型窗口分析结果输入。输入的熔体温度不得超出材料库推荐的熔体温度范围。

（2）开模时间，用于指定从一个成型周期结束到下一个成型周期开始所需的时间，通常设置开模时间为 5s。

（3）注射+保压+冷却时间，简称 IPC（填充 Injection、保压 Packing 和冷却 Cooling）时间。控制 IPC 时间的方法有两种，指定和自动。

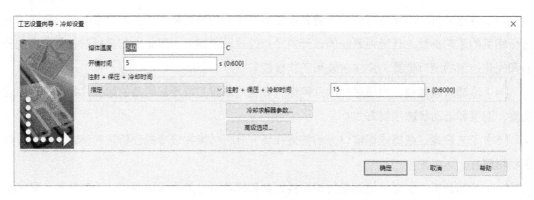

图 8-3 "工艺设置向导-冷却设置"对话框

选择"指定"方式确定 IPC 时间，则直接在文本框中输入数值。指定 IPC 时间通常用于初次分析或在比较不同冷却方案时使用。初次分析时，可先采用默认的"30"s，然后根据分析结果调整 IPC 时间。指定的 IPC 时间不一定合理，但固定的 IPC 时间便于不同方案下冷却效果的比较。

选择"自动"方式确定 IPC 时间，则对话框上出现 [编辑目标顶出条件...] 按钮，单击后出现如图 8-4 所示的"目标零件顶出条件"对话框。运行自动分析时，求解器首先尝试确定达到平均"模具表面温度"所需的时间。如果无法实现，将通过使"顶出温度下的最小零件冻结百分比"部分的温度低于"顶出温度"所用的时间来确定周期时间。对于中性面或双层面模型，冷却时间根据顶出时每个单元至少达到指定的最小零件冻结百分比所用的时间来确定。

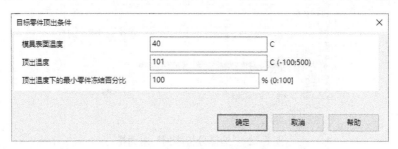

图 8-4 "目标零件顶出条件"对话框

2. 高级选项设置

单击"工艺设置向导-冷却设置"对话框中的 [高级选项...] 按钮，打开如图 8-5 所示的"冷却分析高级选项"对话框，以完成"工艺控制器"和"模具材料"设置。

（1）工艺控制器设置。单击对话框中"工艺控制器"右侧的 [编辑...] 按钮，打开如图 8-6 所示的"工艺控制器"对话框，以设置冷却分析的工艺条件。在"曲线/切换控制"选项卡中，需根据填充分析结果指定相关工艺参数。在"温度控制"选项卡中，需输入冷却分析的温度条件，包括模具表面温度、熔体温度和环境温度，如图 8-7 所示。"MPX 曲线数据"选项卡暂不需设置，"时间控制（冷却）"、"时间控制（填充+保压）"和"时间控制（填充）"选项卡中的内容均已在"工艺设置向导-冷却设置"对话框中设置。

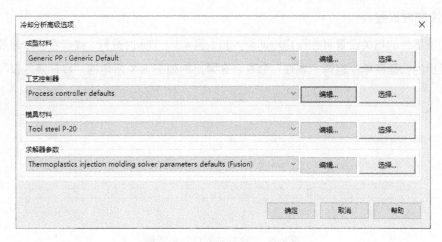

图 8-5 "冷却分析高级选项"对话框

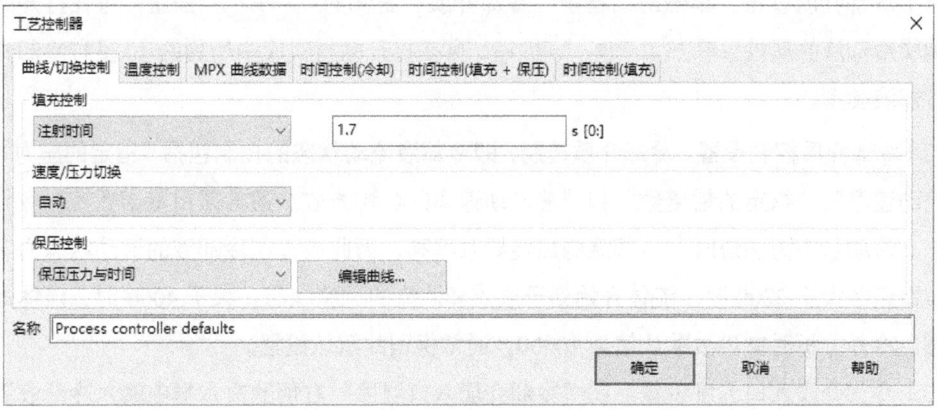

图 8-6 "工艺控制器"对话框中的"曲线/切换控制"选项卡

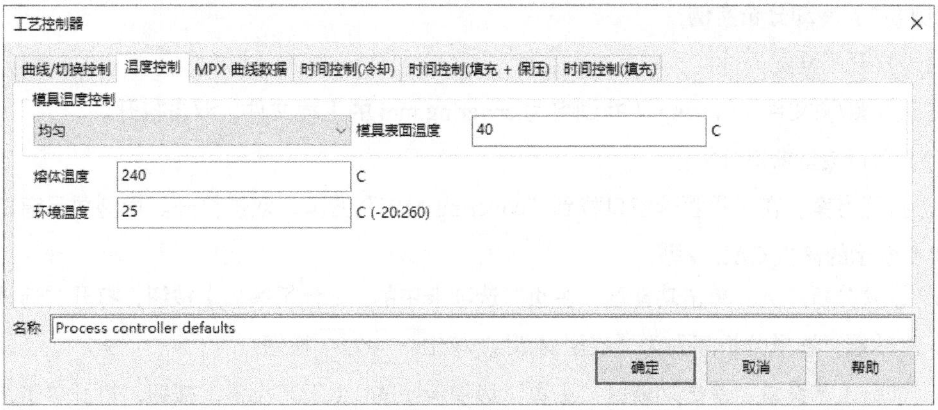

图 8-7 "工艺控制器"对话框中的"温度控制"选项卡

（2）模具材料设置。不同的模具材料具有不同的特性（如比热容和热传导率），冷却分析中应考虑模具材料对熔体冷却过程的影响。单击"冷却分析高级选项"对话框中"模具材料"右侧的 编辑 按钮，可在打开的对话框中编辑材料的热属性和机械属性等；单击 选择 按钮，可在打开的材料库中所列的 100 多种材料中选择模具材料。

3. 冷却液设置

冷却液属性的相关设置可在设定冷却液入口（见 4.3.2 节）时进行，或者右击冷却液入口标志，在弹出的快捷菜单中选择"属性"命令，在弹出的如图 8-8 所示的"冷却液入口"对话框中设置。

图 8-8 "冷却液入口"对话框

（1）冷却介质设置。单击对话框中"冷却介质"右侧的 编辑... 按钮，可在打开的对话框中编辑冷却液的属性；单击 选择... 按钮，可在打开的材料库中所列的 40 多种冷却介质中选择冷却液类型。

（2）冷却介质控制设置。冷却介质控制，即冷却液流动状态的控制包括"指定的压力"、"指定的流动速率"、"指定的雷诺数"和"总流动速率"4 种方式。通常采用雷诺数控制冷却液流动状态。流动状态为湍流时，冷却液的热传导效率高，因此应控制冷却液的流动状态为湍流状态。当雷诺数大于 2200 时，流体开始处于层流和湍流的过渡状态；大于 4000 时，流体处于湍流状态。冷却分析时雷诺数默认值为 10000，通常保留此默认设置。

（3）冷却介质入口温度设置。在"冷却介质入口温度"右侧的文本框中输入冷却液温度。通常取冷却液的温度低于目标模具表面温度 10～30℃。

【例 8-1】冷却分析实例

（1）打开工程。

在第 8 章/源文件/ covering 下找到名为 covering.mpi 的工程文件，双击打开。

（2）运行成型窗口分析。

a. 打开方案。在工程管理窗口找到"covering MW"方案，双击打开。模型显示窗口显示如图 8-9 所示的盖板 CAE 模型。

b. 设置分析序列。单击功能区"主页"选项卡中的 🖳（分析序列）按钮，打开"选择分析序列"对话框，选择分析序列为"成型窗口"，单击 确定 按钮。

c. 进行工艺设置。单击功能区"主页"选项卡中的 🛠（工艺设置）按钮，打开"工艺设置向导-成型窗口设置"对话框。单击"注塑机"右侧的 编辑... 按钮，打开"注塑机"对话框，单击"液压单元"选项卡，将"注塑机最大注射压力"设为"140"MPa，如图 8-10 所示。单击 确定 按钮，回到"工艺设置向导-成型窗口设置"对话框。单击 高级选项... 按钮，打开"成型窗口高级选项"对话框，在"计算可行性成型窗口限制"区域设置"注射压力限制"因子为"0.8"；在"计算首选成型窗口的限制"区域设置"流动前沿温度下降限制"最大下降为"10"℃，"流动前沿温度上升限制"最大上升为"2"℃，"注射压力限制"因子为"0.5"，其余限制保持默认设置，如图 8-11 所示。单击 确定 按钮，回到"工艺设置向导-成型窗口设置"对话框，其他选项保持默认，单击 确定 按钮，完成工艺设置。

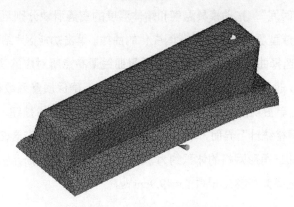

图 8-9　盖板 CAE 模型

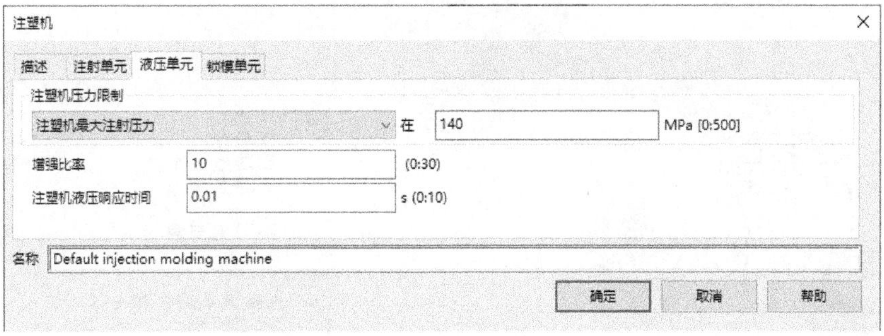

图 8-10　"注塑机"对话框

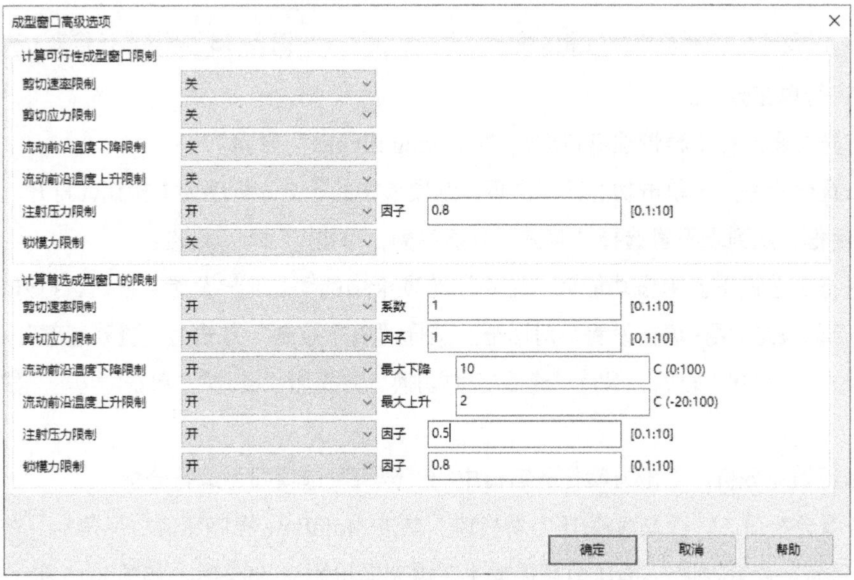

图 8-11　"成型窗口高级选项"对话框

d. 运行成型窗口分析。双击方案任务窗口中的"分析"选项即可运行分析。

e. 查看成型质量曲线。在方案任务窗口的结果中，勾选"质量（成型窗口）：XY 图"选项，右击，在弹出的快捷菜单中选择"属性"命令，打开"探测解决空间-XY 图"对话框。选择 X 轴变量为"注射时间"，拖动模具温度和熔体温度的变量滑块分别至 57.78℃和 233.9℃，得到如图 8-12 所示的成型质量值随注射时间变化的曲线。单击功能区"结果"选项卡中的🔍（检查）按钮，按 Ctrl 键选择曲线各点，检查成型质量曲线最高点所对应的注射时间，得到 1.506s 为注射时间的推荐值。也可将注射时间控制在 1.45～1.8s，确保质量系数在 0.5 以上即可。

f. 计算注射速率。单击功能区"网格"选项卡中的🔲（网格统计）按钮，在工程管理窗口"工具"选项卡中出现"网格统计"界面，单击其中的 ✔ 显示 按钮，查看在界面下方的文本框内显示的网格信息，可知三角形网格的体积约为 74.85cm³，如图 8-13 所示。再结合推荐注射时间约 1.5s，计算得注射速率为 74.85cm³÷1.5s≈49.9cm³/s。

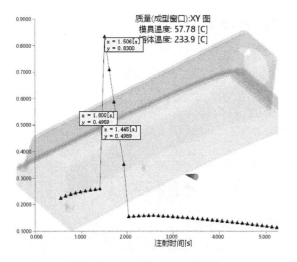

图 8-12　盖板的成型质量曲线

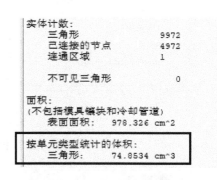

图 8-13　网格统计信息（部分）

（3）运行填充分析。

a. 打开方案。在工程管理窗口双击"covering filling1"方案。

b. 设置分析序列。单击功能区"主页"选项卡中的🖥（分析序列）按钮，打开"选择分析序列"对话框，从列表框里选择"填充"分析序列，单击 确定 按钮。

c. 进行工艺设置。单击功能区"主页"选项卡中的🖥（工艺设置）按钮，打开如图 8-14 所示的"工艺设置向导–填充设置"对话框。选择"填充控制"方式为"流动速率"，并在右侧文本框中输入"49.9" cm³/s。保持"速度/压力切换"方式为"自动"。单击 确定 按钮，完成工艺设置。

d. 运行填充分析。双击方案任务窗口中的"分析"选项即可运行分析。

e. 查看分析日志，获取速度/压力切换值。单击 Moldflow 程序窗口右下角的 日志 按钮，打开分析日志。查看发现速度/压力切换发生在填充体积为 95.99%时，如图 8-15 所示。

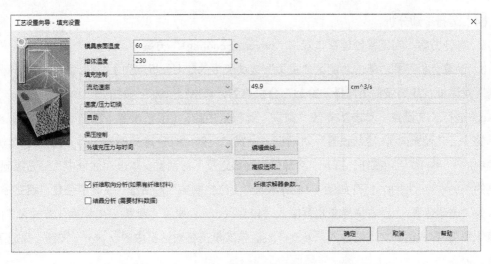

图 8-14　"工艺设置向导-填充设置"对话框

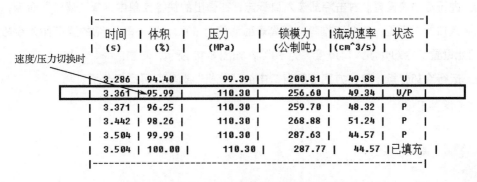

图 8-15　分析日志中的填充过程数据（部分）

f. 对比理论注射时间与"充填时间"结果。根据网格统计结果，$V_总 = V_{浇注} + V_{制品} = 4.97 + 149.71 = 154.68\text{cm}^3$，据此计算注射时间为 $154.68\text{cm}^3 \div 49.9 \text{ cm}^3/\text{s} \approx 3.1\text{s}$。勾选"充填时间"结果，得到充填时间阴影图如图 8-16 所示，可知时间差约为 0.4s，塑料制品的总体填充没有迟滞。

图 8-16　盖板的充填时间阴影图

（4）运行冷却分析。

a. 打开方案。在工程管理窗口双击"covering cooling1"方案。

b. 设置分析序列。单击功能区"主页"选项卡中的 （分析序列）按钮，打开"选择分析序列"对话框，从列表框里选择"冷却"分析序列，单击 [确定] 按钮。

c. 进行工艺设置。单击功能区"主页"选项卡中的 （工艺设置）按钮，打开如图 8-17 所示的"工艺设置向导–冷却设置"对话框。设置"注射+保压+冷却时间"为"30"s。单击对话框中的 [高级选项...] 按钮，打开"冷却分析高级选项"对话框。单击对话框中"工艺控制器"右侧的 [编辑...] 按钮，打开如图 8-18 所示的"工艺控制器"对话框。在其中设置"填充控制"方式为"流动速率"，在右侧的文本框输入"49.9"cm³/s；设置"速度/压力切换"方式为"由%充填体积"，在右侧的文本框输入"95.99"%。依次单击各对话框中的 [确定] 按钮，完成工艺设置。

d. 进行冷却液设置。右击冷却液入口标志，在弹出的快捷菜单中选择"属性"命令，打开"冷却液入口"对话框。材料库推荐的模具表面温度为 60℃，以下降 10℃的温度作为冷却液温度，因此设置"冷却介质入口温度"为 50℃，如图 8-19 所示，单击 [确定] 按钮。

e. 运行冷却分析。双击方案任务窗口中的"分析"选项即可运行分析。

（5）保存工程。

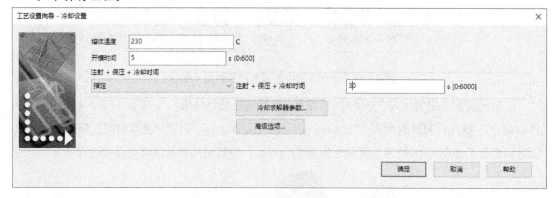

图 8-17 "工艺设置向导–冷却设置"对话框

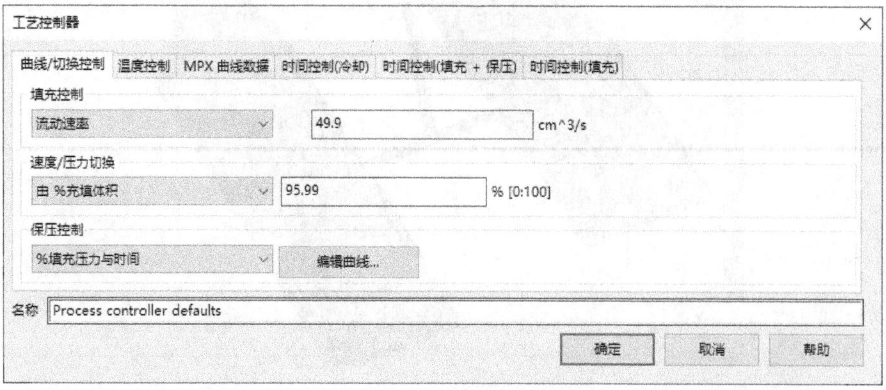

图 8-18 "工艺控制器"对话框

图 8-19 "冷却液入口"对话框

8.3 冷却分析结果评价

冷却分析完毕后，分析结果将以文字、图形和动画等方式显示于分析日志和方案任务窗口中结果的"冷却"文件夹中，如图 8-20 所示。冷却分析的结果较多，分为首要结果和次要结果。首要结果是分析结果中最重要的部分，次要结果有利于更好地考察某些冷却分析目标，以及帮助理解首要结果。

图 8-20 冷却分析结果

8.3.1 冷却分析首要结果的评价

冷却分析的首要结果是能说明熔体在模具内的热量传递情况的重要结果。通常包括以下几项。

1. 分析日志中的首要结果

（1）零件表面温度。零件表面温度最大值应低于材料顶出温度；零件表面温度与冷却介质入口温度的差异不超过 20℃；零件整个顶面或底面温度与目标模具表面温度之间的差值不应超过 10℃；零件表面单侧温度差异在 10℃以内，但这一点无法根据分析日志的信息内容直接判定，若零件表面温度最大值和最小值的差值在 10℃以内，则不需查看分析结果，即可判定零件冷却均衡。

（2）型腔表面温度。型腔表面温度的平均值与目标模具表面温度的差异应控制在 10℃以内；型腔表面温度的最大值和最小值应该在目标模具表面温度 10℃以内（非结晶材料）或 5℃以内（结晶材料），该条件对于大部分模具可能都难以实现，但应该作为冷却分析的目标。若达到此目标则不需查看分析结果，即可判断模具表面冷却均衡。

（3）冷却液温度。各冷却回路中的冷却液温度升高值应控制在 2~3℃，否则应查看水道结果云图，查找热点。

以【例 8-1】所得的冷却分析日志为例（见图 8-21），由于冷却分析工艺设置时，未设置模具表面温度，因此冷却分析时默认采用了材料库规定的 60℃为目标模具表面温度。对比发现：

（1）零件表面温度最大值为 75.0980℃，低于材料库规定的顶出温度值 89℃，但高于冷却介质入口温度（50℃，见图 8-19）超过 20℃；零件表面温度最大值和最小值的差值约 22℃。因此判断零件表面可能存在热区，还需进一步查看冷却分析结果。

（2）型腔表面温度的平均值为 59.0693℃，与目标模具表面温度差值在 10℃范围内，型腔表面温度的最大值和最小值与目标模具表面温度的差值分别约为 13℃和 10℃，因此判断模具型腔表面可能存在热区，还需进一步查看冷却分析结果。

（3）各冷却回路中的冷却液温度升高值为 0.4~1.7℃，均在 3℃温差范围内。

```
型腔温度结果摘要

===================================
零件表面温度  - 最大值    = 75.0980 C
零件表面温度  - 最小值    = 53.2175 C
零件表面温度  - 平均值    = 61.8221 C
型腔表面温度 - 最大值    = 73.2697 C
型腔表面温度 - 最小值    = 49.9563 C
型腔表面温度 - 平均值    = 59.0693 C
```

冷却液温度

入口节点	冷却液温度范围	冷却液温度升高通过回路	热量排除通过回路
10085	50.0 - 51.7	1.7 C	0.294 kW
10071	50.0 - 51.7	1.7 C	0.294 kW
10113	50.0 - 50.7	0.7 C	0.123 kW
10000	50.0 - 50.6	0.6 C	0.113 kW
9986	50.0 - 50.4	0.4 C	0.066 kW
10326	50.0 - 50.7	0.7 C	0.124 kW
10014	50.0 - 50.6	0.6 C	0.113 kW
10029	50.0 - 50.4	0.4 C	0.066 kW

（a）型腔温度结果摘要　　　　　　　　（b）冷却液温度

图 8-21　冷却分析日志结果（部分）

2. 温度，模具

该结果显示整个周期内零件/模具界面中模具侧的平均温度，模具温度变化范围越窄，模具温度变化引起翘曲和延长周期时间的可能性就越小。模具温度的最大值和最小值应该在目标模具表面温度 10℃以内（非结晶材料）或 5℃以内（结晶材料），该条件对于大部分模具可能都难以实现，但应该作为冷却分析的目标。

模具温度与冷却介质入口温度的差值不超过 30℃（基本为 10~30℃），冷却管道的放置和模具的热传导率将会影响温度变化。如果使用自动 IPC 时间，则非常接近目标模具表面温度的冷却液温度将显著延长预测的周期时间。

利用该结果可找出局部的热点或冷点，以及确定它们是否会影响周期时间和引起翘曲。如果存在热点或冷点，则可能需要调整冷却管道的设计或冷却液温度。

以【例 8-1】所述的冷却分析结果为例，所得的"温度，模具"阴影图如图 8-22 所示，在"结果"选项卡中调整比例，观察发现型腔侧模具温度范围为 49.96～63.50℃，型芯侧模具温度范围为 54.40～72.20℃。成型材料为 ABS，根据材料库数据，目标模具表面温度为 60℃，且设定的冷却液入口温度为 50℃，因此模具温度范围应为 50～70℃。可见型芯侧模具温度略高，在角部和中间位置存在几处热点，需加强冷却。

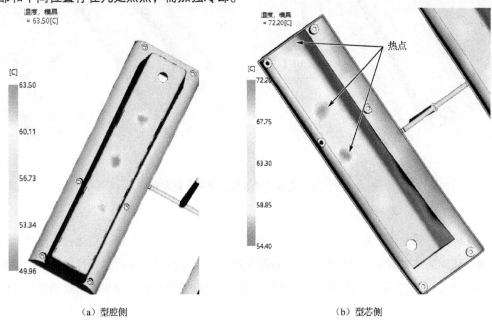

（a）型腔侧　　　　　　　　　　　　　　　　（b）型芯侧

图 8-22　盖板的"温度，模具"阴影图

3. 温度，零件

该结果显示整个周期内零件/模具界面中零件侧的平均温度。零件整个顶面或底面与目标模具表面温度之间的差值不应超过 10℃，各面上的温度变化应在 10℃以内。"温度，零件（顶面）"结果值应不大于冷却介质入口温度 20℃（基本为 10～20℃）。可利用该结果可找出局部的热点或冷点，以及确定它们是否会影响周期时间和引起翘曲。如果有热点或冷点，则可能需要调整冷却管道的设计。

以【例 8-1】所述的冷却分析结果为例，所得的"温度，零件"阴影图如图 8-23 所示，在"结果"选项卡中调整比例，发现零件顶面温度范围为 53.22～65.80℃，零件底面温度范围为 53.30～74.00℃。零件整个顶面温度与目标模具表面温度之间的差值未超过 10℃，但零件整个底面温度与目标模具表面温度之间的差值超过 10℃。顶面上的温差约为 12.6℃，底面上的温差约为 20.7℃，均超过 10℃的温度范围。根据"温度，零件"阴影图，可见底面温度略高，在角部和中间位置存在几处热点，需加强冷却。顶面中间位置存在一处热点，与底面处热点位置对应，需加强该处冷却。

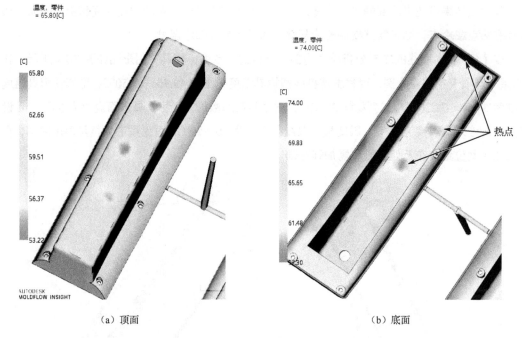

（a）顶面　　　　　　　　　　　　　　（b）底面

图 8-23　盖板的"温度，零件"阴影图

4. 温度曲线，零件

该结果在冷却分析结束时生成，显示了从零件顶面到零件底面的温度变化。可以根据该曲线查看成型周期结束时刻几个特殊位置处沿厚度方向的温度变化是否对称或存在差异，通常要求差值控制在 20℃范围内。该结果并非默认结果，查看时需要新建该结果。新建结果的操作步骤参考 7.3.1 节。

该曲线的 X 轴为名义厚度，对于双层面模型，+1 表示所选的单元，-1 则表示零件另一侧上的匹配单元；Y 轴为零件温度。应使零件顶面和底面之间的温度差异最小化，以将翘曲降至最小程度。

以【例 8-1】所述的冷却分析结果为例，根据"温度，零件"阴影图，选择零件顶面几处特殊位置查看温度曲线，所得的"温度曲线，零件"结果如图 8-24 所示。可见温度曲线并不关于名义厚度为 0 处对称，名义厚度为负值时零件温度较高，即零件的底面温度高于顶面温度，因而需加强型芯侧冷却。零件在热区的中心温度明显高于表面温度，差值约 20℃，表明该处冷却不够充分，需要加强冷却。

8.3.2　冷却分析次要结果的评价

冷却分析的次要结果相对不重要，通常不需全部进行评价，仅需结合首要结果反映出来的问题，或为更好地考察某些冷却分析目标而进行评价。

（1）回路冷却液温度：显示冷却回路内冷却液的温度。查看冷却分析日志，若各回路温差低于 3℃，则不需查看此结果。若温差过高，则可能是回路流速不够，或者回路过长造成的。

需查看回路冷却液温度阴影图来确定出现最高温升的位置。零件和模具上存在热点时也可结合该结果评价冷却结果。

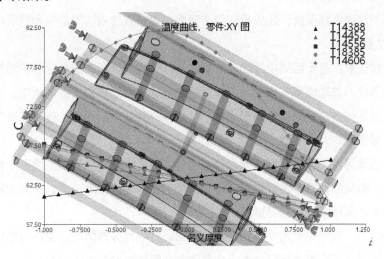

图 8-24 盖板的"温度曲线，零件"结果

以【例 8-1】所述的冷却分析结果为例，根据图 8-22 和图 8-23 所示的模具和零件的温度阴影图，发现在零件内侧中间位置和角部存在几处热点。结合如图 8-25 所示的回路冷却液温度阴影图，发现热点附近对应的回路冷却液温度也较高，初步判断热点处应加强冷却，或缩短冷却管道长度。

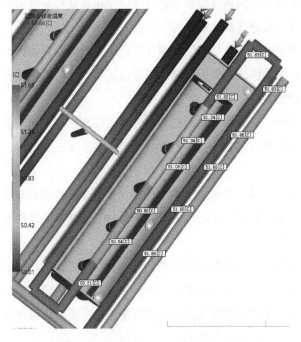

图 8-25 盖板的回路冷却液温度阴影图

（2）回路流动速率：显示冷却回路内冷却液的流动速率。在排热时，流动速率本身并不是主要因素，但它应该是达到必须雷诺数所需的最小值。串联回路的流动速率是恒定的，但并联

回路不是，因此应注意各分路流动速率。将该结果与回路雷诺数结果结合使用，可确定获得冷却液湍流流动所需的流动速率。

查看回路流动速率结果时，还应检查每个回路中冷却液流动速率的总和是否小于冷却液泵（若已选定）流量。

（3）回路雷诺数：显示回路中冷却液的雷诺数。达到湍流后，流动速率的增加对排热的速率影响甚微，因此，流动速率应该设置为以最小的变化达到理想雷诺数的速率。通常设定雷诺数为 10000，然后检查该结果以确保变化最小。如果有并联冷却回路，应调整冷却管道直径，以保证回路的雷诺数均大于 4000。

（4）回路管壁温度：显示成型周期内回路管壁温度的平均值，管壁温度不应超过冷却介质入口温度 5℃。如果回路管壁温度过高，可考虑增加冷却液的流动速率、增大冷却管道直径或在管壁温度过热的区域增加冷却管道。

（5）回路压力：显示一个周期内压力沿冷却回路的平均分布情况，回路压力应小于冷却液泵许用压力。若喷水管或隔水板尺寸太小会导致冷却回路内的压力降很大。

（6）回路热去除效率：用于度量成型周期内每个冷却管道截面从模具中吸收热量的效率。具有最高效率的截面被分配值 1，值越高则吸收的热量越多，负值则说明对模具有加热作用。该结果有助于确定相对吸收热量更多的管道。热去除效率接近零的管道不参与冷却。若这些管道位于无热载荷的区域，则可以废弃这样的管道；若位于具有很大热载荷的区域，则需要采取措施以提高管道的冷却效率，如修改冷却系统设计以缩短管道和零件间的距离，引入喷水管或隔水板，更改回路参数（如流速或冷却液入口温度）等。

（7）达到顶出温度的时间，零件：估算塑件温度从成型周期开始达到顶出温度所需要的时间。观察模型的大部分冻结区域和最后冻结区域的时间差，冻结时间更长的零件区域说明该区域可能存在热点或横截面较大。

（8）最高温度，零件：显示冷却最后时刻塑件截面最高温度，用于检查冷却结束时聚合物熔体温度是否低于材料的顶出温度。当一些横截面温度高于顶出温度时，可能会存在顶出或翘曲问题。

（9）最高温度位置，零件：显示整个成型周期内塑料单元中的最高温度位置，对于 100% 塑料零件的均匀冷却，峰值温度的相对位置应该等于 0.5，即最高温度位置位于零件截面的中间位置。

（10）平均温度，零件：显示冷却时间结束时零件在整个厚度方向上的平均温度。平均温度应该大约为目标模具表面温度和顶出温度的一半。零件在不同区域的平均温度的变化应很小。平均温度高的区域可能为零件的较厚区域或冷却效果不佳的区域，应考虑在这些区域附近添加冷却管道。

（11）零件冻结层百分比：显示塑料零件冻结层的厚度，以顶出温度为参考，若材料温度全部低于顶出温度，则判断为 100%。

（12）通量，零件：显示整个成型周期内通过模具/零件界面的热流的平均速率，通量越大散热越快。该结果可以评估塑件表面的散热效率。

（13）达到顶出温度的时间，冷流道：显示冷流道冻结到顶出温度所用的时间。如果未生成此结果，那么冷流道在冷却分析完成时仍未冻结。该结果有助于判断保压结束时间。

8.4 冷却系统优化方法

根据上述结果评价冷却过程，若出现冷却不足、冷却不均或冷却时间过长的问题，则需要对冷却系统进行优化，优化方法如下：

（1）调整冷却管道的位置。根据模具温度结果和零件温度结果，判断模具上的热量集中区域和过冷区域，增加对热量集中区域的冷却，减少对过冷区域的冷却。例如使冷却管道更靠近热量集中区域，或者在热量集中区域增加冷却管道，同时撤掉过冷区域的冷却管道。需要注意的是，管道位置应避开塑料零件的推出机构和抽芯机构。

（2）断开已有冷却管道。若回路压力结果显示压力降太大，且根据回路管壁温度结果推断冷却液温升过高，可考虑将一条长冷却管道断开为短的冷却管道。

（3）改变冷却液的温度。冷却结束时，如果冷却不充分，则型腔平均温度比目标模具表面温度高多少，冷却液温度就相应降低多少。可根据不同区域的冷却效果，为不同位置的冷却回路设置不同的冷却液入口温度，以获得更均匀的模具表面温度。通常型芯侧热量比型腔侧更大，因此型芯侧冷却液的温度也应设置得更低。

（4）提高冷却液流动速率。若某回路内冷却液温差过大，还可提高冷却液流动速率。

（5）设置冷却镶件。使用高导热率的合金材料镶件，如铍铜合金，以消除模具上集中的热量，冷却管道必须通过或接触合金材料，以带走热量。

（6）适当延长 IPC 时间。通常延长冷却时间，模具有更充分的时间冷却，容易获得更均匀的冷却效果。

（7）调整目标顶出条件。当 IPC 时间的设定方式为自动时，若冷却时间过长，则在材料库推荐的范围内适当提高目标模具表面温度和顶出温度。设置顶出温度低于转换温度 5～10℃，顶出温度下的最小零件冻结百分比不低于 80%。

【例 8-2】冷却分析优化实例

（1）打开工程和方案。

在第 8 章/源文件/covering 下找到名为 covering.mpi 的工程文件。在工程管理窗口找到"covering cooling2"方案，双击打开。

（2）第一次冷却优化。

a. 查看冷却分析结果。根据图 8-22 所示的"温度，模具"阴影图，型芯侧模具温度范围为 54.40～72.20℃，模具温度最大值与目标模具表面温度（60℃）的差值大于 10℃。根据图 8-23 所示的"温度，零件"阴影图，零件顶面温度范围为 53.22～65.80℃，零件底面温度范围为 53.30～

74.00℃。零件整个顶面温度与目标模具表面温度之间的差值不超过 10℃，但零件整个底面温度与目标模具表面温度之间的差值超过 10℃。同时，顶面上的温差约为 12.6℃，底面上的温差约为 20.7℃，均超过 10℃的温度范围。观察阴影图，发现塑件底面温度略高，在角部和中间位置存在几处热点，需加强冷却。顶面中间位置存在一处热点，与底面处热点位置对应，需加强该处冷却。

根据如图 8-24 所示的"温度曲线，零件"结果，可见温度曲线不对称，零件的底面温度高于顶面温度，进一步说明型芯侧冷却需加强。零件在热区的中心温度明显高于表面温度，差值约 20℃，表明该处冷却不够充分，需要加强冷却。

b. 制定冷却优化方案。针对冷却分析发现的问题，修改冷却回路设计方案：①针对中间位置及角部出现局部热点的情况，多设置隔水板加强热点处冷却。但考虑到塑料零件的形状特征，需要在侧壁设置两排顶出，而为了防止发生干涉，不能设置两排隔水板，因此只能将隔水板数目由 5 个增加至 7 个。②查看如图 8-25 所示的回路冷却液温度阴影图，发现热点处于冷却回路较下游位置，此处冷却回路的冷却能力下降。因此将型芯侧的 1 段冷却管道打断为 3 段。优化后的冷却回路如图 8-26 所示。

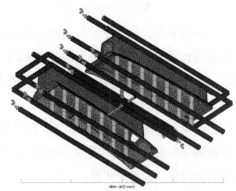

图 8-26　优化后的冷却回路

c. 运行冷却分析。方案"covering cooling2"已经完成冷却回路优化建模，工艺设置不进行修改，直接运行冷却分析。

d. 查看分析日志。查看分析日志底部的"型腔温度结果摘要"，结果如图 8-27 所示。

型腔温度结果摘要

```
=====================================
零件表面温度　－最大值　　　　＝ 72.1898 C
零件表面温度　－最小值　　　　＝ 54.4675 C
零件表面温度　－平均值　　　　＝ 60.7703 C
型腔表面温度　－最大值　　　　＝ 69.7966 C
型腔表面温度　－最小值　　　　＝ 51.2238 C
型腔表面温度　－平均值　　　　＝ 58.0012 C
```

图 8-27　第一次优化后的冷却分析日志结果（部分）

零件表面温度最大值约为 72℃，与优化前的约 75℃相比有所降低，说明新方案对热点区域的冷却有所加强，但这一温度依然高于冷却介质入口温度（50℃）超过 20℃，需要继续优化；零件表面温度最大值和最小值的差值约 18℃，与优化前的约 22℃相比，有所降低，说明新方案冷却更均匀。初步判断零件表面依然存在热区，还需进一步查看冷却分析结果。型腔表面温度的平均值约为58℃，型腔表面温度的最大值和最小值与目标模具表面温度差值缩小到10℃范围内，已达到要求。

e. 查看"温度，模具"结果，如图8-28所示。型腔侧模具温度范围为51.22～62.60℃，型芯侧模具温度范围为53.30～68.80℃，温差分别约为11.4℃和15.5℃。与优化前（型腔侧和型芯侧温差分别约为13.5℃和17.8℃）相比均有降低，且最高值从72.20℃降至68.80℃，达到模具温度的最大值和最小值在目标模具表面温度10℃以内的要求。优化后模具温度更均衡；模具上依然存在热点，但其最高温度已在要求范围内。

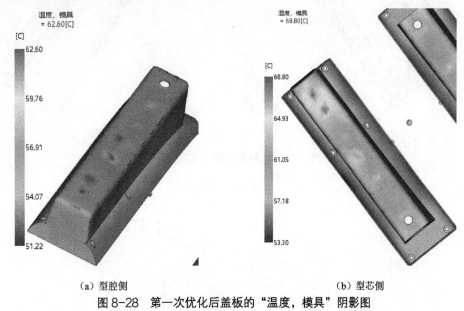

（a）型腔侧 （b）型芯侧

图8-28　第一次优化后盖板的"温度，模具"阴影图

f. 查看"温度，零件"结果，如图8-29所示。零件顶面温度范围为55.10～65.00℃，零件底面温度范围为56.30～71.70℃，温差分别约为9.9℃和15.4℃。与优化前（顶面和底面温差分别约为12.6℃和20.7℃）相比均有降低，且最高值从74.00℃降至71.70℃，可见优化后零件表面温度更均衡。但零件整个底面温度与目标模具表面温度之间的差值依然超过10℃。查看"温度，零件"阴影图，可见热区依然存在于底面角部和中间位置，需继续优化冷却，以加强热点处的冷却效果。

g. 查看"温度曲线，零件"结果。根据"温度，零件"阴影图，选择零件底面普通位置和热点位置节点查看温度曲线，如图8-30所示。与优化前相比，热点位置上的温度曲线变为单调曲线，不存在冷却时间不够的问题，且温差值略有降低。表明型芯侧回路优化后，型芯侧冷却效率更高，冷却更均衡，但仍存在型芯侧冷却不足的问题，需加强型芯侧冷却。

h. 查看"回路冷却液温度"结果，如图8-31所示。检查型芯侧各冷却回路发现，温升较大的回路主要出现在隔板式水路的下游，相应地，塑料零件表面在此区域和此区域附近的角部出现热点。

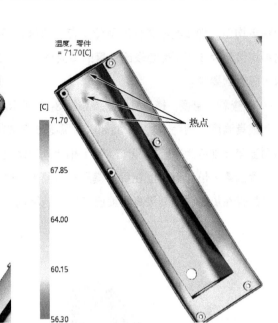

（a）顶面 （b）底面

图 8-29 第一次优化后盖板的"温度，零件"阴影图

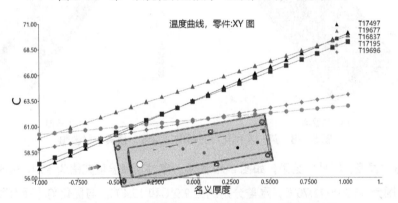

图 8-30 第一次优化后盖板的"温度曲线，零件"结果

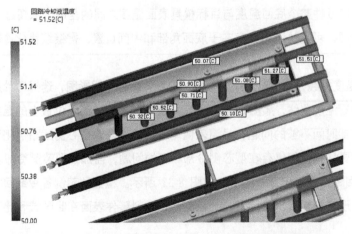

图 8-31 第一次优化后盖板的回路冷却液温度阴影图

（3）第二次冷却优化。

a. 复制并打开方案。在工程管理窗口右击"covering cooling2"方案，在弹出的快捷菜单中选择"重复"命令，并将复制的方案重命名为"covering cooling3"，双击打开该方案。

b. 制定冷却优化方案。根据第一次优化后的冷却分析结果，可知塑件底面角部和中间位置依然存在局部冷却不足的问题，但因塑件形状限制，无法通过调整冷却回路的方式增强该区域的冷却效果，因此尝试降低如图 8-32 所示的型芯侧冷却液入口温度。操作方法为，右击该处冷却液入口标志，在弹出的快捷菜单中选择"属性"命令，在弹出的"冷却液入口"对话框中设置"冷却介质入口温度"为 45℃。

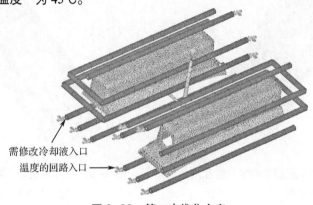

需修改冷却液入口
温度的回路入口

图 8-32　第二次优化方案

c. 运行冷却分析。

d. 查看分析日志。查看分析日志底部的"型腔温度结果摘要"，如图 8-33 所示。

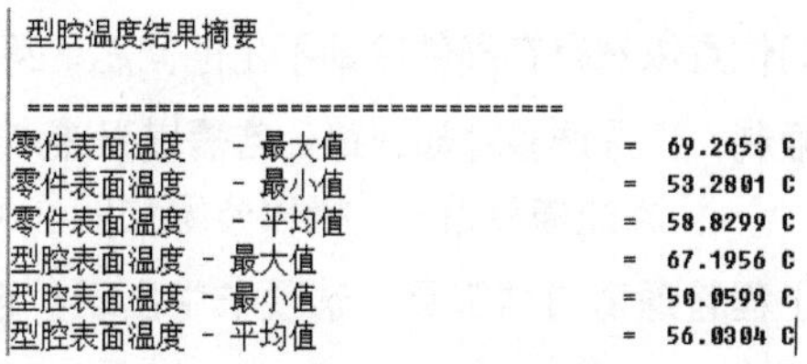

零件表面温度最大值由约 72℃降至约 69.3℃，说明对热点区域冷却有所加强；零件表面温度最大值和最小值的差值约 16℃，与第一次优化后的约 18℃相比有所降低，说明冷却更均匀。型腔表面温度的最大值和最小值与目标模具表面温度差值在 10℃范围内，满足要求。

```
型腔温度结果摘要

=========================================
零件表面温度  - 最大值      =  69.2653 C
零件表面温度  - 最小值      =  53.2801 C
零件表面温度  - 平均值      =  58.8299 C
型腔表面温度  - 最大值      =  67.1956 C
型腔表面温度  - 最小值      =  50.0599 C
型腔表面温度  - 平均值      =  56.0304 C
```

图 8-33　第二次优化后的冷却分析日志结果（部分）

e. 查看"温度，模具"结果，由于只对型芯侧回路的冷却液入口温度进行了修改，因此型腔侧温度变化不大，型芯侧模具温度如图 8-34 所示，模具温度范围为 50.06～65.10℃，温差约为 15℃。与第一次优化后相比，温差略有降低，最高值从 68.80℃降至 65.10℃。优化后型芯侧模具温度改善不明显，依然存在热点。

f. 查看"温度，零件"结果，由于只对型芯侧回路的冷却液入口温度进行了修改，因此型腔侧温度变化不大，零件底面温度如图 8-35 所示，温度范围为 53.28～68.40℃，温差约为 15.1℃。与第一次优化后相比，温差略有降低但变化不大，最高值从 71.70℃降至 68.40℃，零件整个底面温度与目标模具表面温度之间的差值达到小于 10℃的要求，但优化后零件底面温差改善不明显，热区依然存在于底面角部和中间位置。

（4）第三次冷却优化。

a. 复制并打开方案。在工程管理窗口右击"covering cooling2"方案，在弹出的快捷菜单中选择"重复"命令，并将复制的方案重命名为"covering cooling4"，双击打开该方案。

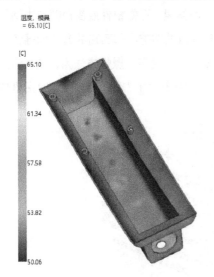

图 8-34 第二次优化后型芯侧的"温度，模具"阴影图

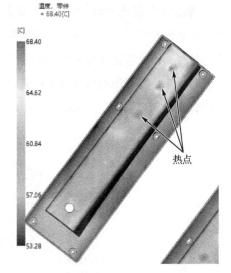

图 8-35 第二次优化后零件底面的"温度，零件"阴影图

b. 制定冷却优化方案。对比第一次优化与第二次优化后的冷却分析结果，塑件底面角部和中间位置依然存在局部冷却不足的问题，第二次优化所做调整未取得明显改进效果。但因塑件形状限制，无法调整冷却回路。若需增强热点区域的冷却效果，可尝试在型芯侧添加铍铜模具镶件。

c. 添加模具镶件，操作步骤如图 8-36 所示。单击功能区"几何"选项卡中的 镶件 按钮，工程管理窗口"工具"选项卡中出现"创建模具镶件"界面。单击功能区"几何"选项卡"选择"组中的 按钮，以保证只有面向屏幕的网格单元可以被选中，框选塑料零件中间起伏部分的内表面，选择模具镶件的生成方向为"Z 轴"，输入"指定的距离"为"-40"mm，单击 应用(A) 按钮即可生成模具镶件。

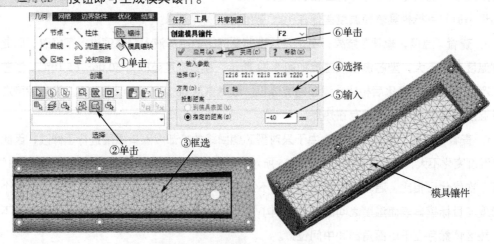

图 8-36 创建模具镶件的操作步骤

d. 为模具镶件指定材料，操作步骤如图 8-37 所示。选择任意镶件单元然后右击，在弹出的快捷菜单中选择"属性"命令，打开"模具镶件表面"对话框，单击 选择... 按钮，打开"选择镶件/标签/型芯材料"对话框，单击 选择... 按钮，打开"选择模具材料"对话框，选择"Beryllium Copper B1"为模具镶件材料，单击 选择... 按钮，退出该对话框。继续依次单击各对话框 确定 按钮，即可为模具镶件指定材料。

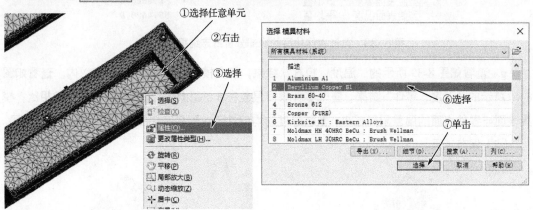

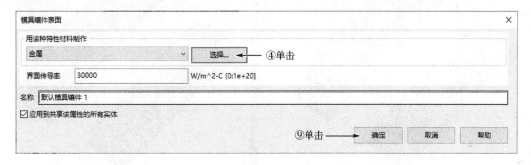

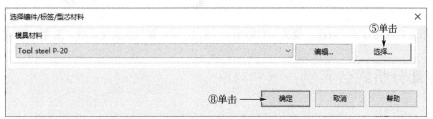

图 8-37　指定模具镶件材料的操作步骤

e. 运行冷却分析。

f. 查看分析日志。查看分析日志底部的"型腔温度结果摘要"，如图 8-38 所示。

零件表面温度最大值由约 69.3℃降至约 62.5℃，说明对热点区域的冷却有所加强，冷却介质入口温度为 50℃，达到"零件表面温度与入口处冷却介质入口温度的差异不超过 20℃"的要求；零件表面温度最大值和最小值的差值约 8.8℃，与之前的冷却方案（温差约 16℃）相比明显降低，说明冷却更均匀。型腔表面温度的最大值和最小值与目标模具温度的差值在 10℃范围内，满足要求。

型腔温度结果摘要

```
=====================================
零件表面温度    - 最大值              =  62.5507  C
零件表面温度    - 最小值              =  53.7781  C
零件表面温度    - 平均值              =  58.2703  C
型腔表面温度  - 最大值                =  59.4058  C
型腔表面温度  - 最小值                =  50.8684  C
型腔表面温度  - 平均值                =  55.4628  C
```

图 8-38　第三次优化后的冷却分析日志结果（部分）

　　g. 查看如图 8-39 所示的"温度，模具"结果，整个模具表面温差在 8.6℃以内。查看如图 8-40 所示的"温度，零件"结果，整个零件表面温差在 8.8℃以内。与之前的冷却方案相比，模具表面与零件表面的温差明显减小，型腔温度的均匀性已达到各有关要求，可不查看其他结果。

　　（5）保存工程。

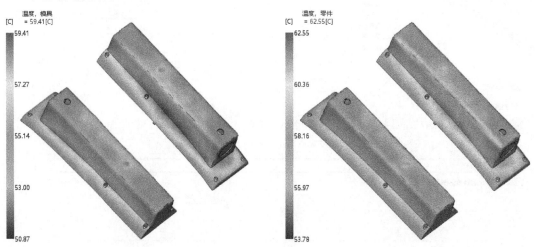

图 8-39　第三次优化后的"温度，模具"阴影图　　图 8-40　第三次优化后的"温度，零件"阴影图

8.5　冷却分析综合实例

　　如图 8-41 所示为簸箕网格模型，已完成浇注系统和冷却系统建模。要求根据成型窗口分析和填充分析结果进行冷却分析，并根据冷却分析结果进行冷却优化。

　　步骤 1　打开工程。

　　在第 8 章/源文件/cooling 下找到名为 Cooling_Optimization.mpi 的工程文件，双击打开。

　　步骤 2　运行成型窗口分析。

　　a. 双击打开方案"dustpan_window"。

　　b. 设置分析序列。单击功能区"主页"选项卡中的 📑（分析序列）按钮，打开"选择分析序列"对话框，选择分析序列为"成型窗口"，单击 ┃　　确定　　┃ 按钮即可。

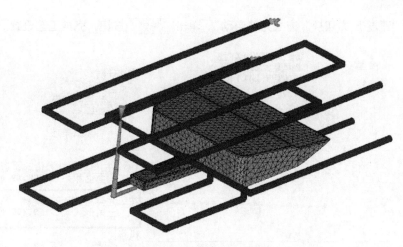

图 8-41 簸箕网格模型

c. 进行工艺设置。单击功能区"主页"选项卡中的 ⬚（工艺设置）按钮，打开"工艺设置向导-成型窗口设置"对话框。单击 高级选项... 按钮，打开"成型窗口高级选项"对话框，在"计算可行性成型窗口限制"区域设置"注射压力限制"因子为"0.8"；在"计算首选成型窗口的限制"区域设置"流动前沿温度下降限制"最大下降为"10"℃，"流动前沿温度上升限制"最大上升为"2"℃，"注射压力限制"因子为"0.5"，其余限制保持默认设置。单击 确定 按钮，回到"工艺设置向导-成型窗口设置"对话框，其他选项保持默认，单击 确定 按钮，完成工艺设置。

d. 运行成型窗口分析。双击方案任务窗口中的"分析"选项即可运行分析。

e. 查看成型质量曲线。在方案任务窗口的结果中，勾选并选中"质量（成型窗口）：XY 图"选项，右击，在弹出的快捷菜单中选择"属性"命令，打开"探测解决空间-XY 图"对话框。选择 X 轴变量为"注射时间"，拖动模具温度和熔体温度的变量滑块分别至 37.78℃ 和 241.1℃。单击 关闭 按钮，得到如图 8-42 所示的成型质量值随注射时间变化的曲线。单击功能区"结果"选项卡中的 ⬚（检查）按钮，按 Ctrl 键选择曲线各点，检查成型质量值对应的注射时间，得注射时间可取 1.46~2.1s，以确保质量系数在 0.5 以上，1.56s 为注射时间的推荐值。

f. 计算注射速率。单击功能区"网格"选项卡中的 ⬚（网格统计）按钮，在工程管理窗口"工具"选项卡中出现的"网格统计"界面中，单击 ✔ 显示 按钮，查看在界面下方的文本框内显示的网格信息，可知三角形网格的体积约为 153.8cm³，如图 8-43 所示。再结合推荐注射时间 1.56s，计算得注射速率为 153.8cm³÷1.56s≈98.6cm³/s。

步骤 3 运行填充分析。

a. 打开方案。在工程管理窗口双击"dustpan_filling"方案。

b. 设置分析序列。单击功能区"主页"选项卡中的 ⬚（分析序列）按钮，打开"选择分析序列"对话框，从列表框里选择"填充"分析序列，单击 确定 按钮。

c. 进行工艺设置。单击功能区"主页"选项卡中的 ⬚（工艺设置）按钮，打开"工艺设置向导-填充设置"对话框。选择"填充控制"方式为"流动速率"，并在右侧文本框中输入"98.6"

cm³/s。保持"速度/压力切换"方式为"自动"。单击 确定 按钮，完成工艺设置。

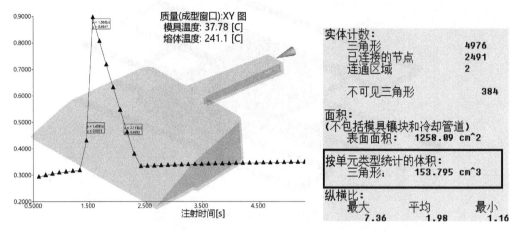

图 8-42 簸箕的成型质量曲线   图 8-43 网格统计信息（部分）

d. 运行填充分析。双击方案任务窗口中的"分析"选项即可运行分析。

e. 查看分析日志，获取速度/压力切换值。单击 Moldflow 程序窗口右下角的 日志 按钮，打开分析日志。查看发现速度/压力切换发生在填充体积为 98.44%时，如图 8-44 所示。

f. 对比理论注射时间与"充填时间"结果。根据网格统计结果，$V_总=V_{浇注}+V_{制品}=5.5+153.8=159.3\text{cm}^3$，据此计算注射时间为 $159.3\text{cm}^3÷98.6\text{cm}^3/\text{s}≈1.6\text{s}$。勾选"充填时间"结果，得到充填时间阴影图如图 8-45 所示，可知充填时间差约为 0.2s，塑料制品的总体填充没有迟滞。

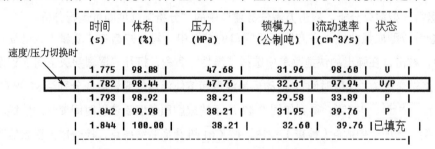

图 8-44 分析日志中的填充过程数据（部分）

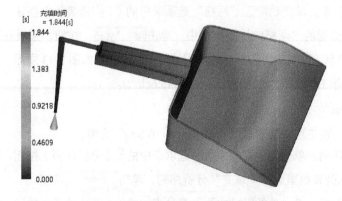

图 8-45 簸箕的充填时间阴影图

步骤 4 运行冷却分析。

a. 打开方案。在工程管理窗口双击"dustpan_cooling"方案。

b. 设置分析序列。单击功能区"主页"选项卡中的▦（分析序列）按钮，打开"选择分析序列"对话框，从列表框里选择"冷却"分析序列，单击 确定 按钮。

c. 进行工艺设置。单击功能区"主页"选项卡中的▦（工艺设置）按钮，打开如图 8-17 所示的"工艺设置向导–冷却设置"对话框。设置"注射+保压+冷却时间"为"25"s。单击对话框中的 高级选项... 按钮，打开"冷却分析高级选项"对话框。单击对话框中"工艺控制器"右侧的 编辑... 按钮，打开"工艺控制器"对话框。设置"填充控制"方式为"流动速率"，在右侧的文本框输入"98.6"cm³/s；设置"速度/压力切换"方式为"由%充填体积"，设置对应值为"98.44"%。依次单击各对话框中的 确定 按钮，完成工艺设置。

d. 冷却液设置。右击冷却液入口标志，在弹出的快捷菜单中选择"属性"命令，弹出"冷却液入口"对话框，材料库推荐的模具表面温度为 40℃，以下降 10℃作为冷却液入口温度，因此设置"冷却介质入口温度"为 30℃。

e. 运行冷却分析。双击方案任务窗口中的"分析"选项即可运行分析。

步骤 5 冷却分析结果评价。

a. 查看分析日志。查看分析日志底部的"型腔温度结果摘要"和"冷却液温度"，如图 8-46 所示。零件表面温度最大值约为 85℃，低于材料库规定的顶出温度（101℃），但高于冷却介质入口温度超 20℃；零件表面温度最大值和最小值的差值约 42℃。型腔表面温度的平均值约 56.5℃，高于目标模具表面温度 16.5℃；型腔表面温度的最大值和最小值与目标模具表面温度的差值分别约为 40℃和 1℃。各冷却回路中的冷却液温度升高值基本在 3℃的温差范围内。综合以上信息，初步判断模具存在冷却不足的问题。

型腔温度结果摘要

```
零件表面温度  - 最大值      = 85.1836 C
零件表面温度  - 最小值      = 43.4715 C
零件表面温度  - 平均值      = 62.1610 C
型腔表面温度 - 最大值       = 80.5324 C
型腔表面温度 - 最小值       = 39.2428 C
型腔表面温度 - 平均值       = 56.4810 C
```

冷却液温度

入口节点	冷却液温度范围	冷却液温度升高通过回路	热量排除通过回路
2735	30.0 - 33.2	3.2 C	0.835 kW
2523	30.0 - 31.4	1.4 C	0.358 kW
2560	30.0 - 32.0	2.0 C	0.528 kW

（a）型腔温度结果摘要　　　　　　　　（b）冷却液温度

图 8-46　冷却分析日志结果（部分）

b. 查看"温度，模具"结果，如图 8-47 所示。单击功能区"结果"选项卡中的▦（检查）按钮，按 Ctrl 键检查不同位置处的模具表面温度，发现型腔侧模具温度范围约为 39～60℃，型芯侧模具温度范围约为 40～80℃。根据材料库数据，目标模具表面温度为 40℃。可见无论型腔侧还是型芯侧，模具温度均过高，均需加强冷却。且在型芯侧角部位置存在大片热区，需重点加强冷却。

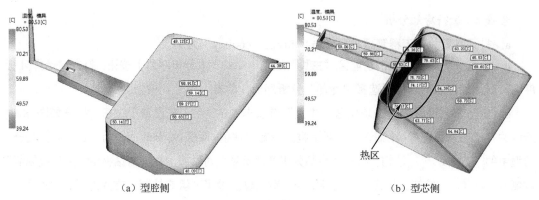

（a）型腔侧　　　　　　　　　　　　　　　（b）型芯侧

图 8-47　簸箕的"温度，模具"阴影图

　　c. 查看"温度，零件"结果，如图 8-48 所示。单击功能区"结果"选项卡中的 🔍（检查）按钮，按 Ctrl 键检查不同位置处的零件表面温度，发现零件顶面温度范围约为 43～65℃，零件底面温度范围约为 45～85℃。零件顶面和底面温度与目标模具表面温度之间的差值均超过 10℃。顶面上的温差约为 22℃，底面上温差约为 40℃，均超过 10℃ 的温度范围。可见无论顶面还是底面，零件表面温度均过高，均需加强冷却。且在型芯侧角部位置存在大片热区，需重点加强冷却。

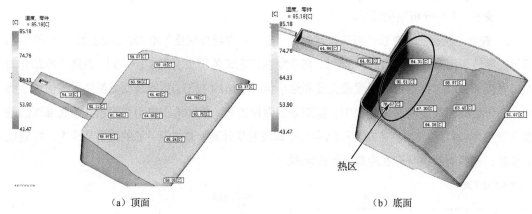

（a）顶面　　　　　　　　　　　　　　　（b）底面

图 8-48　簸箕的 "温度，零件"阴影图

　　d. 新建"温度曲线，零件"结果。根据"温度，零件"阴影图，在底面选择普通位置和热点位置节点查看其温度曲线，如图 8-49 所示。

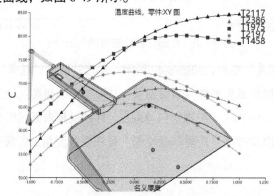

图 8-49　簸箕的"温度曲线，零件"结果

可见温度曲线并不关于名义厚度为 0 处对称，名义厚度为负值时零件温度较低，即零件的底面温度高于顶面温度，因而需着重加强型芯侧冷却。零件在热区的温度曲线基本为单调曲线，表明该位置型芯侧冷却明显不足。其余区域的温度曲线为非单调曲线，中心温度明显高于表面温度，差值约 10℃，表明对应区域冷却不够充分，也需加强冷却。

步骤 6 第一次冷却优化。

a. 查看冷却分析结果，制定冷却优化方案。根据图 8-47～图 8-49 所示结果，可以判断零件整体冷却均需加强，型芯侧角部区域需重点加强冷却。针对塑料零件的结构特点，设置随形冷却回路，修改后的冷却回路如图 8-50 所示。

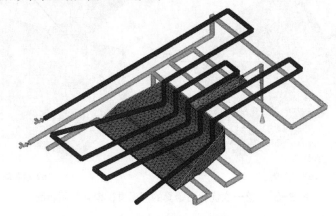

图 8-50　第一次优化后的冷却回路

b. 运行冷却分析。方案"dustpan_c1"已经完成冷却回路优化建模，工艺设置不进行修改，直接运行冷却分析。

c. 查看分析日志。查看分析日志底部的"型腔温度结果摘要"和"冷却液温度"，如图 8-51 示。零件表面温度最大值约为 66℃，与优化前的约 85℃相比明显降低，说明对热点区域的冷却有所加强；零件表面温度最大值和最小值的差值约 26℃，与优化前的约 42℃相比明显减小，说明冷却更均匀。型腔表面温度的平均值约为 44℃，型腔表面温度的最大值和最小值与目标模具表面温度的差值分别约为 20℃和 5℃。冷却液温差已降至 2℃以内。型腔表面平均温度高于目标模具表面温度约 4℃，零件表面温度最大值和型腔表面温度最大值依然过高，初步判断零件表面依然存在热区，还需进一步查看冷却分析结果。

型腔温度结果摘要

冷却液温度

==

零件表面温度	- 最大值	= 65.5801 C	入口	冷却液温度	冷却液温度升高	热量排除
零件表面温度	- 最小值	= 39.4741 C	节点	范围	通过回路	通过回路
零件表面温度	- 平均值	= 49.8432 C				
型腔表面温度	- 最大值	= 60.0920 C	8162	30.0 - 31.2	1.2 C	1.000 kW
型腔表面温度	- 最小值	= 34.9918 C	11555	30.0 - 31.0	1.0 C	0.878 kW
型腔表面温度	- 平均值	= 43.7713 C				

（a）型腔温度结果摘要　　　　　　　　　　（b）冷却液温度

图 8-51　第一次优化后的冷却分析日志结果（部分）

d. 查看"温度，模具"结果，如图 8-52 所示。单击功能区"结果"选项卡中的 ![检查] （检查）按钮，按 Ctrl 键检查不同位置处的模具表面温度，发现型腔侧模具温度范围约为 35～46℃，型芯侧模具温度范围约为 35～60℃，温差分别约为 11℃和 25℃，与优化前（型腔侧和型芯侧温差分别约为 21℃和 40℃）相比均明显降低，且最高值从 80℃降至 60℃。可见优化后模具表面温度更均衡，型腔侧冷却充分，型芯侧角部位置依然存在热区，但热区面积已明显减小，热区温度明显降低。

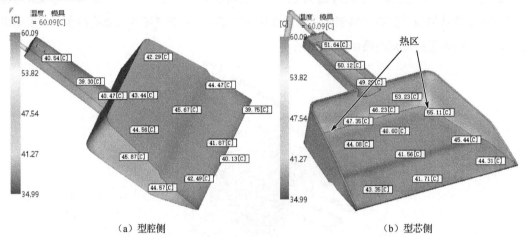

（a）型腔侧　　　　　　　　　　　　　　　　（b）型芯侧

图 8-52　第一次优化后簸箕的"温度，模具"阴影图

e. 查看"温度，零件"结果，如图 8-53 所示。零件顶面温度范围约为 40～52℃，零件底面温度范围约为 40～65℃，温差分别约为 12℃和 25℃。与优化前（顶面和底面温差分别约为 22℃和 40℃）相比均有降低，且最高值从 85℃降至 65℃，可见优化后零件表面温度更均衡，底面冷却比较充分，但零件整个底面温度与目标模具表面温度之间的差值依然明显超过 10℃。底面侧角部位置依然存在热区，但热区面积已明显减小，且热区温度明显降低。

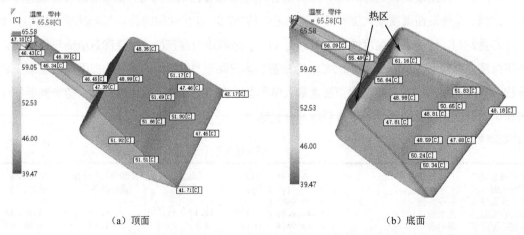

（a）顶面　　　　　　　　　　　　　　　　（b）底面

图 8-53　第一次优化后簸箕的"温度，零件"阴影图

f. 新建"温度曲线，零件"结果。根据"温度，零件"阴影图，在零件底面选择普通位置和热点位置节点查看其温度曲线，如图 8-54 所示。与优化前相比，普通位置节点处的温度曲线

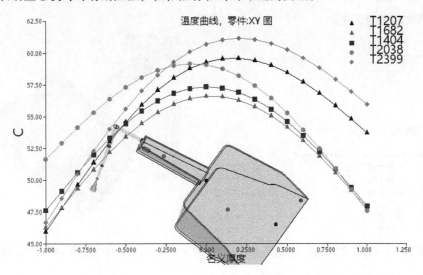

基本对称，表明型芯侧和型腔侧冷却程度比较一致；热点位置节点处的温度曲线峰值位置偏向型芯侧，表明型芯侧冷却有所加强，但依然存在冷却不足的问题。

图 8-54　第一次优化后簸箕的"温度曲线，零件"结果

步骤 7　第二次冷却优化。

a. 查看冷却分析结果，制定冷却优化方案。根据图 8-52～图 8-54 所示结果，可以判断零件型芯侧角部区域仍需重点加强冷却。在已设置随形冷却回路的前提下，继续应用修改后的冷却回路设计方案，对于冷却效果的改善应不明显。根据前述冷却分析结果，修改型芯侧冷却回路如图 8-55 所示，并在角部位置添加模具镶件，以加强角部冷却。

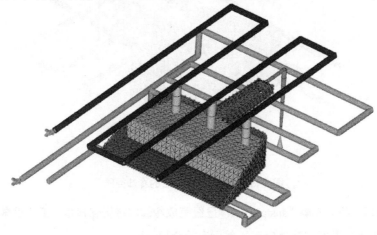

图 8-55　第二次优化后的冷却回路

b. 运行冷却分析。方案"dustpan_c2"已经完成冷却回路优化建模，工艺设置不进行修改，直接运行冷却分析。

c. 查看分析结果。查看分析日志底部的"型腔温度结果摘要"，如图 8-56 所示。零件表面温度和型腔表面温度的最大值分别约为 88℃ 和 84℃，与第一次优化后的结果相比明显升高，说

明对热点区域冷却不足。

d. 查看"温度，模具"结果，如图 8-57 所示。发现型芯角部不再是最热区域，但总体来说型芯侧需继续加强冷却。

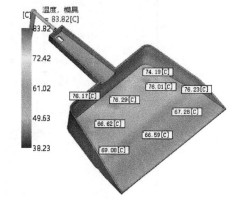

型腔温度结果摘要

```
==========================================
零件表面温度   - 最大值        =  88.2733 C
零件表面温度   - 最小值        =  43.5714 C
零件表面温度   - 平均值        =  59.8584 C
型腔表面温度  - 最大值        =  83.8169 C
型腔表面温度  - 最小值        =  38.2290 C
型腔表面温度  - 平均值        =  54.1023 C
```

图 8-56　第二次优化后的冷却分析日志结果（部分）　图 8-57　第二次优化后簸箕的"温度，模具"阴影图

步骤 8　第三次冷却优化。

a. 查看冷却分析结果，制定冷却优化方案。根据图 8-56 和图 8-57 所示结果，修改型芯侧冷却回路如图 8-58 所示，即加大模具镶件加强整个型芯侧的冷却。相应地将型腔侧的冷却液入口温度调整为 25℃，以减少零件顶部和底部可能的温差。

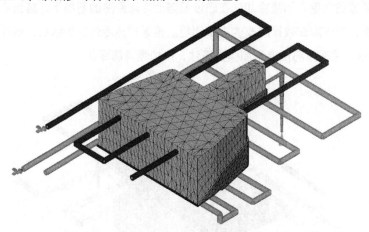

图 8-58　第三次优化后的冷却回路

b. 运行冷却分析。方案"dustpan_c3"已经完成冷却回路优化建模，工艺设置不进行修改，将型腔侧冷却液入口温度调整为 25℃，然后运行冷却分析。

c. 查看分析日志。查看分析日志底部的"型腔温度结果摘要"，如图 8-59 所示。零件表面温度最大值约为 53℃，与第一次优化后的约 66℃相比明显降低，说明对热点区域冷却有所加强；零件表面温度最大值和最小值的差值约 16℃，与第一次优化后的约 26℃相比明显减小，说明冷却更均匀。型腔表面温度的平均值约为 39℃，型腔表面温度的最大值和最小值与目标模具表面温度的差值均在 10℃以内。型腔表面平均温度低于目标模具表面温度约 1.5℃，初步判断零件冷却较为充分，型腔表面温度基本均衡。

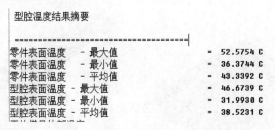

```
型腔温度结果摘要
==============================================
零件表面温度  - 最大值        = 52.5754 C
零件表面温度  - 最小值        = 36.3744 C
零件表面温度  - 平均值        = 43.3392 C
型腔表面温度  - 最大值        = 46.6739 C
型腔表面温度  - 最小值        = 31.9930 C
型腔表面温度  - 平均值        = 38.5231 C
```

图 8-59　第三次优化后的冷却分析日志结果（部分）

d. 查看"温度，模具"结果，如图 8-60 所示。单击功能区"结果"选项卡中的 ▨（检查）按钮，按 Ctrl 键检查不同位置处的模具表面温度，观察发现型腔侧模具温度范围约为 33～46℃，型芯侧模具温度范围约为 34～42℃，温差值分别约为 13℃和 8℃，与第一次优化后（型腔侧和型芯侧温差分别约为 11℃和 25℃）相比后者明显降低，且最高值从 60℃降至 46℃。由于簸箕非高档消费品，因此模具表面温差在可接受范围内，且冷却充分。

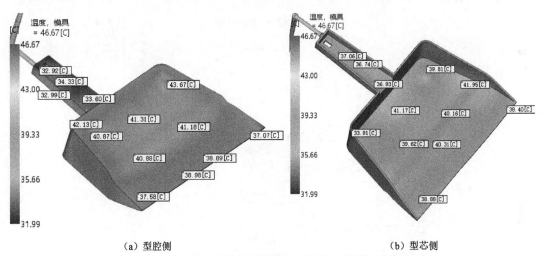

（a）型腔侧　　　　　　　　　　　　　　　　（b）型芯侧
图 8-60　第三次优化后簸箕的"温度，模具"阴影图

e. 查看"温度，零件"结果，如图 8-61 所示。零件顶面温度范围约为 36～52℃，零件底面温度范围约为 39～45℃，温差值分别约为 16℃和 6℃。与第一次优化后（顶面和底面温差分别约为 12℃和 25℃）相比，底面温度明显均衡，但顶面温差略有增大，最高值从 65℃降至 52℃，可见第三次优化后零件表面温度更均衡。由于簸箕非高档消费品，因此零件表面温差在可接受范围内，且冷却充分。

f. 新建"温度曲线，零件"结果。根据"温度，零件"阴影图，在零件顶面选择普通位置和热点位置节点查看其温度曲线，如图 8-62 所示。各温度曲线关于名义厚度为 0 处基本对称，略偏右，表明型芯侧和型腔侧冷却比较一致，但零件顶面温度略高。

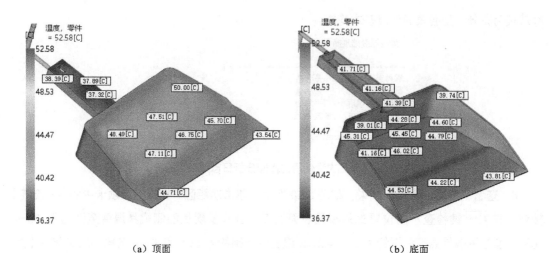

（a）顶面　　　　　　　　　　（b）底面

图 8-61　第三次优化后簸箕的"温度，零件"阴影图

步骤 9　保存工程。

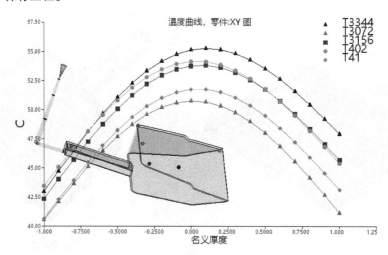

图 8-62　第三次优化后簸箕的"温度曲线，零件"结果

8.6　本章小结

　　冷却系统是模具设计的核心内容之一，对塑料制品的成型质量和生产效率影响极大。本章详细介绍了进行冷却分析与优化的方法和步骤，以及对冷却分析结果进行评估的方法。

　　通过本章的学习，读者应掌握进行冷却分析的方法和步骤，以及对冷却分析结果的评估方法，并能根据分析结果对冷却系统进行优化设计。

8.7　习题

　　1. 根据【例 8-2】第三次优化后的分析结果，零件表面温度差值与模具表面温度差值均减小到要求范围内，表明型腔内温度分布的均匀性已达到要求。注意到型腔表面温度平均值明显低于目标模具表面温度，且指定 IPC 时间为 30s，冷却时间过长。请尝试缩短冷却时间，观察冷却时间的变化对型腔冷却均衡性的影响。

2. 根据 8.5 节所述的综合实例第三次优化后的分析结果：①模具型腔侧相对型芯侧冷却略有不足，请尝试继续进行优化；②选择"自动"方式确定 IPC 时间，分析不同的目标零件顶出条件对冷却周期时长的影响。

3. 如图 8-63 所示为铰链盒网格模型，要求：①根据塑件的几何形状进行冷却系统设计；②根据第 7 章习题 3 的成型窗口分析结果和填充分析结果进行冷却分析，并评价分析结果；③根据冷却分析结果对冷却系统进行优化。（源文件位置：第 8 章/练习文件/clasp）

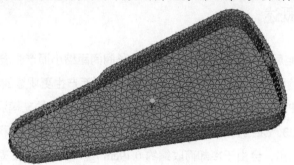

图 8-63　铰链盒网格模型

第 9 章 保压分析

填充完成后，塑料熔体在模具中冷却收缩时，螺杆继续保持施压状态，迫使更多的熔体不断跨过浇口补足因收缩而产生的空隙，使型腔中的塑料熔体能成型出形状完整而致密的塑料制品，这一阶段称为保压。Moldflow 的保压分析将计算在达到速度/压力切换点时从模型中已填充过的位置漫延出的流动前沿的流动状态，该分析一直延续到流动前沿完全填充型腔为止。

9.1 保压分析概述

塑料熔体充满型腔后，在冷却过程中，因为分子间间距缩小而产生宏观上的体积收缩，对于结晶型材料，塑料熔体还将因为分子有规则的紧密排列而产生更明显的收缩。以常用材料 PP 为例，图 9-1 显示了 PP 在 0MPa 下的 PVT 曲线。根据推荐，PP 的充模温度为 235℃，顶出温度为 108℃。而 PP 在 235℃时的体积比容约为 1.27cm^3/g，在 108℃时的体积比容约为 1.08cm^3/g，即 PP 从流动充模到顶出，会由于冷却而收缩约 0.19cm^3/g。因此需要在塑料熔体充满型腔后，通过螺杆持续向型腔施加压力，把更多熔体挤到模具型腔中，补偿因材料收缩而产生的空隙，这个补偿过程就是保压。

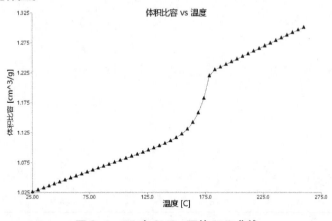

图 9-1 PP 在 0MPa 下的 PVT 曲线

保压的目的是减少体积收缩并获取收缩的均匀，以减少塑料制品在成型后的翘曲量。除材料的 PVT 属性外，制品的体积也影响其体积收缩量。通常靠近浇口的区域补缩更充分，因此收缩量小，而远离浇口的区域则收缩量大。体积收缩的均匀性又明显影响翘曲量，因而若不经保压优化，整个制品的体积收缩通常不均匀，容易导致制品翘曲严重。因此优化保压时，除了要追求制品小的体积收缩量，还要追求收缩的均匀性，以获得完整致密且平整的塑料制品。除此之外，合理设置保压压力还能降低锁模力，起到合理调配设备、节能减耗的作用。

保压过程中，型腔内压力分布主要取决于保压压力。若螺杆停止在原位保持不动，型腔内压力会略有下降，因此螺杆应继续向前做少许移动，以保持合理的保压压力。保压结束后，螺杆卸压后撤，这时熔体与大气相通，而型腔内压力大于大气压力，因此会产生熔体的倒流现象。若螺杆后撤时，浇口已冻结，此时将只有流道内的熔体有倒流现象，不会影响型腔内塑料制品的成型质量。而此时若继续保压，由于浇口内的塑料熔体完全冻结，只能对流道进行补缩，因此保压阶段应截止于浇口冻结时刻。

在注塑过程中，熔体填满型腔后即进入保压补缩阶段，填充后型腔中的压力分布、熔体和模具温度分布都直接影响保压效果，因此 Moldflow 不能单独进行保压分析，而是必须在填充分析的基础上进行填充+保压分析。填充+保压分析用来模拟塑料熔体从注射点进入模具型腔开始，直到充满整个型腔的流动过程。而保压优化则是通过调整保压曲线，使得制品各处在其凝固时的压力相近，以获得较低和均匀的体积收缩量，从而获得完整致密且平整的塑料制品。

9.2　保压分析方法

保压分析必须在填充分析的基础上进行，其目的是获得最佳的保压阶段设置，从而尽可能地降低制品收缩和翘曲等质量缺陷。

9.2.1　保压分析流程

保压分析流程如图 9-2 所示，可以简单概括为：

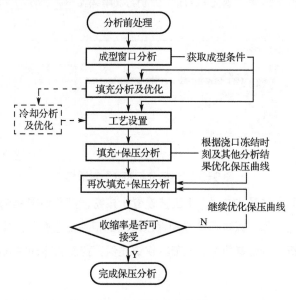

图 9-2　保压分析流程

（1）分析前处理，包括准备网格模型、设定材料和设置浇口位置等。

（2）成型窗口分析，并根据分析结果获取熔体温度、模具温度和注射条件等工艺条件的推荐值。

（3）填充分析及优化。保压分析前必须进行填充分析，熔体在填充后的状态会直接影响保压补缩的效果，且填充压力是设定和优化保压曲线的重要参考。因此必须先进行填充分析及优化，保证填充合理，保压分析才有意义。

（4）冷却分析及优化。通常建议但不要求必须在保压分析前进行冷却分析及优化。Moldflow的冷却分析模拟的是整个成型周期内塑料熔体在模具内的热量传递情况。冷却系统的设计对制品的收缩和浇口的冻结时间都有一定的影响，因此通常在保压分析前先进行冷却分析。

（5）工艺设置。根据前述分析结果完成保压工艺设置。

（6）填充+保压分析。若已完成填充分析，且未对填充工艺参数进行任何修改，则将在原填充分析的基础上只进行保压分析；若未进行填充分析，或对已运行的填充工艺参数进行了修改，则将连续运行填充和保压两个阶段的分析。

（7）再次填充+保压分析。根据首次保压分析所得的浇口冻结时刻和其他保压分析结果优化保压曲线，再次运行填充+保压分析。根据分析结果判断塑料制品的收缩率是否满足要求。

（8）判断收缩率是否可接受。如果保压分析结果不满足收缩率要求，则需继续优化保压曲线进行保压分析，直至保压结果满足收缩率要求，保压分析结束。

9.2.2 保压分析工艺条件的设置

单击功能区"主页"选项卡中的 （分析序列）按钮，打开如图 9-3 所示的"选择分析序列"对话框，从列表框里选择"填充+保压"分析序列，单击 确定 按钮即可完成分析序列的设置。

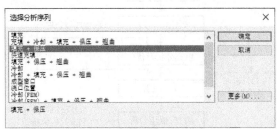

图 9-3 "选择分析序列"对话框

单击功能区"主页"选项卡中的 （工艺设置）按钮，打开如图 9-4 所示的"工艺设置向导–填充+保压设置"对话框，以进行填充和保压阶段的相关工艺设置，其中填充阶段的工艺设置按已完成的填充分析进行设置即可。本节将仅讲述保压控制和冷却时间的设定方法。

1. 保压控制

在如图 9-4 所示的"工艺设置向导–填充+保压设置"对话框中，可在"保压控制"下拉列表中选择保压控制方式，以指定设置保压曲线的方法。

（1）"%填充压力与时间"选项，以填充压力的百分比与时间的函数形式控制塑料熔体在保压阶段的填充行为。此选项用于不确定填充压力、锁模力没有明确限制的情况。

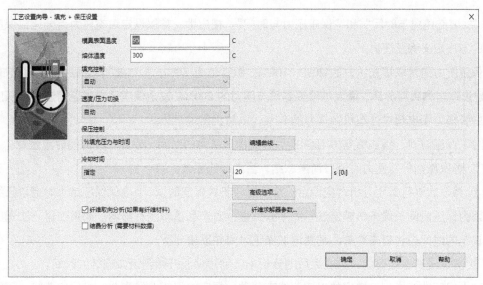

图9-4 "工艺设置向导-填充+保压设置"对话框

（2）"保压压力与时间"选项，以保压压力与时间的函数形式控制成型周期的保压阶段。此选项用于已知保压压力的情况。

（3）"液压压力比时间"选项，以液压压力与时间的函数形式控制成型周期的保压阶段。液压压力与压缩比的乘积即为保压压力，此选项很少使用。

（4）"%最大注塑机压力与时间"选项，以最大注塑机压力的百分比与时间的函数形式控制成型周期的保压阶段。注射成型前设定的注塑机压力并非实际注射压力，而是最大注射压力限制值，实际注射压力由型腔内充模阻力决定。但保压压力却是由设定的螺杆压力直接决定的，因此极少用注塑机压力控制保压压力。

（5）"自动"选项，求解器会自动确定保压压力的持续时间和大小，无需设置保压压力曲线。

选定保压控制方式后，单击如图9-4所示对话框中的 编辑曲线... 按钮，打开如图9-5所示的"保压控制曲线设置"对话框，以设置保压阶段的压力曲线。

图9-5 "保压控制曲线设置"对话框

（1）保压压力。保压压力的定义方式根据保压控制方式的不同而不同，常用的保压控制方式有"%填充压力与时间"和"保压压力与时间"。相应地，常以设定填充压力百分比或保压压力值的方法定义保压压力。

保压压力通常取填充压力的 20%～100%，默认值为 80%，但当塑料制品的壁厚超过 3mm 时，建议适当增大百分比，最大可设置到填充压力的 200%。设定保压压力时还需注意因保压而产生的胀模力不应超过注塑机锁模力的 80%，以防止出现飞边。

（2）保压时间，指在填充/保压切换后施加保压压力的时间，设定保压时间时应注意：

① 确保施加保压压力时浇口尚未冻结，否则保压无效。

② 第一次进行保压分析时应设定一个相对较长的保压时间，以确保保压结束时浇口已经冻结。因为保压时间长最多影响浇注系统的收缩量，对产品基本没有影响，如果在第一次保压分析所设定的时间内浇口未冷却，则需增加保压时间并重新分析。

③ 查询浇口冻结时间，并在之后的分析中，缩短保压开始到浇口冻结的时间。

（3）保压曲线类型。常用的保压曲线有两种，恒压式保压曲线和曲线式保压曲线。恒压式保压曲线包括方形保压曲线和分段式保压曲线，如图 9-6 所示。方形保压曲线通常在首次进行保压分析时采用，分段式保压曲线通常在注塑机没有保压曲线功能时使用。保压优化时，为了使型腔内近浇口区域与填充末端区域的塑料体积收缩率相近，需在填充末端快凝固时降低保压压力，因而优化后的保压曲线通常为保压压力随时间连续变化的曲线，即为曲线式保压曲线，如图 9-7 所示。

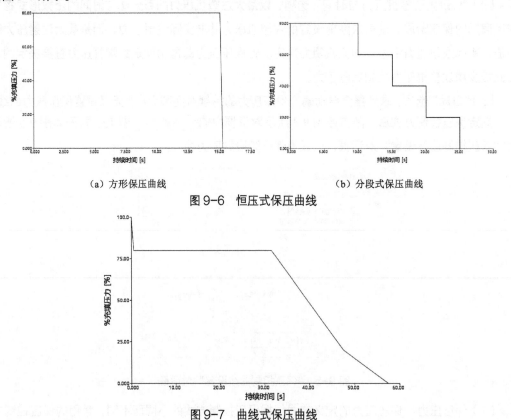

（a）方形保压曲线   （b）分段式保压曲线

图 9-6　恒压式保压曲线

图 9-7　曲线式保压曲线

2. 冷却时间

在如图 9-4 所示的"工艺设置向导–填充+保压设置"对话框底部"冷却时间"区域右侧的文本框中输入预计冷却时间。与 IPC 时间中的冷却时间不同，此处所设置的冷却时间指压力移除后塑料制品保持在模具内的时间，也叫作矫正时间，默认为 20s。若没有进行冷却分析，则指定冷却时间为"自动"，将自动计算出产品达到指定的凝固百分比所需的时间，并以此作为冷却时间。

【例 9-1】保压分析实例

（1）打开工程，复制并打开方案。

在第 9 章/源文件/dustpan 下找到名为 dustpan.mpi 的工程文件，并双击打开。复制方案"dustpan_c1"，并将新方案重命名为"covering packing1"，双击进入该方案。

（2）设置分析序列。

单击功能区"主页"选项卡中的 ![分析序列] （分析序列）按钮，打开"选择分析序列"对话框，选择分析序列为"填充+保压"，单击 确定 按钮。在弹出的如图 9-8 所示的对话框中单击 删除(D) 按钮。

图 9-8 "Autodesk Moldflow Insight"对话框

（3）进行工艺设置。

a. 单击功能区"主页"选项卡中的 ![工艺设置] （工艺设置）按钮，打开"工艺设置向导–填充+保压设置"对话框，如图 9-9 所示。对比 8.5 节所做工艺设置，发现虽然已删除了原方案分析结果，但所做的有关工艺设置参数均作为默认值保留，不再需要重新设置。

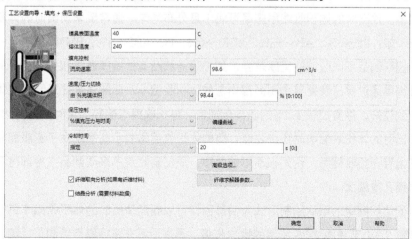

图 9-9 "工艺设置向导–填充+保压设置"对话框

b. 选择"保压控制"方式为"%填充压力与时间",单击右侧的 [编辑曲线...] 按钮,打开"保压控制曲线设置"对话框,将初次保压压力设为最大填充压力的80%,设保压时间为25s,如图9-10所示。依次单击 [确定] 按钮,完成工艺设置。

（4）运行填充+保压分析。

双击方案任务窗口中的"分析"选项即可运行分析。

（5）保存工程。

图9-10 "保压控制曲线设置"对话框

9.3 保压分析的结果评价

保压的目的是补偿熔体因冷却而产生的收缩,因此顶出时的体积收缩率是保压分析最重要的结果,冻结层因子、压力、保持压力和缩痕指数也是重要结果,可用于辅助优化保压曲线。其余保压分析结果的评价参照填充分析和冷却分析。

1. 顶出时的体积收缩率

该结果显示型腔填充完毕后,保压和冷却过程中塑料制品局部体积的收缩率,是保压分析最重要的结果。顶出时的体积收缩率应尽可能小且分布均匀。通常要求顶出时的体积收缩率小于经验数值,如:PP—6%、ABS—3%、POM—6%、PC+ABS—4%、PMMA—4%、PA6—6%。另外,由于塑料制品不同区域的壁厚差异,如加强筋和凸缘处壁厚通常和主体部分的壁厚存在差异,往往很难通过保压获得整个制品都均匀的体积收缩率,因此通常要求制品主体区域的体积收缩率一致性好,尽量控制在2%的差异范围内。体积收缩率差异太大时,应优化保压曲线。

查看顶出时的体积收缩率时还应注意:负的体积收缩率表示制品发生了膨胀而非收缩,应注意避免筋上存在负收缩率,否则极易影响脱模;局部高收缩率表明制品在冷却时可能在该区域存在内部缩孔或缩痕。

顶出时的体积缩率的默认绘制形式为阴影图,可以新建顶出时的体积收缩率路径图,新建图的方法参照7.3.1节中图7-25所示的操作步骤。通常沿填充路径取点绘制路径图,顶出时的体积收缩率路径图对于查看收缩率沿填充路径的变化趋势帮助很大,有助于确定保压曲线的优化方向。顶出时的体积收缩率沿填充路径的差异值应尽量控制在 2%以内。

以【例 9-1】所述的保压分析结果为例，查看如图 9-11 所示的顶出时的体积收缩率阴影图，观察到塑料制品部分的体积收缩率范围约为 0.6%～6.5%。沿填充路径取点绘制如图 9-12 所示的顶出时的体积收缩率路径图，发现体积收缩率沿填充路径的差异值超过了 2%。总体来说，塑料制品的收缩率沿填充路径增大。近浇口区域由于补缩比较充分因而收缩率低；填充末端区域则因补缩不够充分而收缩率较大，且最大收缩率超过了 PP 的经验收缩率（6%）。塑料制品的局部体积收缩率过大，且体积收缩率分布范围太大，应优化保压曲线。

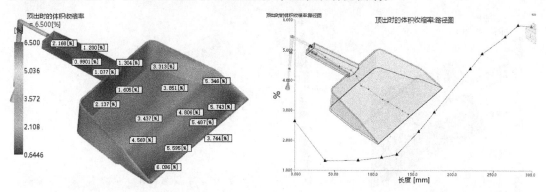

图 9-11　簸箕的顶出时的体积收缩率阴影图　　　　图 9-12　簸箕的顶出时的体积收缩率路径图

2. 冻结层因子

冻结层因子结果将冻结层厚度显示为从 0 到 1 的因子形式，值越大表示冻结层越厚、流阻越大以及熔体或流动层越薄。当温度降至转换温度以下时，即认为熔体已冻结。冻结层因子为 1 表明该处完全冻结。

冻结层因子为过程结果，可通过观看动画观测塑料制品和浇口的冻结时间，作为优化保压时间的参考。若保压结束，浇口处仍未完全冻结，则需延长保压时间重新进行保压分析。若近浇口比远浇口冻结早，则远浇口位置的补缩通道被切断，从而使得填充末端区域无法充分补缩而产生大的收缩，这种情况很难单纯通过保压获得均匀的收缩，通常需要改变浇口位置或增加浇口数量。

以【例 9-1】所述的保压分析结果为例，播放冻结层因子结果动画，至 26.75s 时，发现浇口处完全冻结，对应的冻结层因子为 1，如图 9-13 所示。此时浇口及塑料制品的大部分区域的冻结层因子均为 1，但顶部转角处出现未完全冻结的情况，此位置与图 9-11 所示高收缩率区域对应。多次单击动画播放面板上的 ◁▯ 按钮，并观察冻结层因子阴影图。发现在整个冷却阶段，型腔内熔体由远浇口处向近浇口处逐渐冻结，补缩通道畅通。

3. 压力

压力结果基于填充分析生成，显示各处压力随时间的变化情况，是过程结果。压力结果的默认绘制方式为阴影图，通常需新建"压力：XY 图"结果，检查填充路径上各点在成型过程中的压力曲线。压力曲线形状越接近，曲线顶部高度较接近，且衰减速度越快，效果越好。曲线顶部如果高度差比较大，说明填充路径过长导致浇口到各处的保压压力衰减比较严重，应调整浇口位置或者增加浇口数量。在填充结束时，每个填充路径末端的压力均应为零。

以【例 9-1】所述的保压分析结果为例，新建"压力：XY 图"结果，并沿填充路径选点，得到如图 9-14 所示的压力曲线。观察发现近浇口处（簸箕把）与远浇口处各点的压力曲线形状存在差异。尤其是簸箕把上各点的压力曲线呈"M"形，表明在保压阶段后期，对应位置存在过保压的现象，需要进行保压优化。

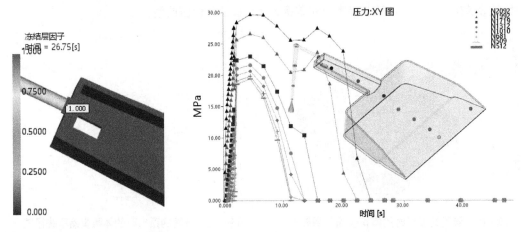

图 9-13 簸箕的冻结层因子阴影图　　　　图 9-14 簸箕的"压力：XY 图"结果

4. 保持压力

保持压力结果显示在保压阶段（从填充结束开始）计算出的各区域的最大保压压力，最大保压压力可能出现在保压阶段中的任一时间点。均匀的压力分布通常意味着制品冻结时产生均匀的保压效果，从而产生较小程度的翘曲。最大保压压力的显著变化表示在保压阶段压力未能传递到型腔的末端，压力变化越大，收缩量差异越大，因此翘曲往往越大。通常要求型腔内保持压力差异不超过 25MPa。

导致保持压力存在差异的原因可能有：制品结构设计不当，较薄部分会提前冻结；浇口尺寸、形状或位置不合适；保压压力和保压时间不足。要减小保持压力差值，可以尝试增大保压压力、增加保压时间、更改浇口尺寸和更改保压曲线等方法。

以【例 9-1】所述的保压分析结果为例，如图 9-15 所示为其保持压力阴影图。保持压力最大值出现在流道部分，型腔部分的保持压力分布在 21～32MPa 范围内，满足要求。保持压力的均匀下降对应着型腔内制品收缩量的均匀上升。

5. 缩痕指数

缩痕指数反映塑料制品上出现缩痕的相对可能性，缩痕指数值越大表示潜在的收缩可能性越高。但实际上收缩是否会导致缩痕（或缩孔）取决于制品的几何特征。负的缩痕指数值表示制品的对应区域存在过保压。如果缩痕指数值很大，可能是因为有很大一部分熔体在零压力或低压力下冻结了。低压下冻结的体积越大，缩痕指数值就越大，产生缩痕的可能性就越高。可通过增大保压压力、延长保压时间、增加浇口数量、增大流道尺寸、改变浇口位置、降低熔体和模具温度、改善产品设计和改变成型材料的方式来改善。

以【例 9-1】所述的保压分析结果为例，如图 9-16 所示为其缩痕指数阴影图。观察发现缩痕指数最大值出现在流道部分，型腔部分的缩痕指数分布在 0～0.3%范围内。缩痕指数值较大的区域分布在填充末端，与此处收缩量较大的分析结果一致。

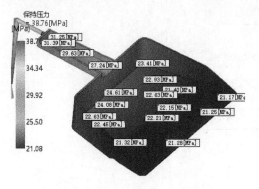

图 9-15 簸箕的保持压力阴影图

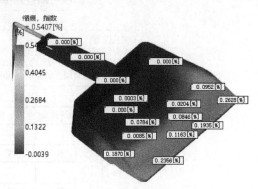

图 9-16 簸箕的缩痕指数阴影图

9.4 保压分析的优化方法

保压分析后，通常制品的体积收缩率较大，需进行保压优化。型腔内的压力决定了制品的体积收缩量，压力越高的区域，体积收缩量越小，因此保压优化实际上就是保压曲线的优化。通常浇口周围区域的保压效果好于填充末端区域。填充末端区域和浇口周围区域之间收缩率的差异会引起翘曲。

体积收缩率是塑料熔体冻结时在其上施加的压力的因变量，压力越高，收缩率越低。通常情况下，整个制品的收缩率变化很大，原因是压力梯度大。由于塑料熔体黏度很高，所以最终的压力梯度将造成填充末端区域与浇口周围区域具有不等的压力。因此，填充末端区域的收缩率通常高于浇口周围区域。如果在成型周期的保压阶段内逐渐降低压力，就能控制收缩量。可以在填充末端区域冻结后降低压力，这时离浇口更近的区域仍然在冷却，冻结前沿从填充末端向浇口移动，浇口附近的压力降低，从而使浇口周围区域的收缩率与填充末端区域的收缩率相近。因此优化保压曲线，控制型腔内保压压力的衰减速度有助于获得均匀的体积收缩率。

9.4.1 保压分析优化流程

保压分析优化流程（见图 9-17）具体如下。

（1）根据分析结果，优化保压曲线，并运行保压分析。具体为评价保压分析结果，并根据速度/压力切换时刻、浇口冻结时刻和填充末端处的 XY 曲线，将恒压式保压曲线修改为曲线式保压曲线，并再次运行保压分析。

（2）对比分析结果。比较初次保压分析结果和优化保压分析结果，判断保压优化后型腔内的体积收缩率分布变化，评价保压优化效果。

（3）判断保压结果是否满足收缩率要求，如不满足，则需综合前述保压分析结果对体积收缩率的影响趋势，确定保压优化方案，并运行保压分析，直至满足收缩率要求，保压分析结束。

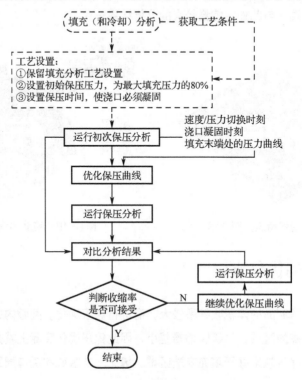

图 9-17　保压分析优化流程

9.4.2　优化保压曲线的方法

　　根据初次保压分析结果，通常浇口周围区域的收缩率明显小于远离浇口区域。这是由于当远离浇口区域因料流凝固无法继续保压时，浇口附近区域熔体仍可持续保压，且由于保压压力控制区域的体积不断减小，甚至可能出现浇口周围区域过保压的情况。若使冻结前沿从填充末端向浇口推进过程中，压力逐步下降，则在近浇口处就可以获得与填充末端相近的体积收缩率，基于此原理，应将恒压式保压曲线优化为曲线式保压曲线。曲线式保压曲线分为恒压段和衰减段，其中，恒压段是为了使填充末端得到充分的保压，使其体积收缩率在允许的范围之内；衰减段是为了减小因流长导致压力衰减而产生的体积收缩的不均匀。

1. 保压曲线的初次优化

初次优化的曲线式保压曲线通常分为恒压段和一个衰减段。需根据初次保压分析结果，确定恒压段和衰减段的持续时间。具体方法如下。

1）确定三个关键时间点

恒压开始时间。速度/压力切换的时间点是填充和保压阶段的分界点，因此是恒压保压开始的时间。根据分析日志可查得该时间。

恒压结束时间。根据填充路径，查询填充末端处的压力曲线，将该处压力峰值时刻与归零时刻的中间值定义为恒压结束时间，也即压力开始衰减的时间。

保压结束时间。保压结束时间同时也是衰减段结束的时间。在浇口冻结后，继续保压对于减少制品收缩已无效果，因此以浇口冻结时间为保压结束时间。

2）确定恒压段和衰减段的持续时间

恒压段持续时间：用填充末端处的压力曲线的峰值时刻与归零时刻的中间值减去速度/压力切换的时间点。

衰减段持续时间：用浇口冻结时间减去速度/压力切换的时间和恒压段持续时间。

【例 9-2】初次保压优化实例

（1）打开工程，复制并打开方案。

找到【例 9-1】所保存的工程文件并双击打开。复制方案"covering packing1"，并将新方案重命名为"covering packing2"，双击进入该方案。根据初次保压分析结果，塑料制品在近浇口区域收缩率较小，在远浇口区域收缩率较大，因此需将恒压式保压曲线优化为曲线式保压曲线。

（2）确定关键时间点。

a．确定速度/压力切换时间点。查找初次保压分析的分析日志，获得发生速度/压力切换的时刻约是 1.8s，如图 9-18 所示，以此作为恒压开始时间。

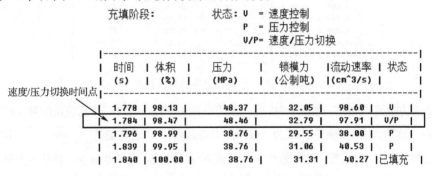

图 9-18　分析日志中的速度/压力切换时间点

b．根据填充末端处的压力曲线计算恒压结束时间。新建"压力：XY 图"结果，选取填充末端处的点，获得该处的压力曲线图，如图 9-19 所示。检查得压力峰值时刻与归零时刻分别约为 4.5s 和 11.3s，计算得其中间值为 7.9s，以此作为恒压结束时间。

c．确定保压结束时间。根据图 9-13，浇口冻结时间约为 26.8s，以此作为保压结束时间。

（3）确定恒压段和衰减段的持续时间。

a．确定恒压段持续时间。恒压结束时间和恒压开始时间分别为 7.9s 和 1.8s，因此恒压段持续时间为 6.1s。

b．确定衰减段持续时间。保压结束时间、速度/压力切换的时间和恒压段持续时间分别为 26.8s、1.8s 和 6.1s，因此衰减段持续时间为 26.8s-1.8s-6.1s=18.9s。

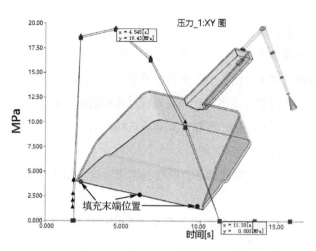

图 9-19　填充末端处的压力曲线

（4）设置保压曲线，并再次进行保压分析。

a. 查询保压压力。查找初次保压分析的分析日志，获得保压压力为 38.76MPa，如图 9-20 所示，以此作为恒压段保压压力。

保压阶段：

时间 (s)	保压 (%)	压力 (MPa)	锁模力 (公制吨)	状态
2.250	1.03	38.76	84.05	P
4.500	6.03	38.76	87.05	P
6.750	11.03	38.76	77.65	P
9.000	16.03	38.76	55.76	P
11.250	21.03	38.76	21.57	P
13.500	26.03	38.76	12.25	P

图 9-20　分析日志中的保压压力

b. 单击功能区"主页"选项卡中的 （工艺设置）按钮，打开"工艺设置向导-填充+保压设置"对话框，选择"保压控制"方式为"保压压力与时间"，单击右侧的 编辑曲线... 按钮，打开"保压控制曲线设置"对话框，按如图 9-21 所示设置保压曲线。其中 0.1s 为从体积控制转换到压力控制所需的机器响应时间。单击 绘制曲线... 按钮，可查看保压曲线，如图 9-22 所示。依次单击 确定 按钮，完成工艺设置。在弹出的如图 9-8 所示的对话框上单击 删除(D) 按钮。

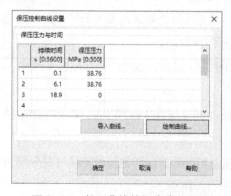

图 9-21　保压曲线的初次优化设置

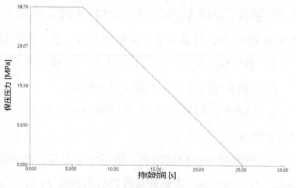

图 9-22　初次优化的保压曲线

c. 双击方案任务窗口中的"分析"选项即可运行分析。

（5）对比分析结果，评价优化效果。

a. 查看顶出时的体积收缩率阴影图，如图 9-23 所示。尽管总体体积收缩率范围变为 0.98%～7.42%，但收缩率最大值对应和最小值对应的位置均位于流道部分，而型腔内塑料制品的体积收缩率范围为 1.8%～6.8%，与优化前 0.6%～6.5% 的收缩率范围（见图 9-11）相比，明显缩小。表明保压优化后，塑料制品的体积收缩率更趋于一致。体积收缩率的最大值仍位于填充末端，但由于保压后期保压压力的衰减，使得近浇口区域的体积收缩率加大，因此整个型腔内的体积收缩率的分布范围缩小。但整体体积收缩率范围仍然偏大，需进一步优化保压曲线。

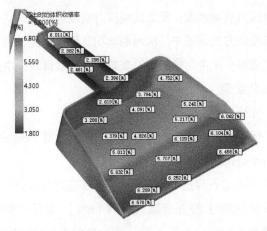

图 9-23　初次优化后的顶出时的体积收缩率阴影图

b. 新建"压力：XY 图"结果，并沿填充路径选点，得到如图 9-24 所示的压力曲线。对比图 9-14 所示的压力曲线，发现制品各处的压力曲线形状更趋于一致，近浇口区域的压力曲线不再呈"M"形，但压力衰减仍然迟于填充末端区域，因此需要进一步进行保压优化，加快近浇口区域的卸压速度。

（6）保存工程。

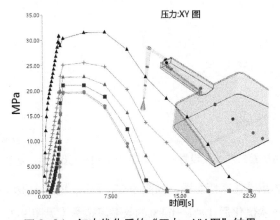

图 9-24　初次优化后的"压力：XY 图"结果

2. 保压曲线的进一步优化

将恒压式保压曲线优化为曲线式保压曲线后，若塑料制品主体的体积收缩率仍不满足要求，则需要根据制品主体各区域顶出时的体积收缩率分布结果，对保压曲线进行进一步优化，直到达到收缩率要求。

保压曲线的进一步优化，需要根据初次保压优化分析结果分析优化策略：

（1）通常采用调整恒压保压时间和保压压力的方法调整填充末端区域的体积收缩率。若填充末端的体积收缩率过大，通常需增加保压压力或加长恒压保压时间，以减少体积收缩率；反之应减小保压压力或缩短恒压保压时间。

（2）通常采用改变保压压力衰减速率的方法调整近浇口区域的体积收缩率。若近浇口区域存在过保压，通常可加快压力衰减速度；反之减缓压力衰减速度。

（3）通常采用分步衰减的方式调整中间区域的体积收缩率。先快后慢的分段衰减方式可适当增加中间区域的体积收缩率；先慢后快的分段衰减方式可适当减少中间区域的体积收缩率。

【例 9-3】再次保压优化实例

（1）第二次保压优化分析。

a. 找到【例 9-2】所保存的工程文件并双击打开。复制方案"covering packing2"，并将新方案重命名为"covering packing3"，双击进入该方案。

b. 优化保压曲线，并再次进行保压分析。根据初次保压优化的分析结果，塑料制品在填充末端位置处的体积收缩率依然超过 PP 的经验收缩率（6%），采用"厚度"命令，分析网格厚度可知，制品的总体壁厚为 2.5mm，大于 2mm，因此应加大恒压保压压力和恒压保压时间。按图 9-25 所示设置保压曲线，即将恒压保压压力增大至 42MPa，恒压保压时间延长至 8.1s，相应地，衰减段时间缩短至 16.9s。设置的保压曲线如图 9-26 所示。双击方案任务窗口中的"分析"选项即可运行分析。

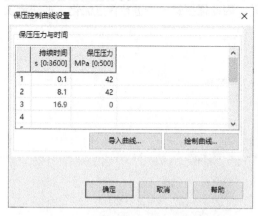

图 9-25　保压曲线的第二次优化设置

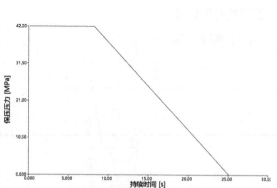

图 9-26　第二次优化的保压曲线

c. 查看顶出时的体积收缩率阴影图，如图 9-27 所示。型腔内塑料制品的体积收缩率范围为 1.6%～6.2%，与第一次优化后 1.8%～6.8%的收缩率范围（见图 9-23）相比，明显缩小。表明第二次保压优化后，塑料制品的体积收缩率更趋于一致。体积收缩率的最大值分布在填充末端位置和近浇口位置，但增大恒压保压压力后，填充末端体积收缩率有明显减小，可在不超过注塑机锁模力的前提下，进一步提高恒压保压压力，观察填充末端的体积收缩变化。

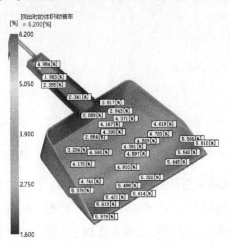

图 9-27　第二次优化后的顶出时的体积收缩率阴影图

　　d. 新建"压力：XY 图"结果，并沿填充路径选点，得到如图 9-28 所示的压力曲线。对比图 9-24 所示的压力曲线，发现制品各处的压力曲线形状更相似，但簸箕把柄处的压力衰减速度仍然迟于填充末端区域，因此需要进一步进行保压优化，加快近浇口区域的卸压速度。

　　e. 保存工程方案。

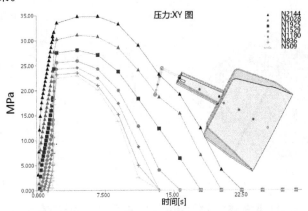

图 9-28　第二次优化后的"压力：XY 图"结果

（2）第三次保压优化分析。

　　a. 复制方案"covering packing3"，并将新方案重命名为"covering packing4"，双击进入该方案。

　　b. 优化保压曲线，并再次进行保压分析。按图 9-29 所示设置保压曲线，即将恒压保压压力增大至 50MPa，并将衰减阶段改为分步衰减。设置的保压曲线如图 9-30 所示。双击方案任务窗口中的"分析"选项即可运行分析。

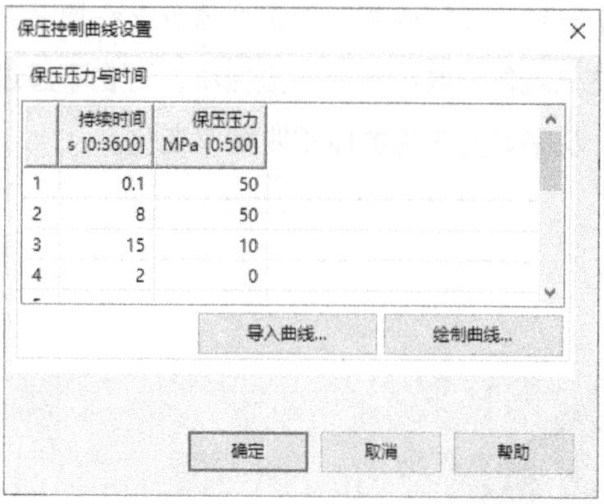

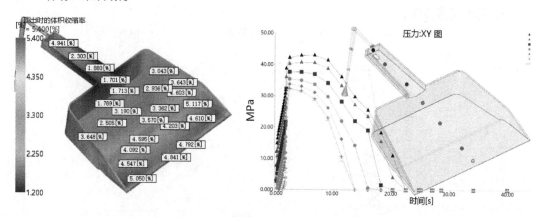

图 9-29　保压曲线的第三次优化设置 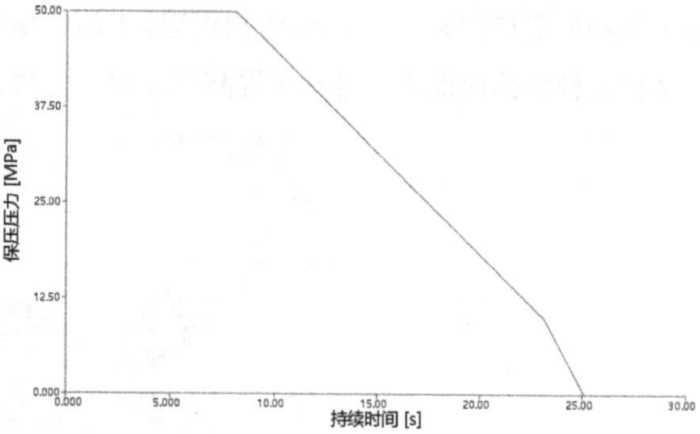　　图 9-30　第三次优化的保压曲线

　　c. 查看顶出时的体积收缩率阴影图，如图 9-31 所示。型腔内塑料制品的体积收缩率范围为 1.2%～5.4%，与第二次优化后 1.6%～6.2%的收缩率范围（见图 9-27）相比，进一步缩小。表明第三次保压优化后，塑料制品的体积收缩率更趋于一致。体积收缩率的最大值分布在填充末端位置和近浇口位置，但增大恒压保压压力后，填充末端位置处的体积收缩率有明显减小。

　　d. 新建"压力：XY 图"结果，并沿填充路径选点，得到如图 9-32 所示的压力曲线。对比图 9-28 所示的压力曲线，发现制品各处的压力曲线形状更相似，但簸箕把柄处的压力衰减速度仍然迟于填充末端区域。

　　e. 保存工程方案。

图 9-31　第三次优化后的顶出时的体积收缩率阴影图　图 9-32　第三次优化后的"压力：XY 图"结果

　　（3）第四次保压优化分析。

　　a. 复制方案"covering packing4"，并将新方案重命名为"covering packing5"，双击进入该方案。

　　b. 优化保压曲线，并再次进行保压分析。按图 9-33 所示设置保压曲线，将恒压保压压力增大至 52MPa，并将衰减阶段改为先快后慢的分步衰减。设置的保压曲线如图 9-34 所示。双击方案任务窗口中的"分析"选项即可运行分析。

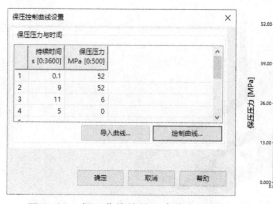

图 9-33 保压曲线的第四次优化设置

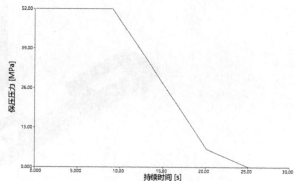

图 9-34 第四次优化的保压曲线

　　c. 查看顶出时的体积收缩率阴影图，如图 9-35 所示。型腔内塑料制品的体积收缩率范围为 1.3%～6.0%，与第三次优化后 1.2%～5.4%的收缩率范围（见图 9-31）相比增大。但收缩率最大的位置集中在簸箕把柄末端的浇口处，此处刚度较好，且并非工作位置，对制品的总体质量和使用性能影响相对较小。而簸箕比较重要的主体位置，体积收缩率分布在 1.5%～5.1%范围内，制品总体质量相对较好。

　　d. 新建"压力：XY 图"结果，并沿填充路径选点，得到如图 9-36 所示的压力曲线。对比图 9-32 所示的压力曲线，发现制品各处的压力曲线形状更相似，衰减更快，近浇口区域的压力衰减速度与其余位置相似，不存在过保压的情况。

　　e. 保存工程方案。

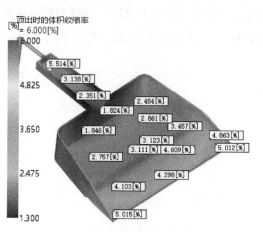

图 9-35 第四次优化后的顶出时的体积
收缩率阴影图

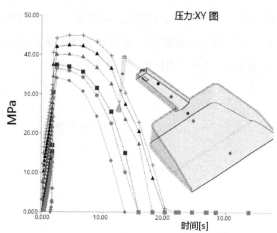

图 9-36 第四次优化后的"压力：XY 图"结果

9.5 保压分析综合实例

　　如图 9-37 所示为按钮盖板网格模型，已完成成型窗口分析和填充分析，要求进行保压分析，并优化保压曲线。

图 9-37 按钮盖板网格模型

步骤 1 打开工程，复制并打开方案。

在第 9 章/源文件/packing 下找到名为 packing_Optimization.mpi 的工程文件并双击打开。复制方案"SC Fill (filling)"，并将新方案重命名为"SC Fill (packing1)"，双击进入该方案。

步骤 2 初次保压分析。

a. 设置分析序列。单击功能区"主页"选项卡中的（分析序列）按钮，打开"选择分析序列"对话框，选择分析序列为"填充+保压"，单击 确定 按钮。在弹出的如图 9-8 所示的对话框中单击 删除(D) 按钮，将原方案的分析结果删除。

b. 进行工艺设置。单击功能区"主页"选项卡中的（工艺设置）按钮，打开"工艺设置向导–填充+保压设置"对话框，将所做的有关填充分析的工艺参数作为默认设置保留。选择"保压控制"方式为"%填充压力与时间"，单击右侧的 编辑曲线... 按钮，打开"保压控制曲线设置"对话框，将初次保压压力设为最大填充压力的 80%，设保压时间为 20s，如图 9-38 所示。依次单击 确定 按钮，完成工艺设置。

图 9-38 "保压控制曲线设置"对话框

c. 运行填充+保压分析。双击方案任务窗口中的"分析"选项即可运行分析。

步骤 3 查看初次保压分析结果，分析保压优化策略。

a. 体积收缩率。查看如图 9-39 所示的顶出时的体积收缩率阴影图，观察到总体收缩率范围约为-0.32%～9.12%，其中制品主体部分的收缩率分布在 6.4%以内，浇口部分的收缩率略小于零，说明浇口位置处发生了轻微膨胀。沿填充路径取点绘制如图 9-40 所示的顶出时的体积收缩率路径图，可以观察到制品的收缩率沿填充路径增大，且沿填充路径的体积收缩率的差值约 6.4%，超过了 2%。即近浇口区域由于补缩比较充分因而收缩率较小，而填充末端区域保压不够充分，收缩率较大。且最大收缩率超过了 PP 的经验收缩率（6%）。塑料制品的局部体积收缩率过大，且体积收缩率分布范围太大，应优化保压曲线。

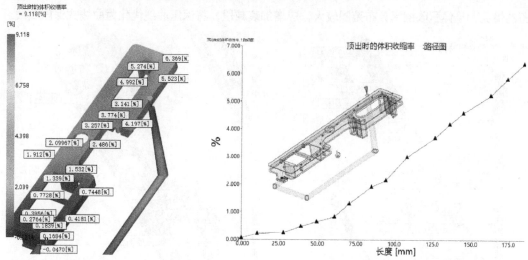

图 9-39　按钮盖板的顶出时的体积收缩率阴影图

图 9-40　按钮盖板的顶出时的体积收缩率路径图

b. 冻结层因子。查看冻结层因子结果动画，发现在整个冷却过程中，型腔内熔体由远浇口处向近浇口处逐渐冻结，补缩通道畅通。至 17.4s 时浇口处完全冻结，对应的冻结层因子为 1，如图 9-41 所示。

c. 压力。新建"压力：XY 图"结果，并沿填充路径选点，得到如图 9-42 所示的压力曲线。观察发现近浇口处与远浇口处各点的压力曲线形状存在差异。尤其是近浇口处压力始终无法降为 0MPa，即对应位置始终存在残余压力，需要进行保压优化。

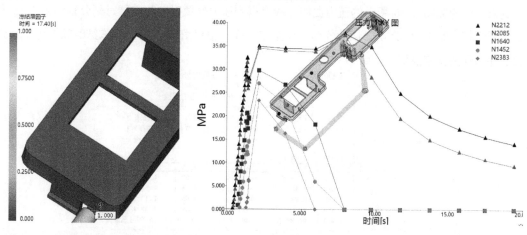

图 9-41　按钮盖板的冻结层因子阴影图

图 9-42　按钮盖板的"压力：XY 图"结果

d. 保持压力。新建保持压力阴影图，如图 9-43 所示。保持压力最大值出现在流道部分，型腔部分的保持压力分布在 23～39MPa 的范围内，差值小于 25MPa，满足要求。

e. 缩痕指数。观察如图 9-44 所示的缩痕指数阴影图，发现塑料制品主体部分的缩痕指数较小，但在填充末端区域的卡勾处出现了局部缩痕指数较大的情况，有一定的出现缩痕的可能性。

f. 分析保压优化策略。恒压式保压曲线通常容易造成流程末端补缩不足而近浇口区域过保压的情况，且体积收缩率分布范围较大，应增加衰减段，将保压曲线优化为曲线式保压曲线。

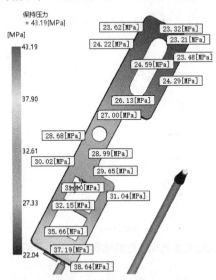

图 9-43　按钮盖板的保持压力阴影图

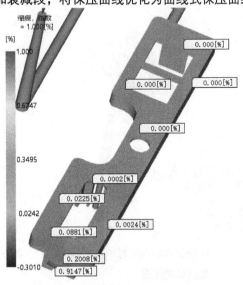

图 9-44　按钮盖板的缩痕指数阴影图

步骤 4　第一次保压优化分析。

a. 复制并打开方案。复制方案"SC Fill (packing1)"，并将新方案重命名为"SC Fill (packing2)"，双击进入该方案。

b. 确定关键时间点。查找初次保压分析的分析日志，获得发生速度/压力切换的时间点约为 1.4s，如图 9-45 所示，以此作为恒压开始时间；新建"压力：XY 图"结果，选取填充末端处的点，获得如图 9-46 所示的压力曲线，检查得到压力峰值时刻与归零时刻分别约为 2.1s 和 5.9s，计算得其中间值为 4s，以此作为恒压结束时间；根据图 9-41 得浇口冻结时间约为 17.4s，以此作为保压结束时间。

充填阶段：　　　　　　状态：U = 速度控制
　　　　　　　　　　　　　　P = 压力控制
　　　　　　　　　　　　V/P= 速度/压力切换

时间 (s)	体积 (%)	压力 (MPa)	锁模力 (公制吨)	流动速率 (cm^3/s)	状态
1.370	96.64	53.93	17.44	23.26	U
1.373	96.85	53.98	17.55	23.03	U/P
1.383	97.48	43.19	15.33	4.62	P
1.428	98.84	43.19	14.71	9.57	P
1.488	99.94	43.19	16.56	7.17	P
1.489	99.95	43.19	16.62	7.08	P
1.490	100.00	43.19	16.73	6.95	已填充

速度/压力切换时间点

图 9-45　按钮盖板的分析日志中的速度/压力切换时间点

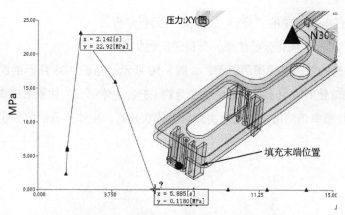

图 9-46　按钮盖板的填充末端处的压力曲线

c. 确定恒压段和衰减段的持续时间。恒压结束时间和恒压开始时间分别为 4s 和 1.4s，因此恒压段持续时间为 2.6s；保压结束时间、速度/压力切换的时间和恒压段持续时间分别为 17.4s、1.4s 和 2.6s，衰减段持续时间为 17.4s-1.4s-2.6s=13.4s。

d. 查询保压压力。查找初次保压分析的分析日志，获得保压压力约为 44MPa，如图 9-47 所示，以此作为恒压段保压压力。

保压阶段：

时间 (s)	保压 (%)	压力 (MPa)	锁模力 (公制吨)	状态
2.150	1.94	43.19	25.51	P
3.900	6.32	43.19	22.64	P
5.900	11.32	43.19	14.76	P
7.900	16.32	43.19	11.68	P
9.650	20.69	43.19	9.96	P

图 9-47　按钮盖板的分析日志中的保压压力

e. 设置保压压力曲线。单击功能区"主页"选项卡中的 ⎇（工艺设置）按钮，打开"工艺设置向导–填充+保压设置"对话框，选择"保压控制"方式为"保压压力与时间"，单击右侧的 编辑曲线... 按钮，打开"保压控制曲线设置"对话框，按图 9-48 所示设置保压曲线。其中 0.1s 为从体积控制转换到压力控制所需的机器响应时间。单击 绘制曲线... 按钮，可查看设置的保压曲线，如图 9-49 所示。依次单击 确定 按钮，完成工艺设置。在弹出的如图 9-8 所示的对话框上单击 删除(D) 按钮。

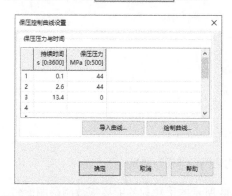

图 9-48　按钮盖板保压曲线的初次优化设置

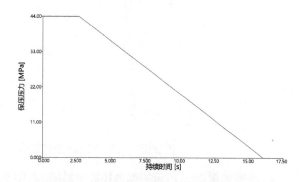

图 9-49　按钮盖板的初次优化的保压曲线

f. 双击方案任务窗口中的"分析"选项即可运行分析。

步骤 5 评价第一次优化分析结果，分析保压优化策略。

a. 查看顶出时的体积收缩率阴影图，如图 9-50 所示。与图 9-39 所示的优化前的体积收缩率阴影图比较，浇口处的体积收缩率由负值变为约 1.3%，主体部分的体积收缩率为 0.9%～6.4%。塑料制品的体积收缩率依然沿填充路径由近至远依次升高，主体部分的体积收缩率分布范围变化不大。

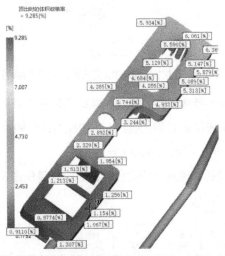

图 9-50　初次优化后按钮盖板的顶出时的体积收缩率阴影图

b. 新建"压力：XY 图"结果，并沿填充路径选点，得到如图 9-51 所示的初次优化后的压力曲线。对比图 9-42 所示的压力曲线，观察到制品各处的压力曲线形状更趋于一致，且近浇口区域的压力曲线在保压结束前顺利降至 0MPa，但压力衰减速度仍然迟于填充末端区域，因此需要进一步进行保压优化，加快近浇口区域的卸压速度。

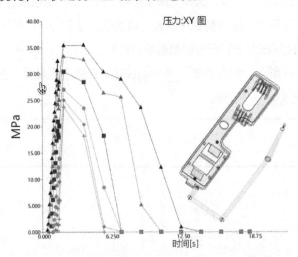

图 9-51　初次优化后按钮盖板的"压力：XY 图"结果

c. 观察如图 9-52 所示的缩痕指数阴影图，与图 9-44 所示的优化前的缩痕指数阴影图比较，发现填充末端区域的卡勾处的缩痕指数依然较大，未有明显改善。

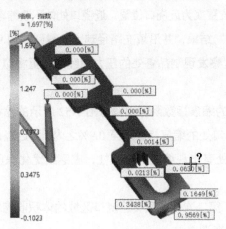

图 9-52 初次优化后按钮盖板的缩痕指数阴影图

d. 分析保压优化策略。为加快近浇口区域的卸压速度，使制品的体积收缩率更均匀，将保压曲线优化为先快后慢的分段式衰减的曲线式保压曲线。

e. 保存工程。

步骤 6 第二次保压优化分析。

a. 复制方案"SC Fill (packing2)"，并将新方案重命名为"SC Fill (packing3)"，双击进入该方案。

b. 优化保压曲线。根据图 9-51 所示的压力曲线，检查料流末端位置的压力曲线，可知在约 4.9s 时该处压力降为 5MPa。以此为参考，按图 9-53 所示设置保压曲线，即保持恒压段时间长度不变，快速衰减阶段的时间长度为 4.9s-2.6s=2.3s，慢速衰减阶段的时间长度为 13.4s-2.3s=11.1s。设置的保压曲线如图 9-54 所示。

c. 双击方案任务窗口中的"分析"选项即可运行分析。

图 9-53 保压曲线的第二次优化设置

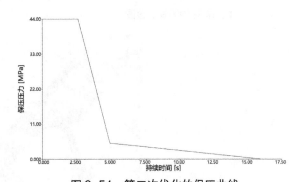

图 9-54 第二次优化的保压曲线

步骤 7 评价第二次优化分析结果，分析保压优化策略。

a. 查看顶出时的体积收缩率阴影图，如图 9-55 所示。型腔内塑料制品的体积收缩率范围为 2.2%～6.9%，与第一次优化后 0.9%～6.4%的收缩率范围（见图 9-50）相比，收缩率最大值增大，但收缩率范围明显缩小。表明第二次保压优化后，塑料制品的体积收缩率更趋于一致。体积收缩率的最大值由填充末端位置变为近浇口位置，近浇口处体积收缩率过大，需进一步优化。

b. 新建"压力：XY 图"结果，并沿填充路径选点，得到如图 9-56 所示的压力曲线。对比图 9-51 所示的压力曲线，观察发现制品各处的压力曲线形状更相似，近浇口区域的压力衰减明显增快。

c. 观察如图 9-57 所示的缩痕指数阴影图，与图 9-52 所示的缩痕指数阴影图比较，发现本次优化后填充末端区域的卡勾处的缩痕指数降至 0.9% 之内；而近浇口区域的缩痕指数则达到了 1.2%，超过了 1%，表明该处有出现缩痕的可能性，应继续优化保压曲线，以减少该处的体积收缩率。

d. 分析保压优化策略。第二次优化后，近浇口区域的体积收缩率过大，表明快速衰减阶段的压力衰减速度过快，可适当调整。

e. 保存工程方案。

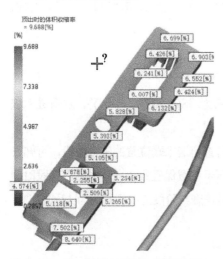

图 9-55　第二次优化后按钮盖板的顶出时的体积收缩率阴影图

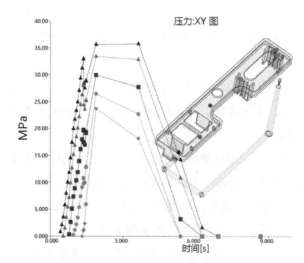

图 9-56　第二次优化后按钮盖板的"压力：XY 图"结果

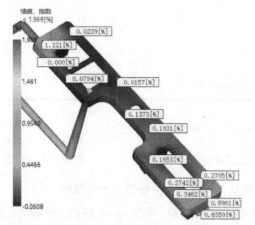

图 9-57　第二次优化后按钮盖板的缩痕指数阴影图

步骤 **8** 　第三次保压优化分析。

a. 复制方案"SC Fill (packing3)"，并将新方案重命名为"SC Fill (packing4)"，双击进入该方案。

b. 优化保压曲线。按图 9-58 所示设置保压曲线，即将快速衰减阶段的时间长度增长至 4s，相应地，慢速衰减阶段的时间长度改为 9.4s。设置的保压曲线如图 9-59 所示。

c. 双击方案任务窗口中的"分析"选项即可运行分析。

图 9-58　保压曲线的第三次优化设置

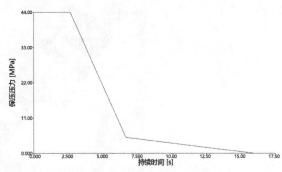

图 9-59　第三次优化的保压曲线

步骤 **9** 　评价第三次优化分析结果，分析保压优化策略。

a. 查看顶出时的体积收缩率阴影图，如图 9-60 所示。型腔内塑料制品的体积收缩率范围为 2.3%～6.7%，与第二次优化后 2.2%～6.9%的收缩率范围（见图 9-55）相比，收缩率范围继续缩小。表明第三次保压优化后，塑料制品的体积收缩率更趋于一致。体积收缩率的最大值仍在近浇口位置，但该处的体积收缩率有所减小。

b. 新建"压力：XY 图"结果，并沿填充路径选点，得到如图 9-61 所示的压力曲线。与图 9-56 所示的压力曲线相比差异不大。

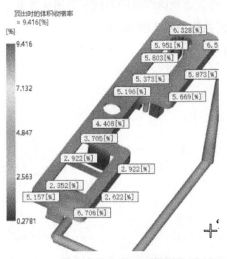

图 9-60　第三次优化后按钮盖板的顶出时的体积收缩率阴影图

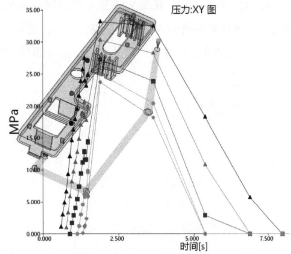

图 9-61　第三次优化后按钮盖板的"压力：XY 图"结果

c. 观察如图 9-62 所示的缩痕指数阴影图,与图 9-57 所示的缩痕指数阴影图比较,发现本次优化后填充末端区域的卡勾处的缩痕指数降至 0.6% 左右,近浇口区域的缩痕指数也降至约 0.3%,表明近浇口区域出现缩痕的可能性不大。

d. 分析保压优化策略。第三次优化后,近浇口区域的体积收缩率有所降低,但仍需继续降低快速衰减阶段的压力衰减速度。

e. 保存工程方案。

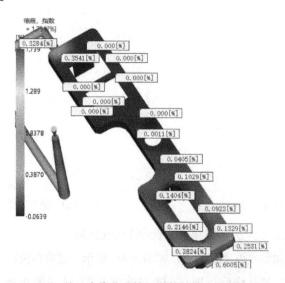

图 9-62 第三次优化后按钮盖板的缩痕指数阴影图

步骤 10 第四次保压优化分析。

a. 复制方案"SC Fill (packing4)",并将新方案重命名为"SC Fill (packing5)",双击进入该方案。

b. 优化保压曲线。按图 9-63 所示设置保压曲线,即将快速衰减阶段的时间长度增长至 6s,相应地,慢速衰减阶段的时间长度改为 7.4s。设置的保压曲线如图 9-64 所示。

c. 双击方案任务窗口中的"分析"选项即可运行分析。

图 9-63 保压曲线的第四次优化设置

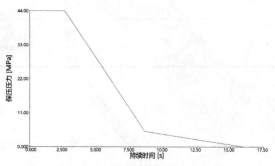

图 9-64 第四次优化的保压曲线

步骤 11 评价第四次优化分析结果。

a. 查看顶出时的体积收缩率阴影图，如图 9-65 所示。型腔内塑料制品的体积收缩率范围为 3.3%～6.2%，与第三次优化后 2.3%～6.7%的收缩率范围（见图 9-60）相比，范围明显缩小。表明第四次保压优化后，塑料制品的体积收缩率更趋于一致，且最大收缩率接近 6%。塑料制品的体积收缩率总体较为均匀。

b. 新建"压力：XY 图"结果，并沿填充路径选点，得到如图 9-66 所示的压力曲线。与图 9-61 所示的压力曲线相比，近浇口处泄压速度略慢，但压力曲线顶部差值明显减小，表明浇口到各处的保压压力衰减较小，保压效果较好。

c. 观察如图 9-67 所示的缩痕指数阴影图，发现本次优化后缩痕指数较大的区域仅分布在浇注系统中，而型腔内各处的缩痕指数接近 0，表明制品不会出现缩痕。

d. 保存工程方案。

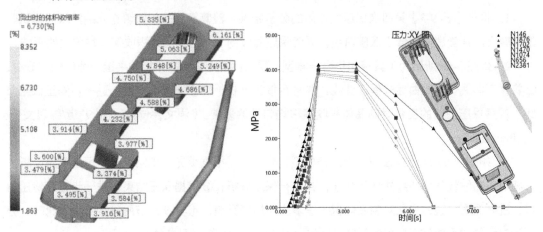

图 9-65　第四次优化后按钮盖板的顶出时
的体积收缩率阴影图

图 9-66　第四次优化后按钮盖板的
"压力：XY 图"结果

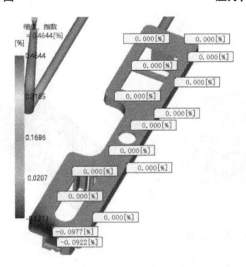

图 9-67　第四次优化后按钮盖板的缩痕指数阴影图

9.6 本章小结

保压补缩有助于获得较低和较均匀的体积收缩率，从而获得完整致密且平整的塑料制品。本章详细介绍了进行保压分析与优化的方法、策略和步骤，以及对保压分析结果进行评价的方法。

通过本章的学习，读者应掌握进行保压分析的方法和步骤，以及对保压分析结果的评价方法，并能根据分析结果制定保压优化策略，提高制品的成型质量。

9.7 习题

1. 根据【例 9-3】第四次保压优化后的分析结果，簸箕把柄端部和填充末端区域的体积收缩率较大。请尝试继续修正保压曲线，观察保压曲线的变化对制品体积收缩率均匀性的影响。

2. 如图 9-68 所示为工具箱扣手网格模型，要求：①根据填充分析结果运行恒压保压分析；②将保压曲线优化为曲线式保压曲线，并进行保压分析；③根据保压结果，进一步修正保压曲线，观察保压曲线的变化对制品体积收缩率均匀性的影响。（源文件位置：第 9 章/练习文件/Toolbox handle）

3. 如图 9-69 所示为按钮盖板网格模型，要求：①根据填充分析结果运行恒压保压分析；②将保压曲线优化为曲线式保压曲线，并进行保压分析；③根据保压结果，进一步修正保压曲线，观察保压曲线的变化对制品体积收缩率均匀性的影响；④与 9.5 节所述综合实例比较，分析浇口位置对型腔保压效果的影响。（源文件位置：第 9 章/练习文件/demo）

图 9-68　工具箱扣手网格模型

图 9-69　按钮盖板网格模型

第 **10** 章　翘曲分析

翘曲变形是指塑料制品在成型后，其形状和尺寸与模具型腔的形状和尺寸有偏离，并超出规定范围的现象，是常见的成型缺陷之一。随着人们对塑料制品的外观质量和使用性能的要求越来越高，翘曲变形作为评定产品质量的重要指标之一，越来越多地受到关注与重视。Moldflow可以对成型结果的翘曲变形进行预测，并诊断翘曲的成因，以便用户对模具结构及成型工艺参数进行优化设置，获得高质量的塑料制品。

10.1　翘曲分析概述

体积收缩是所有收缩的内在动力，但假如整个塑料制品有均匀的收缩率，塑料制品并不会产生翘曲，而仅仅会缩小尺寸。引起翘曲的根本原因是塑料制品中存在的收缩差异，控制收缩差异就可以控制翘曲量。收缩差异可以分为以下三类：

（1）厚度方向上的收缩差异。塑料制品型腔侧和型芯侧的表面存在温差，即制品的温度沿厚度方向变化，导致层冻结和收缩不同步，因而产生内部应力并引起收缩差异。

（2）区域收缩差异。即塑料制品中距浇口远近区域、壁厚变化区域、冷却不均匀区域的收缩差异。

（3）材料取向方向上的收缩差异。即材料取向方向的平行方向与垂直方向上的收缩差异。

影响收缩差异并产生翘曲的因素有很多，主要分为制品结构、模具设计、成型条件和材料属性四个方面。

（1）制品结构。由于壁厚会影响制品局部的体积收缩率、冷却速度、冻结层厚度和结晶度，因此均匀的壁厚差异有助于降低收缩差异。在此基础上，在进行制品结构设计时，添加加强筋和防变形结构可以提高制品的刚度，从而减小应力变形。

（2）模具设计。浇注系统和冷却系统的设计对于制品的翘曲量影响很大。浇口位置、形式、尺寸和数量，会直接影响分子的流动取向、熔体的填充平衡和保压补缩，从而影响制品在区域和材料取向方向上的收缩差异；冷却不均是引起制品翘曲变形的主要原因之一，合理设计冷却系统，使型芯和型腔表面、壁薄和壁厚区域、近浇口和远浇口区域，以及物料集中区域和平坦区域的温度趋于一致，都有助于缩小收缩差异。

（3）成型条件。成型条件对制品的收缩与翘曲影响通常为非线性，如图10-1所示。

模具温度升高，冷却速率下降，冷却时间延长，则制品收缩率上升，因而模具温度及其均衡性对制品的收缩差异影响较大。

熔体温度与制品的收缩率关系曲线为下凹状，当熔体温度较低时，不利于压力在型腔中的传递而导致保压效果不佳，此时制品收缩率较大；但随着熔体温度升高，制品所需冷却时间变长，也会增加制品收缩率。由于熔体温度在充模过程中不断变化，因此制品各处的收缩率也出现差异。

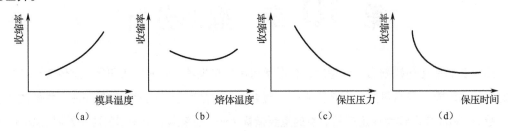

图 10-1　成型条件对收缩率的影响

充足的保压压力是对塑料制品有效补缩的关键，提高保压压力可以有效地改善塑料制品的收缩问题。保压时间的长短应以浇口冻结时间为准，否则容易因出现倒流现象而产生大体积收缩量。合理设置保压曲线有利于调整塑料制品在不同区域的收缩差异，这一点已经在 9.4 节中充分说明。

（4）材料属性。材料的 PVT 属性、结晶度和填充纤维对制品的体积收缩量和材料取向收缩产生直接而明显的影响，因而对制品的翘曲量影响很大。

以上各方面因素交互影响，共同决定了塑料制品成型后的翘曲量，依靠经验或试验测试不同因素的变化对制品成型后的翘曲量的影响较为困难和复杂。而 Moldflow 的翘曲分析可以模拟预测塑料制品成型过程中发生翘曲变形的情况，分离翘曲原因，从而方便用户优化制品结构、模具设计和工艺参数设置，以获得平整的高质量制品。

10.2　翘曲分析方法

翘曲分析的目的是预测塑料制品成型后的翘曲程度，获取翘曲原因。翘曲分析不能单独进行，需要在冷却、填充和保压分析的基础上进行。在 Moldflow 2021 中有以下 3 种包含翘曲分析的分析序列可供选择：①冷却+填充+保压+翘曲；②填充+冷却+填充+保压+翘曲；③填充+保压+冷却+填充+保压+翘曲。

分析序列①假设在第一次迭代计算时整个制品处于熔体高温状态并瞬时充满型腔；分析序列②和分析序列③假设在第一次迭代计算时整个模具温度为某一常数。通常在初始条件中，假设塑料熔体温度是均的比假设模具温度是均匀的所做出的翘曲变形预测更准确，因此首选分析序列是"冷却+填充+保压+翘曲"。

另外，包含翘曲分析的分析序列还有"填充+保压+翘曲"，因为忽略了冷却对翘曲的影响，所以一般不推荐使用。但有时为了节省时间，也可以用来判断制品设计和浇口方案是否是翘曲产生的主要原因。

10.2.1　翘曲分析流程

翘曲分析是整个注塑成型分析流程的最后一步，是对填充、冷却和保压分析与优化工作的总体检验。如果上述分析与优化方案合理，制品翘曲量也相应较小。若翘曲量超出允许值，则需调整优化，直到翘曲量在可接受范围内。翘曲分析流程如图 10-2 所示，可以简单概括为：

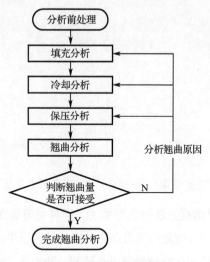

图 10-2　翘曲分析流程

（1）分析前处理，包括准备网格模型、设定材料、设置浇口位置和成型工艺参数等。

（2）完成填充分析、冷却分析和保压分析。填充、冷却和保压条件都会影响制品成型后的翘曲量，因此需要在翘曲分析前进行。

（3）设置翘曲分析参数，进行翘曲分析，判断制品的翘曲量是否满足要求。

（4）根据分析结果，找出影响翘曲量的主要原因，制定降低翘曲量的优化策略，并相应地进行填充、冷却、保压和翘曲分析，直至保压结果满足翘曲量要求，翘曲分析结束。

10.2.2　翘曲分析参数的设置

单击功能区"主页"选项卡中的 ▦（分析序列）按钮，打开如图 10-3 所示的"选择分析序列"对话框，从列表框里选择"冷却+填充+保压+翘曲"分析序列，单击 ▭确定▭ 按钮即可完成分析序列的设置。

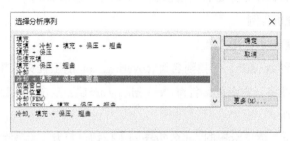

图 10-3　"选择分析序列"对话框

单击功能区"主页"选项卡中的 ⬚（工艺设置）按钮，打开"工艺设置向导"对话框，在第 3 页进行翘曲分析相关设置，如图 10-4 所示。

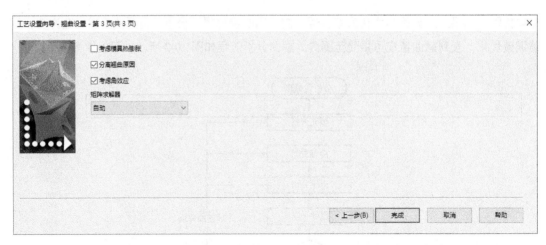

图 10-4　"工艺设置向导-翘曲设置-第 3 页（共 3 页）"对话框

- "考虑模具热膨胀"复选框。注射成型期间，模具会随着温度的升高而膨胀，从而导致型腔变得大于初始尺寸。型腔膨胀有助于补偿冷却过程中制品的收缩。在不考虑模具热膨胀的情况下，制品的实际收缩量将小于预期。若勾选"考虑模具热膨胀"复选框，则将在翘曲分析中考虑模具热膨胀对制品翘曲的影响。若考虑模具膨胀对制品翘曲量的影响，须确保已选择适当的模具材料。

- "分离翘曲原因"复选框。若选中该复选框，则将根据冷却不均、收缩不均和取向效应三个因素输出翘曲结果，以便用户找出影响翘曲量的主要原因，制定降低翘曲量的优化策略。

- "考虑角效应"复选框。角效应是指在箱状制品转角处的明显积热造成厚度方向上的收缩比平面方向上的收缩大很多，因而引起收缩差异，进而造成制品产生翘曲的现象。因此仅对转角的深度达壁厚 5 倍以上的箱状制品，勾选该复选框。此时翘曲分析将计算并考虑由平面方向上的收缩和厚度方向上的收缩之间的差异引起的收缩不均。

- "矩阵求解器"下拉列表。该控件用于选择翘曲分析中使用的等式求解器，包括自动、直接求解器、SSORCG 求解器和 AMG 求解器四个选项。通常选择默认选项"自动"，此时翘曲分析将自动使用适合当前模型大小的等式求解器。

【例 10-1】翘曲分析实例

（1）打开工程，复制并打开方案。

在第 10 章/源文件/covering 下找到名为 covering.mpi 的工程文件并双击打开。复制方案"covering cooling5"，并将新方案重命名为"covering warp1"，双击进入该方案。

（2）设置分析序列。

单击功能区"主页"选项卡中的 （分析序列）按钮，打开"选择分析序列"对话框，选择分析序列为"冷却+填充+保压+翘曲"，单击 确定 按钮。在弹出的如图 10-5 所示的对话框中单击 删除(D) 按钮。

（3）进行工艺设置。

单击功能区"主页"选项卡中的 （工艺设置）按钮，打开"工艺设置向导"对话框，单击第2页上的 ▣ 编辑曲线... 按钮，打开"保压控制曲线设置"对话框，按图10-6所示设置保压曲线，再按图10-4所示设置"工艺设置向导"对话框第3页选项，单击 ▣ 完成 按钮，完成工艺设置。

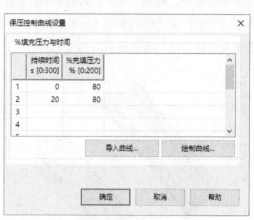

图10-5 "Autodesk Moldflow Insight"对话框　　图10-6 "保压控制曲线设置"对话框

（4）运行分析。

因为所复制的方案已经进行了冷却分析，翘曲分析将在此基础上继续进行，而不需重复进行冷却分析。双击方案任务窗口中的"继续分析"选项即可运行分析。

（5）保存工程。

10.3　翘曲分析的结果评估

"冷却+填充+保压+翘曲"分析运行完毕后，分析结果将以不同的方式显示于方案任务窗口结果栏的"流动"、"冷却"和"翘曲"文件夹中，如图10-7所示。其中"流动"文件夹包含填充分析和保压分析的各项结果，"冷却"文件夹和"翘曲"文件夹分别包含冷却分析和翘曲分析的各项结果。

在工艺设置时，若勾选了"分离翘曲原因"复选框，则翘曲分析结果将包括所有效应、冷却不均、收缩不均和取向效应引起的变形；若勾选了"考虑角效应"复选框，则翘曲分析结果还包括角效应所引起的变形。每一种变形又分为总变形量和X、Y、Z各个分方向上的变形量。通常Z方向上的变形被视为翘曲，X方向和Y方向上的变形被视为收缩，因此查看翘曲量时，应重点查看Z方向上的变形量。

以【例10-1】所述分析结果为例，在功能区"结果"选

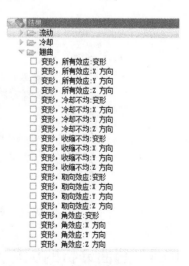

图10-7 "冷却+填充+保压+翘曲"分析结果

项卡 "窗口"组中，单击 ⊞ 按钮（若该按钮为灰色，请先关闭日志窗口），再单击模型显示窗口中间位置，将该窗口拆分为 4 个窗格。依次选择各窗格，逐个勾选所有效应、冷却不均、收缩不均和取向效应引起的总变形结果，模型显示窗口显示如图 10-8 所示。观察发现，收缩不均是引起翘曲变形的主要原因，冷却不均和取向效应对翘曲变形的影响较小。单击 ⊞ 按钮，关闭拆分窗口显示。勾选"变形，收缩不均：Z 方向"结果，模型显示窗口显示如图 10-9 所示。图例栏显示变形量范围约为-0.42～0.83mm，翘曲量约为 1.2mm。若要减小制品成型后的翘曲量，需采取措施，减小因收缩引起的变形。

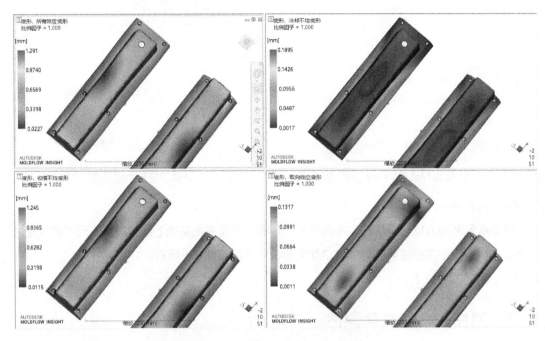

图 10-8　翘曲分析的变形结果阴影图

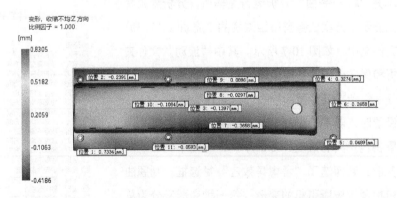

图 10-9　收缩不均引起的 Z 方向上的变形结果阴影图

10.4　翘曲分析的优化方法

翘曲分析的分析结果是对填充、冷却和保压分析与优化工作的总体检验。与前述各项分析不同，设置翘曲分析参数时并不需要设置工艺参数，而仅需设置翘曲分析结果的呈现方式。因此翘曲分析的优化过程也并非是对翘曲分析参数本身进行优化的过程，而是根据翘曲分析结果，查找影响制品翘曲量的主要因素，分析原因，并拟定减小制品翘曲量措施的过程。

根据分析结果，可以查看冷却不均、收缩不均、取向效应和角效应对翘曲变形的影响，相应地，需采取的措施可能涉及制品的结构、模具的设计和成型条件等。

（1）冷却不均。冷却不均通常是制品厚度方向上的温度差异，即型芯侧表面和型腔侧表面的温差过大造成的。因此，若冷却不均是造成制品翘曲的主因，则需改善冷却系统设计，尤其是型芯侧转角内侧的冷却条件。例如，增加冷却管道数目、调整冷却管道位置、在热量集中区域设置高导热材料镶件，以及调整冷却液温度等，并观察不同冷却方案对模具和制品表面温度分布的影响。

（2）收缩不均。收缩不均通常是制品不同区域间的局部收缩差异引起的。若收缩不均是造成制品翘曲的主因，通常需要采取措施减小制品的局部收缩差异。例如，减小制品厚度，这是因为制品越厚收缩越大；优化保压曲线，改善制品沿填充路径方向的体积收缩变化；优化冷却系统设计，这是因为制品热量集中区域的收缩量更大。

（3）取向效应。取向效应之所以影响制品的变形量是因为材料在取向方向的平行方向与垂直方向上的收缩存在差异。若取向效应是造成制品翘曲的主因，通常需要改变浇口位置、减小模具温度变化或调整保压曲线，以得到对称均匀的填充模式。

（4）角效应。角效应产生的原因是平面方向上的收缩与厚度方向上的收缩之间的差异。通常通过减小制品的体积收缩量来减小角效应。优化模具设计和工艺参数，对减小取向效应和角效应造成的翘曲作用不大，而可能需要适度调整制品结构。

【例 10-2】翘曲优化实例

（1）打开工程，复制并打开方案。

打开【例 10-1】所保存的工程文件并双击打开。复制方案"covering warp1"，并将新方案重命名为"covering warp2"，双击进入该方案。根据翘曲分析结果，引起制品翘曲的主要原因是收缩不均，在不改变制品厚度的前提下，常用措施是优化保压曲线，减小制品沿填充路径方向的体积收缩变化。

（2）优化保压曲线。

a. 确定关键时间点。查找初次保压分析的分析日志，获得发生速度/压力切换的时刻约是 3.3s，以此作为恒压开始时间；新建"压力：XY 曲线"结果，根据填充末端处的压力曲线，检查得压力峰值时刻与归零时刻分别约为 4.0s 和 6.6s，计算得其中间值为 5.3s，以此作为恒压结束时间；根据冻结层因子结果得浇口冻结时间约为 18.2s，以此作为保压结束时间。

b. 确定恒压段和衰减段的持续时间。恒压结束时间和恒压开始时间分别为 5.3s 和 3.3s，因此恒压段持续时间为 2s。保压结束时间、速度/压力切换的时间和恒压段持续时间分别为 18.2s、3.3s 和 2s，衰减段持续时间为 18.2s-3.3s-2s=12.9s。

图 10-10　保压曲线的初次优化设置

c．查询保压压力。查找初次保压分析的分析日志，获得保压压力为 90.2MPa，考虑到收缩不均是引起制品翘曲的主要原因，因此设置恒压阶段的保压压力值为 110MPa，延长恒压段持续时间至 4s，相应地，衰减段持续时间改为 10.9s。即按图 10-10 所示设置保压曲线。

（3）运行分析。

由于工艺设置时仅修改了保压曲线，因此之前所做冷却分析结果未改变，翘曲分析将在此基础上继续进行，而不需重复进行冷却分析。双击方案任务窗口中的"继续分析"选项即可运行分析。

（4）查看分析结果。

分别勾选收缩不均引起的总变形和 Z 方向变形结果，模型显示窗口显示如图 10-11 和图 10-12 所示。观察发现，保压曲线优化后，收缩不均所引起的总变形量约为 1.1mm，Z 方向上的变形量范围约为-0.36～0.79mm，翘曲量约为 1.1mm；相比于保压曲线优化前的 1.2mm 的总翘曲量和-0.42～0.83mm 的 Z 方向变形量范围，略有改善。

（5）保存工程。

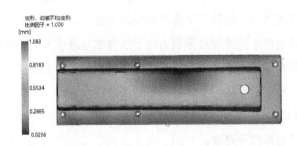

图 10-11　优化后收缩不均引起的总变形结果阴影图

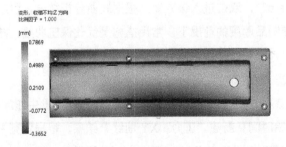

图 10-12　优化后收缩不均引起的 Z 方向上的变形结果阴影图

10.5　翘曲分析综合实例

如图 10-13 所示的边盖网格模型，采用一模两腔设计，已完成浇注系统和冷却系统建模，进行了成型窗口分析、填充分析、冷却分析和保压分析，要求进行翘曲分析，分离翘曲变形原因，并分析改善方案。

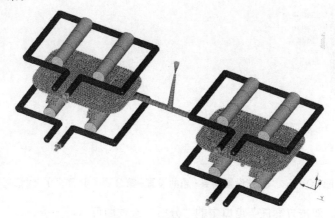

图 10-13 边盖网格模型

步骤 1 打开工程。

在第 10 章/源文件/sidecover 下找到名为 sidecover.mpi 的工程文件并双击打开。

步骤 2 运行翘曲分析。

a. 复制方案并打开。右击方案"sidecover-packing"，在弹出的快捷菜单中选择"重复"命令，复制方案并将复制的新方案重命名为"sidecover-warp1"，双击打开该方案。

b. 单击功能区"主页"选项卡中的 （分析序列）按钮，打开"选择分析序列"对话框，选择分析序列为"冷却+填充+保压+翘曲"，单击 确定 按钮。在弹出的如图 10-5 所示的对话框中单击 删除（D） 按钮。

c. 确定关键时间点。根据保压分析的分析日志，获得发生速度/压力切换的时刻约为 0.7s，以此作为恒压开始时间；新建"压力：XY 曲线"结果，根据填充末端处的压力曲线，检查得压力峰值时刻与归零时刻分别约为 1.6s 和 3s，计算得其中间值为 2.3s，以此作为恒压结束时间；根据冻结层因子结果，得浇口冻结时间约为 20s，以此作为保压结束时间。

d. 确定恒压段和衰减段的持续时间。恒压结束时间和恒压开始时间分别为 2.3s 和 0.7s，因此恒压段持续时间为 1.6s。保压结束时间、速度/压力切换的时间和恒压段持续时间分别为 20s、0.7s 和 1.6s，因此衰减段持续时间为 20s-0.7s-1.6s=17.7s。

e. 查找保压分析的分析日志，获得保压压力为 21.9MPa，因此设定恒压压力为 22MPa。

f. 单击功能区"主页"选项卡中的 （工艺设置）按钮，打开"工艺设置向导"对话框，单击第 2 页上的 编辑曲线... 按钮，打开"保压控制曲线设置"对话框，按图 10-14 所示设置保压曲线，再按图 10-15

图 10-14 初次翘曲分析时的保压曲线设置

所示设置"工艺设置向导"对话框第 3 页选项，单击 [完成] 按钮，完成工艺设置。

图 10-15 "工艺设置向导-翘曲设置-第 3 页（共 3 页）"对话框

g. 运行分析。双击方案任务窗口中的"分析"选项即可运行分析。

h. 保存方案。

步骤 3 翘曲分析结果评价。

在功能区"结果"选项卡"窗口"组中，单击 ▦ 按钮，再单击模型显示窗口中间位置，将该窗口拆分为 4 个窗格。依次勾选所有效应、冷却不均、收缩不均和取向效应引起的总变形结果，模型显示窗口显示如图 10-16 所示。观察发现，所有效应引起的变形量范围约为 0.08～2.05mm，差值约为 1.97mm；收缩不均是引起翘曲变形的主要原因；冷却不均和取向效应对翘曲变形的影响较小。

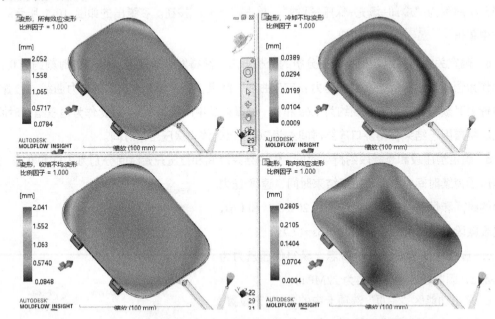

图 10-16 翘曲分析的各总变形结果阴影图

单击 ▦ 按钮，关闭拆分窗口显示。勾选"变形：收缩不均：Z 方向"结果，模型显示窗口显示如图 10-17 所示。图例栏显示变形量为-1.081～1.655mm，翘曲量约为 2.7mm。

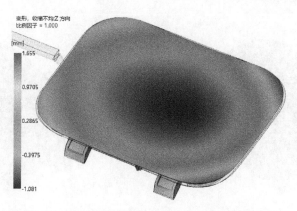

图 10-17 收缩不均引起的 Z 方向上的变形结果阴影图

步骤 4 第一次翘曲优化。

a. 复制并打开方案。复制方案"sidecover-warp1",并将新方案重命名为"sidecover-warp2",双击进入该方案。根据翘曲分析结果,引起制品翘曲的主要原因是收缩不均。现通过优化保压曲线,减小制品沿填充路径方向上的体积收缩差异,来减小因收缩不均引起的翘曲。

b. 优化保压曲线,将恒压段持续时间延长至 4.6s,相应地,衰减段时长变为 14.7s,即按图 10-18 所示设置保压曲线。

c. 运行分析。双击方案任务窗口中的"继续分析"选项,将保留冷却和填充分析结果,重新运行保压和翘曲分析。

d. 查看分析结果。分别勾选"变形,所有效应:变形""变形,收缩不均:变形""变形,收缩不均:Z 方向"结果,以显示因所有效应、收缩不均而引起的总变形,Z 方向上因收缩不均而引起的变形结果,模型显示窗口显示如图 10-19~图 10-21 所示。观察发现,保压曲线优化后,所有效应引起的总变形量范围约为 0.07~1.84mm,差值约为 1.77mm,与优化前的 1.97mm 相比,略有减小。因收缩不均引起的总变形量范围约为 0.05~1.82mm,差值约为 1.77mm,与优化前的 1.96mm 相比,略有减小。Z 方向上因收缩不均引起的变形量范围约为-0.95~1.44mm,翘曲量约为 2.39mm,相比于优化前 2.7mm 的翘曲量,略有改善。

e. 保存方案。

图 10-18 保压曲线的初次优化设置

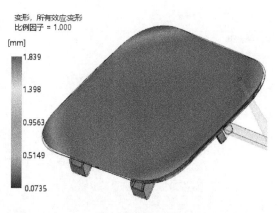

图 10-19 优化后所有效应引起的变形结果阴影图

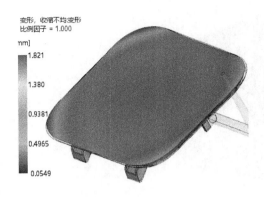

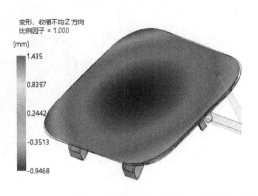

图 10-20 优化后收缩不均引起的变形结果阴影图　　图 10-21 优化后收缩不均引起的 Z 方向上的变形结果阴影图

步骤 5 第二次翘曲优化。

a. 复制并打开方案。复制方案"sidecover-warp2"，并将新方案重命名为"sidecover-warp3"，双击进入该方案。根据第一次翘曲优化的分析结果，可进一步增大恒压时间和保压压力。

b. 优化保压曲线，将恒压段持续时间延长为 6.6s，相应地，衰减段时长变为 12.7s，恒压段保压压力增大为 25MPa，即按图 10-22 所示设置保压曲线。

c. 运行分析。双击方案任务窗口中的"继续分析"选项，将保留冷却和填充分析结果，重新运行保压和翘曲分析。

d. 查看分析结果。分别勾选"变形，所有效应：变形""变形，收缩不均：变形""变形，收缩不均：Z 方向"结果，以显示因所有效应、收缩不均而引起的总变形，Z 方向上因收缩不均而引起的变形结果，模型显示窗口显示如图 10-23～图 10-25 所示。观察发现，保压曲线优化后，所有效应引起的总变形量范围约为 0.10～1.53mm，差值约为 1.43mm，比优化前的 1.77mm 减小。因收缩不均引起的总变形量范围约为 0.10～1.52mm，差值约为 1.42mm，比优化前的 1.77mm 减小。Z 方向上因收缩不均引起的变形量范围约为-0.84～1.14mm，翘曲量约为 1.98mm，与优化前 2.39mm 的翘曲量相比有一定改善。

注塑成型后，制品在四角处有一定程度的翘曲，翘曲量是否满足要求需视客户要求而定。

e. 保存方案。

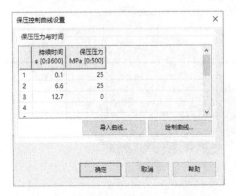

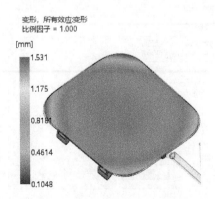

图 10-22 保压曲线的第二次优化设置　　图 10-23 第二优化后所有效应引起的变形结果阴影图

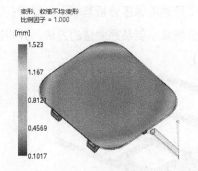

图 10-24 第二次优化后收缩不均引起
的变形结果阴影图

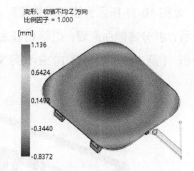

图 10-25 第二次优化后收缩不均引起的 *Z* 方向上
的变形结果阴影图

10.6 本章小结

翘曲是塑料制品的常见缺陷，翘曲分析是整个注塑成型分析流程的最后一步，是对填充、冷却和保压分析与优化工作的总体检验。本章详细阐述了翘曲变形的原因和影响因素，介绍了翘曲分析流程、分析设置、结果评价及优化策略。

通过本章的学习，读者应掌握进行翘曲分析的方法和步骤，以及对翘曲分析结果的评价方法，并能根据分析结果，对模具结构及工艺参数进行优化设置，以获得平整高质量的塑料制品。

10.7 习题

1. 根据【例 10-2】优化后的翘曲分析结果，制品翘曲最严重的区域在角部，试修改浇口位置和数目，观察浇注系统的设计对制品成型后的翘曲位置和翘曲量的影响。

2. 如图 10-26 所示为按钮盖板网格模型，浇口分别设置在长边和短边处，要求：①在 9.7 节习题 3 的保压分析基础上对图 10-26（a）所示结构进行翘曲分析，并分离翘曲原因；②在 9.5 节所述综合实例的基础上进行翘曲分析，并分离翘曲原因；③评价翘曲分析结果，分析浇口位置对制品翘曲位置和翘曲量的影响；④分析减小制品翘曲量的方法，并再次进行翘曲分析。（源文件位置：第 10 章/练习文件/ demo 和 packing ）

（a）浇口在长边　　　　　　　　　　　　（b）浇口在短边

图 10-26 按钮盖板网格模型

3. 如图 10-27 所示为簸箕网格模型，在【例 9-3】所述的保压分析基础上，要求：①进行翘曲分析，并分离翘曲原因；②评价翘曲分析结果，分析减小制品翘曲量的方法，并再次进行翘曲分析。（源文件位置：第 10 章/练习文件/ dustpan ）

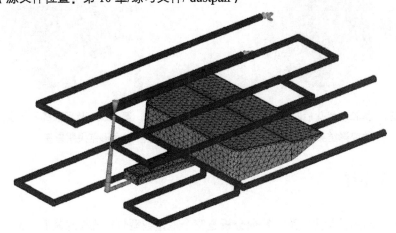

图 10-27　簸箕网格模型

第11章 综合模流分析实例

汽车杂物袋位于汽车中部扶手处，是比较显眼的汽车内饰件，总体壁厚 2mm，底部有局部区域壁厚为 3.5mm，成型材料为 PP，一模一腔成型。成型后制品外观做面皮纹处理，不允许出现浇口痕迹，主体部分（底部和侧壁）平整。

本章将对汽车杂物袋成型过程进行模流分析，要求：

① 按合理密度划分网格，生成 CAE 模型，并修复网格缺陷；

② 根据制品的结构特征，完成浇注系统和冷却系统的建模；

③ 进行成型窗口分析，找出推荐工艺条件；

④ 进行填充分析，并根据分析结果评价浇口位置和成型工艺条件；

⑤ 进行冷却分析，并根据分析结果优化冷却系统；

⑥ 进行保压分析，并根据分析结果优化保压曲线；

⑦ 进行翘曲分析，分离翘曲变形原因，并分析改善方案。

11.1 汽车杂物袋的分析前处理

Moldflow 模流分析前需创建工程项目，导入模型，并运用网格处理功能生成网格模型，以供分析计算使用。

步骤 1 新建工程项目。

打开 Moldflow 后，单击功能区"主页"选项卡中的 ![]（新建工程）按钮，打开"创建新工程"对话框，输入工程名称"pocket"，如图 11-1 所示，单击 确定 按钮，工程项目创建完毕。

图 11-1 创建"pocket"工程项目

步骤 2 导入 CAD 模型。

单击功能区"主页"选项卡中的 ![]（导入）按钮，打开"导入"对话框，在目录第 11 章/源文件中找到文件 pocket.igs 并双击，在弹出的如图 11-2 所示的"导入"对话框中设置网格类型为"Dual Domain"，单击 确定 按钮，CAD 模型导入操作完成。

图 11-2 "导入"对话框

步骤 3 删除多余曲线和曲面。

在层管理窗口取消勾选"IGES 表面"层,只显示"IGES 曲线"层中的对象,如图 11-3 所示。在模型显示窗口框选所有 IGES 曲线,按 Delete 键将所有 IGES 曲线删除。然后重新勾选"IGES 曲面"层,单击层管理窗口中的 ▣ (清除层)按钮,将不含任何对象的"IGES 曲线"层删除。单击如图 11-4 所示的多余曲面,按 Delete 键将其删除。

图 11-3 层管理窗口

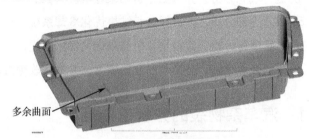

多余曲面

图 11-4 需删除的曲面

步骤 4 网格划分。

将功能区切换至"网格"选项卡,单击其中的 ▦ (生成网格)按钮,由于塑料制品总体壁厚为 2mm,因此在工程管理窗口"工具"选项卡"生成网格"界面中设置"全局边长"为"4.50"mm,其他选项保持默认设置,如图 11-5 所示,单击 █ 网格(M) █ 按钮,开始划分网格。待弹出提示网格划分完成的对话框后,网格划分完毕。在模型显示窗口可观察到网格模型,如图 11-6 所示。

图 11-5 "生成网格"界面

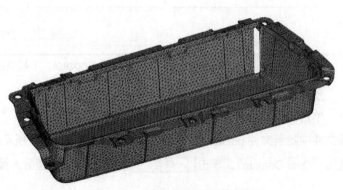

图 11-6 汽车杂物袋的网格模型

步骤 5 网格统计。

单击功能区中的 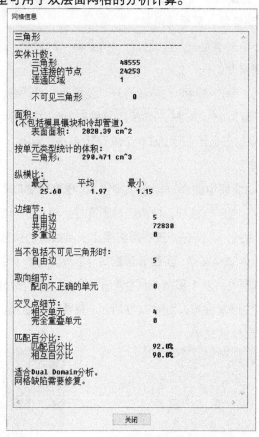（网格统计）按钮，工程管理窗口"工具"选项卡中出现"网格统计"界面。保持各选项的默认设置，直接单击 ✔ 显示 按钮，再单击 ↗ 按钮，可以看到如图 11-7 所示的网格统计信息。

根据网格统计信息，网格模型的连通区域为 1，纵横比最大值为 25.6，自由边为 5，相交单元为 4，无多重边、配向不正确单元和完全重叠单元；匹配百分比为 92.0%，相互百分比为 90.0%。在修复网格缺陷后，模型可用于双层面网格的分析计算。

图 11-7 网格统计信息

步骤 6 网格的自动修复。

单击功能区中的 （网格修复向导）按钮，打开网格修复向导系列对话框。

a. 修复自由边。在"缝合自由边"对话框中，诊断信息条显示"已发现 5 条自由边"，单击 修复 按钮，状态条显示"已缝合 0 条自由边"，即无法自动修复自由边缺陷，需手动修复。

b. 修复孔。单击 前进(N) > 按钮打开"填充孔"对话框，诊断信息条显示"模型中可能有孔"，单击 修复 按钮，状态条显示"已修复 1 个孔"，相应地诊断信息条显示"此模型中不存在任何孔"。

c. 修复突出单元。单击 前进(N) > 按钮打开"突出"对话框，诊断信息条显示"已发现 0 个突出单元"，无需修复。

d. 修复退化单元。单击 前进(N)> 按钮打开"退化单元"对话框，根据纵横比最大值为 25.6，可以判断并无退化单元，无需修复。

e. 修复未取向单元。单击 前进(N)> 按钮打开"反向法线"对话框，诊断信息条显示"已发现 0 个未取向的单元"，无需修复。

f. 修复重叠缺陷。单击 前进(N)> 按钮打开"修复重叠"对话框，诊断信息条显示"发现 0 个重叠和 4 个交叉点"，单击 修复 按钮，状态条显示"已修复 2 个重叠/交叉点"，此时诊断信息条显示"发现 0 个重叠和 3 个交叉点"，再次单击 修复 按钮，未发生任何修复，表明剩余重叠缺陷无法自动修复，需手动修复。

g. 修复折叠面缺陷。单击 前进(N)> 按钮打开"折叠面"对话框，诊断信息条显示"模型边界不存在任何折叠"，无需修复。

h. 修复大纵横比单元。单击 前进(N)> 按钮打开"纵横比"对话框，诊断信息条显示的最大纵横比是 25.60，设置目标值为 15，单击 修复 按钮，状态条显示"已修改 16 个单元"，再次单击 修复 按钮，状态条显示"已修改 0 个单元"。单击 关闭(C) 按钮关闭网格修复向导。

步骤 7 网格的手动修复。

a. 修复自由边。单击功能区中的 📐 自由边 按钮，工程管理窗口"工具"选项卡中出现"自由边诊断"界面，单击 ✔ 显示 按钮，自由边诊断完成。模型显示窗口显示诊断结果，单击功能区"实体导航器"组中的 ➡ 按钮，查看网格模型上自由边的位置，如图 11-8 所示。

单击功能区中的 ✏ 合并节点 按钮，工程管理窗口"工具"选项卡中出现"合并节点"界面，分别合并图 11-8 中点 1 和点 2、点 3 和点 4（注意选择顺序，目的是分别将点 2 和点 4 合并至点 1 和点 3），将该处自由边修复完毕，如图 11-9 所示。操作完毕后模型显示窗口左侧的图例栏消失，表明所有自由边均已修复完毕。

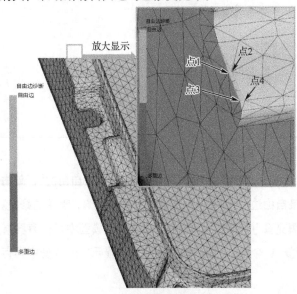

图 11-8 诊断出的自由边

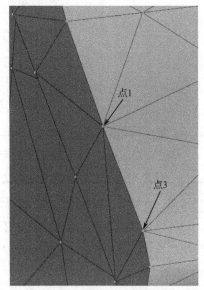

图 11-9 自由边修复结果

　　b. 修复重叠缺陷。单击功能区中的▨ 重叠按钮，工程管理窗口"工具"选项卡中出现"重叠单元诊断"界面，单击 ✔ 显示 按钮，模型显示窗口显示诊断结果，单击"实体导航器"组中的 ⇨ 按钮，查看网格模型上重叠单元的位置，如图 11-10 所示。

　　将显示为红色的重叠单元删除，至左侧图例栏消失，表示重叠单元已删除，但删除后露出了两处孔隙，如图 11-11 所示。

　　单击功能区"网格编辑"组中⊠（高级）按钮的下拉箭头，在弹出的下拉菜单中选择 ⊠ 填充孔 选项，工程管理窗口"工具"选项卡中出现"填充孔"界面，依次选择如图 11-11 所示的三角形孔隙的三个顶点，即点 1、点 2 和点 3，单击 ✔ 应用(A) 按钮，生成三角形单元 1；再依次选择点 3、点 4、点 5 和点 6，单击 ✔ 应用(A) 按钮，则可生成三角形单元 2 和三角形单元 3，修复结果如图 11-12 所示。

　　c. 修复大纵横比单元。单击功能区中的 ◣ 纵横比 按钮，工程管理窗口"工具"选项卡中出现"纵横比诊断"界面。在"输入参数"栏，输入"最小值"为"15"，勾选"将结果置于诊断层中"复选框，单击 ✔ 显示 按钮，模型显示窗口显示诊断结果。单击功能区"实体导航器"组中的 ⇨ 按钮，查看网格模型上大纵横比单元的位置。根据各单元的实际情况，选择"合并节点"、"交换边"和"插入节点"等命令，进行修复操作。修复完成后将三角形单元和节点分别移动至"三角形"层和"节点"层，并单击层管理窗口的 ⊠（清除层）按钮，清除不含任何对象的"诊断结果"层。大纵横比单元较多，修复操作比较繁冗，不进行详细讲述。

　　d. 再次进行网格统计。统计信息如图 11-13 所示，所有网格缺陷都已修复完毕。

　　e. 旋转模型。在 Moldflow 中，默认的制品顶出方向应为+Z 方向，而本工程中制品的顶出方向为-Y。单击功能区"几何"选项卡"实用程序"组中的 ↻ 旋转 命令，工程管理窗口"工具"选项卡中出现"旋转"界面。框选网格模型所有三角形单元和节点，设置 X 轴为旋转中心轴方向，指定旋转角度为-90°，选择网格模型上任意节点为参考点确定旋转中心轴的位置，单击"旋转"单选按钮，单击 ✔ 应用(A) 按钮即可完成旋转操作。

　　f. 保存方案。

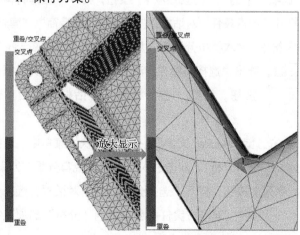

图 11-10　诊断出的重叠单元

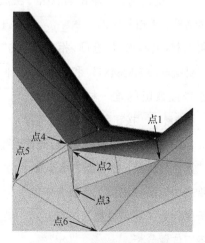

图 11-11　重叠单元删除结果

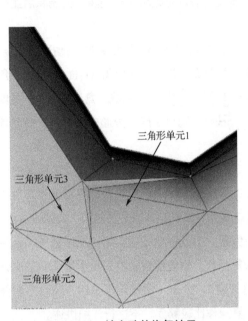

图 11-12　填充孔的修复结果

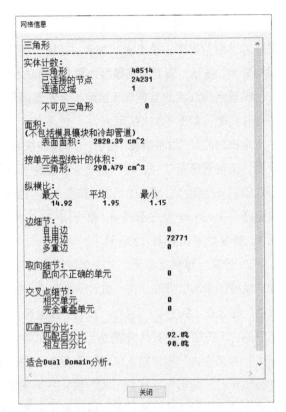

图 11-13　第二次网格统计信息

11.2　汽车杂物袋浇注系统和冷却系统的建模

在进行模流分析前，需根据制品的结构特征和使用要求，设计浇注系统和冷却系统并完成建模，使填充、冷却、保压和翘曲分析的计算结果更具参考性。

步骤 1　浇口位置的确定。

a. 材料选择。单击功能区"主页"选项卡中的 ⚙（选择材料）按钮，打开"选择材料"对话框。单击其中的 搜索... 按钮，打开"搜索条件"对话框。依次选择"制造商"、"牌号"和"材料名称缩写"选项，相应地，在"子字符串"文本框中分别输入"Basell Polyolefins Europe"、"Metocene HM648T"和"PP"，按 Enter 键，弹出"选择热塑性材料"对话框。在其列表框中选择搜索出的唯一材料，单击 选择 按钮，回到"选择材料"对话框，然后单击 确定 按钮完成材料的选择。

b. 浇口位置分析。在工程管理窗口右击方案"pocket_方案"，在弹出的快捷菜单中，选择"重复"命令，并将新方案重命名为"pocket_浇口分析"。双击进入"pocket_浇口分析"方案。单击功能区"主页"选项卡中的 📊（分析序列）按钮，打开"选择分析序列"对话框，选择分析序列为"浇口位置"，单击 确定 按钮。双击方案任务窗口中的"分析"选项运行浇口位置分析。

c. 查看浇口位置分析结果。如图 11-14 所示为浇口匹配性阴影图，图中蓝色区域为适合放置浇口的位置。进行浇口位置分析的同时系统自动创建了一个名为"pocket_浇口分析（浇口位置）"的方案副本，将浇口位置放置在分析发现的最佳位置上，如图 11-15 所示。

d. 确定浇口位置。根据塑料制品的使用要求，制品底部内表面为主要外观面。由于浇口附近通常容易产生较大的翘曲，因此可将浇口放置在如图 11-16 所示位置，该位置也处于浇口匹配性分析得到的蓝色区域附近。在工程管理窗口右击方案"pocket_方案"，在弹出的快捷菜单中，选择"重复"命令，并将新方案重命名为"pocket_sidegate"。单击功能区"主页"选项卡中的 💉（注射位置）按钮，选择如图 11-16 所示的节点放置注射位置标记。

e. 保存方案。

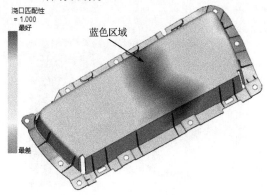

图 11-14　浇口匹配性阴影图

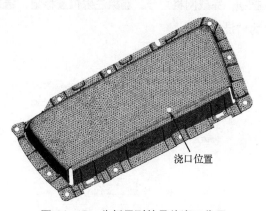

图 11-15　分析得到的最佳浇口位置

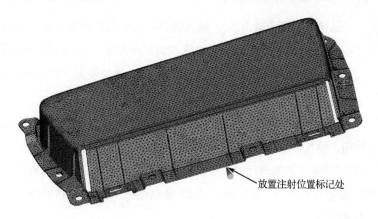

图 11-16　设置浇口位置

步骤 2　浇注系统的建模。

a. 复制与打开方案。在工程管理窗口右击方案"pocket_sidegate"，在弹出的快捷菜单中，选择"重复"命令，并将新方案重命名为"pocket_sidegate_filling1"。双击进入"pocket_sidegate_filling1"方案。

b. 浇口曲线的创建。单击功能区"几何"选项卡"创建"组 ✒ 曲线 下拉菜单中的 ∕ 创建直线 命令，工程管理窗口"工具"选项卡中出现"创建直线"界面。选择浇口位置处的节点为参考节点，单击"相对"单选按钮，输入结束坐标为（0-2 0）。单击"选择选项"区域右侧的 <u>...</u> 按钮，打开"指定属性"对话框，单击 <u>新建(N)... ▼</u> 按钮，在弹出的下拉菜单中选择"冷浇口"选项，打开"冷浇口"对话框。在其中设置浇口的截面形状是"矩形"，形状是"锥体（由端部尺寸）"，单击 <u>编辑尺寸...</u> 按钮，打开"横截面尺寸"对话框，设置浇口端部横截面尺寸如图 11-17 所示。依次单击 <u>确定</u> 按钮，退出各对话框。最后单击"创建直线"界面中的 <u>✔ 应用(A)</u> 按钮即可完成浇口曲线的创建，单击 <u>✖ 关闭(C)</u> 按钮退出"创建直线"界面。

　　c. 浇口的网格划分。单击功能区"网格"选项卡中的 ▦（生成网格）按钮，在工程管理窗口"工具"选项卡中出现"生成网格"界面，设置全局边长为"0.6" mm，单击 <u>网格(M)</u> 按钮，完成网格划分，删除注射位置标记，结果如图 11-18 所示。将新增的两个层的名称均改为"浇口"。

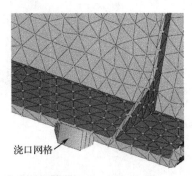

图 11-17　横截面尺寸的设置　　　　　图 11-18　浇口网格

　　d. 分流道 1 的创建，参考步骤 b、c。选择浇口端部的节点为参考点，单击"相对"单选按钮，输入结束坐标为（0-20 0），指定直线的属性为"冷流道"。设置截面形状是"圆形"，形状是"非锥体"，设置圆形截面直径为"6" mm。再设置全局边长为"5" mm，完成第 1 段分流道的网格划分。将新增的两个层的名称均改为"分流道 1"。

　　e. 分流道 2 的创建，参考步骤 b、c。选择步骤 d 创建的分流道端部的节点为参考点，单击"相对"单选按钮，输入结束坐标为（0 0 115），指定直线的属性为"冷流道"。设置截面形状是"圆形"，形状是"锥体（由端部尺寸）"，设置圆形截面始端直径和末端直径分别为"5" mm 和"9" mm。再设置全局边长为"10" mm，完成第 2 段分流道的网格划分。将新增的两个层的名称均改为"分流道 2"。

　　f. 分流道 3 的创建，参考步骤 b、c。选择步骤 e 创建的分流道端部的节点为参考点，单击"相对"单选按钮，输入结束坐标为（0 118 0），指定直线的属性为"冷流道"。设置截面形状是"梯形"，形状是"非锥体"，设置梯形截面顶部宽度、底部宽度和高度分别为"8" mm、"6" mm 和"6" mm。再设置全局边长为"10" mm，完成第 3 段分流道的网格划分，结果如图 11-19 所示。将新增的两个层的名称均改为"分流道 3"。

　　g. 主流道的创建，参考步骤 b、c。选择步骤 f 创建的分流道端部的节点为参考点，单击"相对"单选按钮，输入结束坐标为（0 0 40），指定直线的属性为"冷主流道"。设置主流道形状是

"锥体（由端部尺寸）"，设置圆形截面始端直径和末端直径分别为"8"mm 和"2.5"mm。再设置全局边长为"8"mm，完成主流道的网格划分，结果如图 11-20 所示。将新增的两个层的名称均改为"主流道"。单击功能区"主页"选项卡中的（注射位置）按钮，选择主流道端部节点放置注射位置标记。

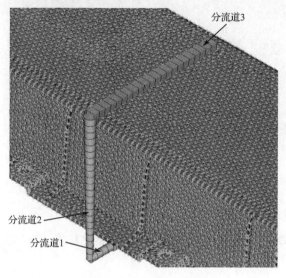

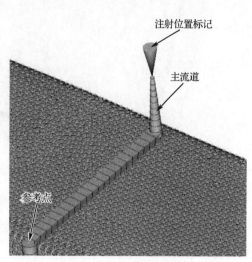

图 11-19 分流道网格   图 11-20 主流道网格

步骤 3 冷却系统的建模。

a. 创建型腔侧冷却水路端部的节点。单击功能区"几何"选项卡"创建"组 ✎ 节点下拉菜单中的 ⊡ 按偏移定义节点 命令，工程管理窗口"工具"选项卡中出现"按偏移定义节点"界面。选择如图 11-20 所示的分流道 2 端部的节点为参考点，输入偏移坐标为（25 20 -25），单击 ✔ 应用(A) 按钮生成节点 1。以节点 1 为参考点，分别输入偏置值（0 180 0）、（60 0 0）和（120 0 0），生成节点 2、节点 4 和节点 5。以节点 2 为参考点，分别输入偏置值（60 0 0）和（130 0 0），生成节点 3 和节点 6。以节点 1 为参考点，输入偏置值（70 0 0），生成节点 7。以节点 7 为参考点，分别输入偏置值（0 180 0）、（-60 0 0）和（-110 0 0），生成节点 8、节点 10 和节点 11。以节点 8 为参考点，分别输入偏置值（-60 0 0）和（-140 0 0），生成节点 9 和节点 12。再分别以节点 1～节点 12 为参考点，输入偏置值（0 0 -60），分别得到节点 1'～节点 12'。以节点 1'和节点 7'为参考点，偏置（0 -30 0），得到节点 13 和节点 14。以节点 6'和节点 12'为参考点，偏置（0 30 0），得到节点 15 和节点 16。各节点的位置如图 11-21 所示。

b. 连接节点生成型腔侧冷却水路曲线。连接节点 1 和节点 2、节点 3 和节点 4、节点 5 和节点 6、节点 7 和节点 8、节点 9 和节点 10，以及节点 11 和节点 12；连接节点 1 和节点 1'～节点 12 和节点 12'；连接节点 2'和节点 3'、节点 4'和节点 5'、节点 8'和节点 9'、节点 10'和节点 11'；连接节点 1'和节点 13、节点 7'和节点 14、节点 6'和节点 15、节点 12'和节点 16。设置连接线属性为"管道"，截面形状为"圆形"，直径为"10"mm。

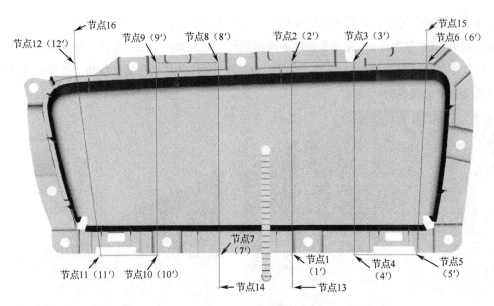

图 11-21　型腔侧冷却水路端部节点

　　c. 设置全局边长为 30mm，为型腔侧冷却水路划分网格。将新增的两个层的名称均改为"型腔冷却水路"。

　　d. 设置冷却液入口。单击功能区"边界条件"选项卡中的 ▢ （冷却液入口/出口）按钮下方的三角箭头，在弹出的下拉菜单中选择"冷却液入口"命令。打开"设置冷却液入口"对话框，单击 ▢新建(N)... 按钮，在弹出的"冷却液入口"对话框中设置冷却介质入口温度为"20"℃，选择冷却水路端部节点，即可插入冷却液入口标志，如图 11-22 所示。

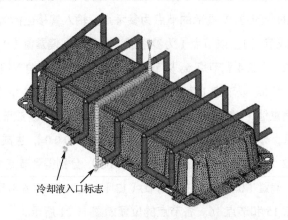

冷却液入口标志

图 11-22　型腔侧的冷却水路网格及冷却液入口标志

　　e. 创建型芯侧冷却水路端部的部分节点。单击功能区"几何"选项卡"创建"组 ╱ 节点下拉菜单中的 ⊡ 按偏移定义节点 命令，工程管理窗口"工具"选项卡中出现"按偏移定义节点"界面。以图 11-21 所示节点 13 为参考点，输入偏移值（-6 0 -60），得到节点 21。以节点 21 为参考点，偏移（0 80 0），得到节点 22。以节点 22 为参考点，偏移（0 0 67），得到节点 23。以节点 23 为参考点，分别偏移（0 90 0）、（-55 0 0）、（-65 90 0）、（-110 0 0）和（-130 90 0），分别得到节点 24、节点 26、节点 25、节点 27 和节点 28。再分别以节点 24~节点 28 为参考点，输入偏置值（0 0 –67），分别得到节点 24'~节点 28'。以节点 28'为参考点，偏移（0 80 0），得到节点 29。所得的节点的位置如图 11-23 所示。

　　f. 连接节点生成型芯侧的部分冷却水路曲线。连接节点 21 与节点 22、节点 22 与节点 23、节点 23 与节点 24、节点 24 与节点 24'、节点 24'与节点 25'、节点 25'与节点 25，节点 25 与节点 26、节点 26 与节点 26'、节点 26'与节点 27'、节点 27'与节点 27、节点 27 与节点 28、节点 28 与节点 28'以及节点 28'和节点 29。

　　g. 设置全局边长为 30mm，为型腔侧的部分冷却水路划分网格，如图 11-24 所示。将新增的两个层的名称均改为"型芯侧冷却水路"。

　　h. 镜像型芯侧部分冷却水路。单击功能区"几何"选项卡"创建"组 ╱ 节点 下拉菜单中的 ⊡ 按偏移定义节点 命令，以图 11-23 所示节点 21 为参考点，输入偏移值（–30 0 0），得到镜像参考点，如图 11-25 所示。单击功能区"几何"选项卡"实用程序"组"移动"下拉菜单中的 ⬚ 镜像 命令，工程管理窗口"工具"选项卡中出现"镜像"界面，隐藏除"型芯侧冷却水路"外的所有层，框选现有的型芯侧冷却水路，选择 *YZ* 平面为镜像参考面，打开主流道网格节点层，选择如图 11-25 所示的点为镜像参考点，单击"复制"和"复制到现有层"单选按钮，再单击 ✔ 应用(A) 按钮即可完成镜像操作。镜像操作后获得的型芯侧冷却水路网格如图 11-25 所示。

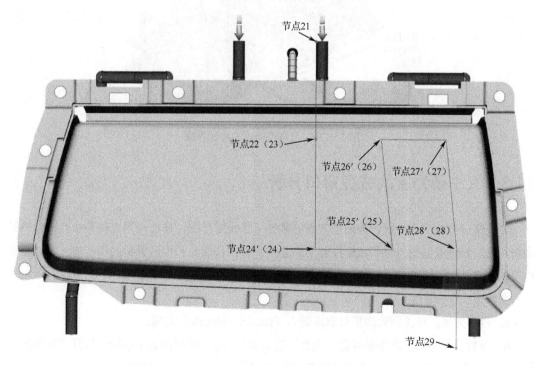

图 11-23　型芯侧冷却水路端部的部分节点

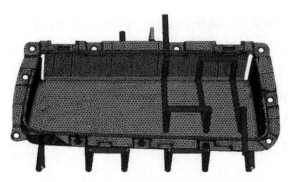
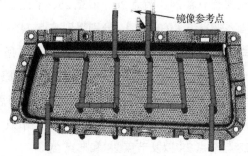

图 11-24　型芯侧的部分冷却水路网格　　　图 11-25　镜像参考点及型芯侧冷却水路网格

i. 设置冷却液入口。单击功能区"边界条件"选项卡中的 [冷却液入口/出口] 按钮下方的三角箭头，在弹出的下拉菜单中选择"冷却液入口"命令。打开"设置冷却液入口"对话框，单击 新建(N)... 按钮，在弹出的"冷却液入口"对话框中设置冷却介质入口温度为"20"℃，选择冷却水路端部节点，即可插入型芯侧冷却液入口标志，如图 11-26 所示。至此，冷却系统建模完成。

j. 保存方案。

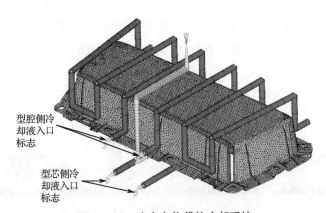

型腔侧冷却液入口标志

型芯侧冷却液入口标志

图 11-26　汽车杂物袋的冷却系统

11.3　汽车杂物袋的成型窗口分析

成型窗口分析用于分析计算成型方案的最佳工艺设置范围，在此范围内较易生产出合格的塑料制品。根据成型窗口分析找到推荐工艺条件，并用作填充和保压分析的初步输入。成型窗口分析仅需单腔网格模型，无需添加浇注系统，否则分析结果反而不准确。

步骤 1　成型窗口分析。

a. 打开方案。在工程管理窗口双击进入"pocket_sidegate"方案。

b. 设置分析序列。单击功能区"主页"选项卡中的 (分析序列) 按钮，打开"选择分析序列"对话框，选择分析序列为"成型窗口"，单击 确定 按钮。

c. 工艺设置。单击功能区"主页"选项卡中的 (工艺设置) 按钮，打开"工艺设置向导-成型窗口设置"对话框。单击 高级选项... 按钮，打开"成型窗口高级选项"对话框，按

图 11-27 所示设置各选项，单击 [确定] 按钮，回到"工艺设置向导-成型窗口设置"对话框，其他选项保持默认设置，单击 [确定] 按钮，完成工艺设置。

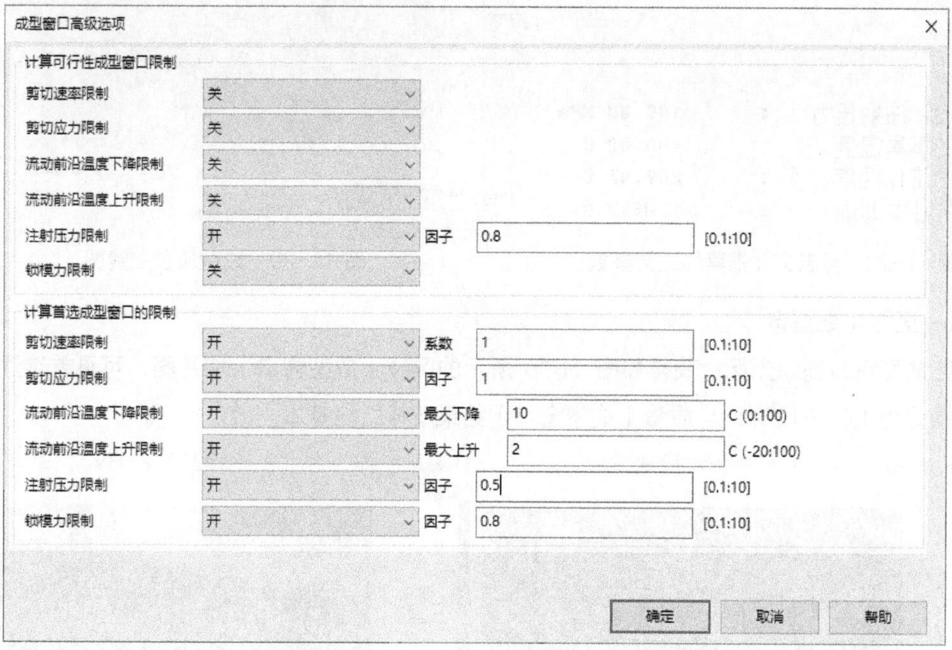

图 11-27 "成型窗口高级选项"对话框

d. 开始分析。

步骤 2 查看成型窗口分析结果。

a. 日志文件中的分析结果。

日志文件显示推荐的模具温度为 40℃，推荐的熔体温度为 249.47℃，在此工艺条件下推荐的注射时间为 1.0543s，如图 11-28 所示。而根据材料库推荐，所选材料对应的模具表面温度范围为 20～40℃，熔体温度范围为 220～260℃。对比发现，推荐的模具温度为模具表面温度范围的上限值，推荐的熔体温度也较接近熔体温度范围的上限值，在充模流速较高的局部位置有可能出现熔体温度超限的情况，工艺条件并不安全，不建议直接采用。

b. 质量（成型窗口）。

选择 X 轴变量为"注射时间"，根据材料库推荐的所选材料的模具表面温度范围和熔体温度范围的中间值，拖动模具温度和熔体温度的变量滑块分别至 28.89℃和 238.9℃，得到如图 11-29 所示的成型质量值随注射时间变化的曲线。单击功能区"结果"选项卡中的 🔲（检查）按钮，按 [Ctrl] 键选择曲线各点，检查成型质量曲线最高点所对应的注射时间，得约 1.14s 为注射时间的推荐值。成型质量值大于 0.5 时，对应的注射时间范围约为 1.05～1.56s，也可采用。

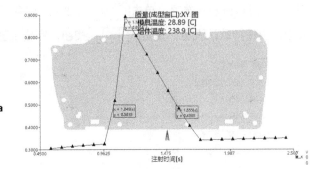

最大设计注射压力	：	180.00 MPa	
推荐的模具温度	：	40.00 C	
推荐的熔体温度	：	249.47 C	
推荐的注射时间	：	1.0543 s	

图 11-28　日志文件推荐的工艺参数　　　　　　图 11-29　成型质量曲线图

c. 区域（成型窗口）。

在成型窗口拖动光标，获得如图 11-30 所示的区域（成型窗口）切片图，可见首选注射时间范围约为 1.04～1.55s，与质量（成型窗口）结果所得结论基本一致。

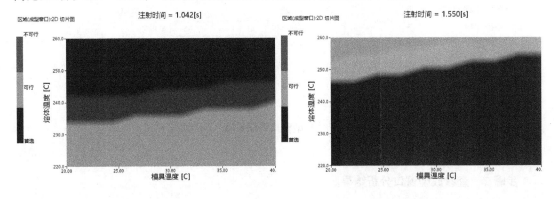

（a）首选区域下限值　　　　　　　　　　　（b）首选区域上限值

图 11-30　区域（成型窗口）切片图

d. 最大压力降（成型窗口）。

选择 X 轴变量为"注射时间"，拖动模具温度和熔体温度的变量滑块分别至 28.89℃和 238.9℃，得到最大压力随注射时间变化的曲线如图 11-31 所示。单击功能区"结果"选项卡中的 （检查）按钮，按 Ctrl 键选择曲线各点，检查到当注射时间约为 1.05s、1.14s 和 1.56s 时，对应的最大压力降分别约为 37MPa、36.2MPa 和 33.1MPa，在常规注塑机注射压力规格的一半（70MPa）以内，表明推荐注射时间对最大压力降的影响在合理范围内。

e. 最低流动前沿温度（成型窗口）。

选择 X 轴变量为"注射时间"，拖动模具温度和熔体温度的变量滑块分别至 28.89℃和 238.9℃，得到最低流动前沿温度随注射时间变化的曲线如图 11-32 所示。单击功能区"结果"选项卡中的 （检查）按钮，按 Ctrl 键选择曲线各点，检查到当注射时间约为 1.05s、1.14s 和 1.56s 时，对应的流动前沿温度分别约为 240.3℃、237.0℃和 231.7℃，最低流动前沿温度下降值分别约为 9.7℃、13.0℃和 18.3℃，均小于 20℃，符合要求。

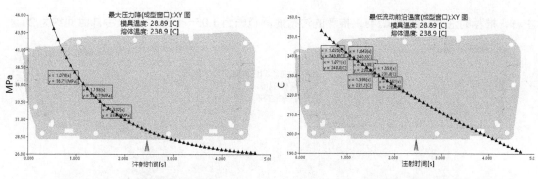

图 11-31　最大压力降曲线图　　　　　图 11-32　最低流动前沿温度曲线图

f. 最大剪切速率（成型窗口）。

选择 X 轴变量为"注射时间"，拖动模具温度和熔体温度的变量滑块分别至 28.89℃和 238.9℃，得到最大剪切速率随注射时间变化的曲线如图 11-33 所示。单击功能区"结果"选项卡中的 🔍（检查）按钮，按 Ctrl 键选择曲线各点，检查到当注射时间取 1.05～1.56s 时，最大剪切速率值约为 4817s^{-1}，小于材料库规定的 PP 材料的最大剪切速率值 100000s^{-1}，符合要求。

g. 最大剪切应力（成型窗口）。

选择 X 轴变量为"注射时间"，拖动模具温度和熔体温度的变量滑块分别至 28.89℃和 238.9℃，得到最大剪切应力随注射时间变化的曲线如图 11-34 所示。单击功能区"结果"选项卡中的 🔍（检查）按钮，按 Ctrl 键选择曲线各点，可检查不同注射时间所对应的最大剪切应力。如图 11-34 所示，当注射时间取 1.05～1.56s 时，最大剪切应力值约为 0.087MPa，小于材料库规定的 PP 材料的最大剪切应力值 0.25MPa，符合要求。

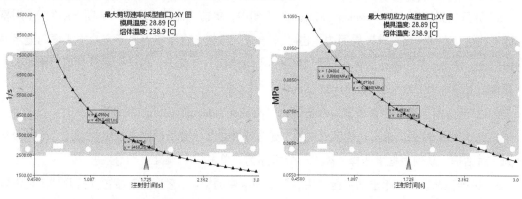

图 11-33　最大剪切速率曲线图　　　　　图 11-34　最大剪切应力曲线图

h. 最长冷却时间（成型窗口）。

选择 X 轴变量为"模具温度"，拖动熔体温度和注射时间的变量滑块分别至 238.9℃和 1.14s，得到的最长冷却时间曲线如图 11-35 所示。单击功能区"结果"选项卡中的 🔍（检查）按钮，检查发现模具温度为 30℃左右时，最长冷却时间约为 19.4s。由于注射时间对冷却时间的变化影响非常小，因此可将 20s 作为最长冷却时间的参考值。

i. 根据以上分析结果，汽车杂物袋成型时，推荐的模具温度和熔体温度分别 30℃和 240℃

左右，推荐的注射时间为 1.14s，推荐的注射时间范围为 1.05～1.56s，最长冷却时间约为 20s。

　　j.　保存方案。

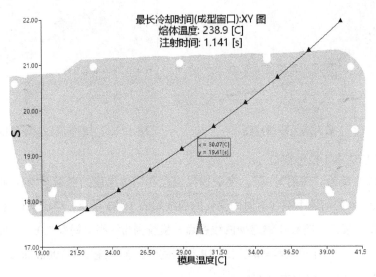

图 11-35　最长冷却时间曲线图

11.4　汽车杂物袋的填充分析

　　填充分析是 Moldflow 注塑成型分析与优化的第一步，也是后续进行其他分析的基础。

　　步骤 1　首次填充分析。

　　a.　计算注射速率。在"pocket_sidegate"方案中，单击功能区"网格"选项卡中的 （网格统计）按钮，在"网格统计"界面中单击 ✔ 显示 按钮，查看在界面下方的文本框内显示的网格信息，可知三角形单元的体积约为 290.5cm³，如图 11-13 所示。再结合推荐注射时间 1.14s，计算得注射速率为 290.5cm³÷1.14s≈254.8cm³/s。

　　b.　打开方案。在工程管理窗口双击进入"pocket_sidegate_filling1"方案。

　　c.　设置分析序列。单击功能区"主页"选项卡中的 （分析序列）按钮，打开"选择分析序列"对话框，从列表框里选择"填充"分析序列，单击 确定 按钮。

　　d.　进行工艺设置。单击功能区"主页"选项卡中的 （工艺设置）按钮，打开"工艺设置向导-填充设置"对话框。选择"填充控制"方式为"流动速率"，并在右侧文本框中输入"254.8"cm³/s。保持"速度/压力切换"方式为"自动"，其余选项保持默认设置，单击 确定 按钮，完成工艺设置。

　　e.　运行首次填充分析。双击方案任务窗口中的"分析"选项即可运行分析。

　　f.　查看分析日志，获取速度/压力切换值。单击 Moldflow 程序窗口右下角的 日志 按钮，打开分析日志。查看发现速度/压力切换发生在填充体积为 98.46%时，如图 11-36 所示。

时间 (s)	体积 (%)	压力 (MPa)	锁模力 (公制吨)	流动速率 (cm^3/s)	状态
1.183	90.39	47.19	61.50	254.80	V
1.244	95.00	48.54	70.45	254.80	V
1.292	98.46	50.70	89.18	252.52	V/P
1.302	98.95	40.56	88.27	101.22	P

速度/压力切换时

图 11-36　分析日志中的填充过程数据（部分）

步骤 2　第二次填充分析。

a. 复制方案并打开。在工程管理窗口右击"pocket_sidegate_filling1"方案，在弹出的快捷菜单中选择"重复"命令，并将复制的方案重命名为"pocket_sidegate_filling2"，双击打开该方案。

b. 进行工艺设置。单击功能区"主页"选项卡中的 （工艺设置）按钮，打开"工艺设置向导–填充设置"对话框。选择"速度/压力切换"方式为"由%充填体积"，输入速度/压力切换时的体积百分比为"98.46"%，保持其他设置不变，单击 确定 按钮，完成工艺设置。

c. 运行填充分析。双击方案任务窗口中的"分析"选项即可运行分析。

步骤 3　查看填充分析结果。

a. 充填时间。

查看如图 11-37 所示的充填时间阴影图，不存在未填充区域，因此可以判断不存在短射现象。查看如图 11-38 所示的充填时间等值线图，等值线分布均匀，筋部不存在等值线过密的情况。查看型腔末端的充填时间，发现型腔填充均衡。

单击功能区"网格"选项卡中的 （网格统计）按钮，设置"单元类型"为"柱体"，得浇注系统的体积约为 $11.1cm^3$，根据图 11-13，三角形单元的体积约为 $290.5cm^3$。计算得到一次成型的总注射量约为 $11.1+290.5=301.6cm^3$。根据步骤 1a 所得注射速率 $254.8cm^3/s$。计算可得相应的注射时间约为 $301.6\div254.8\approx1.18s$。根据充填时间分析结果，完成充填所需要的时间为 1.342s。偏差值在 0.5s 之内，初步判断未发生迟滞。

图 11-37　充填时间阴影图

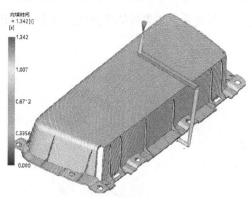

图 11-38　充填时间等值线图

b. 速度/压力切换时的压力。

查看如图 11-39 所示的速度/压力切换时的压力阴影图，可知发生速度/压力切换时，浇注系统的最大压力约为 50.8MPa，小于 140MPa；制品本身的最大压力约为 28MPa，小于 100MPa。
压力值均满足要求。

    c. 流动前沿温度。

    查看如图 11-40 所示的流动前沿温度阴影图，可知整个型腔内，熔体的流动前沿温度为
239.5～241.5℃，变化量仅 2℃。符合流动前沿温度变化要求，也符合材料库推荐的熔体温度范
围（220～260℃）。

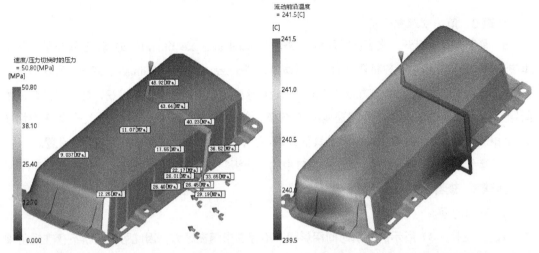

    图 11-39　速度/压力切换时的压力阴影图　　　　　图 11-40　流动前沿温度阴影图

    d. 锁模力：XY 图。

    查看如图 11-41 所示的锁模力变化曲线图，可知其峰值对应的锁模力为 98.57 吨，通常只要
所选用注塑机的最大锁模力超过 125 吨即可保证锁模安全。

    e. 压力。

    查看如图 11-42 所示的填充结束时刻的压力阴影图，检查各处型腔压力，可知制品部分压
力范围约为 0～23MPa，带浇注系统后的压力范围为 0～50.80MPa，填充结束时制品末端压力为
0MPa。满足带流道零件的填充压力低于 100MPa、不带流道零件的填充压力低于 70MPa 的要求。

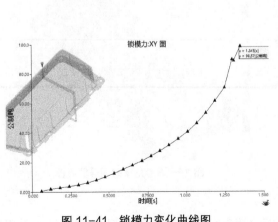

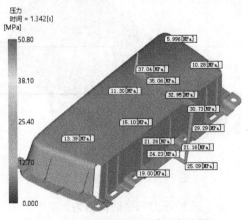

    图 11-41　锁模力变化曲线图　　　　　　　　图 11-42　填充结束时刻的压力阴影图

　　f. 壁上剪切应力。

　　查看如图 11-43 所示的壁上剪切应力阴影图，发现其最大值为 0.219MPa，而材料库推荐的 PP 材料的最大剪切应力为 0.25MPa，不存在最大剪切应力超限的情况。

　　g. 熔接线。

　　设定熔接线角度上限值为 120°，并将充填时间等值线图与熔接线结果重叠显示，如图 11-44 所示，箭头标注位置均出现了熔接线，但未出现在制品的主体位置。将流动前沿温度阴影图与熔接线结果重叠显示，如图 11-45 所示，发现各条熔接线形成时的熔体温度均在注射温度下 2℃ 范围内，满足不低于注射温度下 20℃ 的条件，因此可形成熔接质量相对较好的熔接线。

　　h. 气穴。

　　如图 11-46 所示为气穴高亮图，观察发现，气穴未出现在制品的主体位置，而是主要出现在孔缘和筋位。孔缘处困气可以通过分型面排气；筋位处虽出现少量困气，但对制品质量影响不大。

　　i. 保存方案。

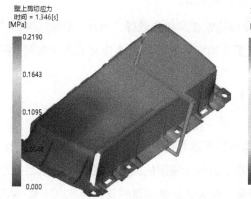

图 11-43　壁上剪切应力阴影图　　　　图 11-44　充填时间等值线图与熔接线结果的重叠图

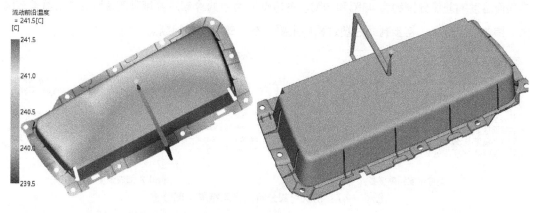

图 11-45　流动前沿温度阴影图与熔接线结果的重叠图　　　　图 11-46　气穴高亮图

11.5 汽车杂物袋的冷却分析

Moldflow 中冷却分析的目的是获得高效且均衡的冷却条件，以既保证注塑成型的效率，也保证塑料制品的成型质量。

步骤 1 冷却分析。

a. 复制并打开方案。在工程管理窗口右击方案"pocket_sidegate_filling2"，在弹出的快捷菜单中，选择"重复"命令，并将复制的新方案命名为"pocket_sidegate_cooling1"。双击进入"pocket_sidegate_cooling1"方案。

b. 设置分析序列。单击功能区"主页"选项卡中的 （分析序列）按钮，打开"选择分析序列"对话框，从列表框里选择"冷却"分析序列，单击 确定 按钮。

c. 进行工艺设置。单击功能区"主页"选项卡中的 （工艺设置）按钮，打开"工艺设置向导-冷却设置"对话框。根据成型窗口分析结果，设置"注射+保压+冷却时间"为"30"s，其余选项保持默认设置，单击 确定 按钮，完成工艺设置。

d. 冷却液设置。右击冷却液入口标志，在弹出的快捷菜单中选择"属性"命令，弹出"冷却液入口"对话框，以材料库推荐的模具表面温度（30℃）下降10℃为冷却液入口温度，因此设置"冷却介质入口温度"为20℃。

e. 运行冷却分析。双击方案任务窗口中的"分析"选项即可运行分析。

步骤 2 查看冷却分析结果。

a. 查看分析日志。查看分析日志底部的"型腔温度结果摘要"和"冷却液温度"结果，如图 11-47 所示。零件表面温度最大值约为76℃，高于材料库规定的顶出温度（75℃），且高于冷却介质入口温度56℃，远超过 20℃；零件表面温度最大值和最小值的差值近 52℃。型腔表面温度的平均值约42℃，高于目标模具表面温度12℃，型腔表面温度的最大值和最小值与目标模具表面温度的差值分别约为43℃和-9℃。各冷却回路中的冷却液温度升高值均在 3℃温差范围内。综合以上信息，初步判断注塑过程中主要存在冷却不均的问题。

型腔温度结果摘要			冷却液温度			
			入口 节点	冷却液温度 范围	冷却液温度升高 通过回路	热量排除 通过回路
零件表面温度 - 最大值	=	76.3973 C				
零件表面温度 - 最小值	=	24.8864 C				
零件表面温度 - 平均值	=	47.0211 C	25969	20.0 - 22.1	2.1 C	0.841 kW
型腔表面温度 - 最大值	=	72.9295 C	84	20.0 - 22.3	2.3 C	0.760 kW
型腔表面温度 - 最小值	=	20.6690 C	26044	20.0 - 22.1	2.1 C	0.824 kW
型腔表面温度 - 平均值	=	42.4051 C	26077	20.0 - 22.1	2.1 C	0.809 kW

（a）型腔温度结果摘要　　　　　　　　　　　（b）冷却液温度

图 11-47　初次冷却分析的日志结果（部分）

b. 查看"温度，模具"结果，如图11-48所示。单击功能区"结果"选项卡中的 （检查）按钮，按 Ctrl 键检查不同位置处模具温度，发现型腔侧模具温度范围约为25～73℃，型芯侧模具温度范围约为30～62℃。根据材料库数据，目标模具表面温度约为30℃，可见无论是型腔侧还是型芯侧，均存在局部模具温度过高的情况，尤其是型腔侧存在一个沟槽为热量集中区域，表明模具表面冷却不均，因此需对冷却系统进行优化设计。

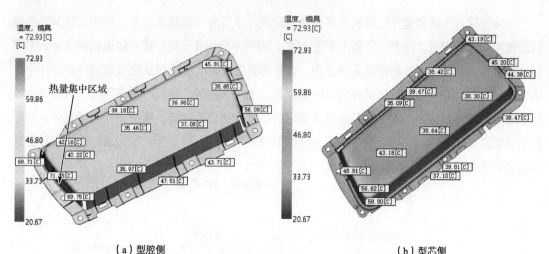

（a）型腔侧　　　　　　　　　　　　　　（b）型芯侧
图 11-48　初次冷却分析后的"温度，模具"阴影图

　　c. 查看"温度，零件"结果，适当调小图例栏的温度范围，以便于观察塑料零件上的高温区和低温区位置，如图 11-49 所示。单击功能区"结果"选项卡中的 （检查）按钮，按 Ctrl 键检查不同位置处的零件表面温度，发现零件顶面温度范围约为 30～76℃，零件底面温度范围约为 38～63℃。零件顶面和底面的温度最大值与目标模具表面温度之间的差值均远超过 10℃。顶面上的温差约为 46℃，底面上的温差约为 25℃，也均超过 10℃的温度范围。可见无论是顶面还是底面，均存在温度过高的区域，尤其是顶面存在一个沟槽为热量集中区域，需对冷却系统进行优化，加强型腔侧冷却的均匀性。

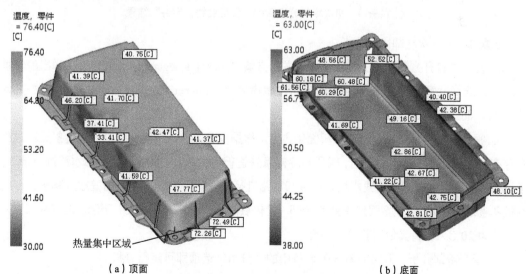

（a）顶面　　　　　　　　　　　　　　　（b）底面
图 11-49　初次冷却分析后的"温度，零件"阴影图

　　d. 新建"温度曲线，零件"的 XY 图，根据"温度，零件"阴影图，选择浇口附近（左右

两侧各选一点)、底面壁厚区域、普通位置和热量集中区域节点查看对应的温度曲线,如图 11-50 所示。

观察发现:①底面壁厚区域的温度曲线相对名义厚度为 0 处基本对称,表明此处型芯侧和型腔侧冷却速度相近。但中心位置温度近 75℃,表明冷却明显不足,需加强该处的冷却。②零件在热量集中区域的温度曲线为单调曲线,型腔侧温度近 75℃,表明该处型腔侧存在冷却不足的情况。③零件在浇口附近区域处两点的温度曲线为单调曲线,但曲线斜率不大,表明该处型腔侧冷却需适当加强。④零件在普通位置区域的温度曲线较为平缓,表明该处冷却充分,型腔型芯两侧冷却速度相近。综合判定,冷却系统对模具的冷却不够均衡,应加强对壁厚和热量集中区域的冷却。

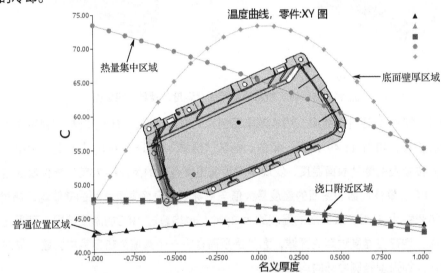

图 11-50　初次冷却分析后的"温度曲线,零件"结果

步骤 3　第一次冷却优化分析。

a. 复制并打开方案。在工程管理窗口右击方案"pocket_sidegate_cooling1",在弹出的快捷菜单中,选择"重复"命令,并将复制的方案命名为"pocket_sidegate_cooling2"。双击进入"pocket_sidegate_cooling2"方案。

b. 根据冷却分析结果,制定冷却优化方案。根据步骤 2 所得结果,可以判断注射成型过程中存在比较严重的冷却不均问题,需要对冷却系统进行优化设计。具体为将冷却水路进行修改:在制品的投影区域布置平铺式水路,将冷却水路直径增大到 12mm;并沿侧壁放置隔水板,隔水板孔直径为 19mm,以增强侧壁处的冷却。优化后的冷却水路如图 11-51 所示。设定冷却液入口温度为 20℃,保持其他工艺设置不变。

c. 运行冷却分析。双击方案任务窗口中的"分析"选项即可运行分析。

步骤 4　查看第一次冷却优化分析结果。

a. 查看分析日志。查看分析日志底部的"型腔温度结果摘要"和"冷却液温度"结果,如图 11-52 所示。零件表面温度最大值由约 76℃降至约 71℃,已低于材料库规定的顶出温度

（75℃），但依然高于冷却介质入口温度超过 20℃；零件表面温度最大值和最小值的差值由约 52℃降至约 47℃。型腔表面温度的平均值约 43℃，变化不大。型腔表面温度的最大值由约 73℃ 降至约 68℃。各冷却回路中的冷却液温度升高值均在 3℃温差范围内。综合以上信息，判断注 塑过程冷却不均的现象有所改善，但依然需要继续优化。

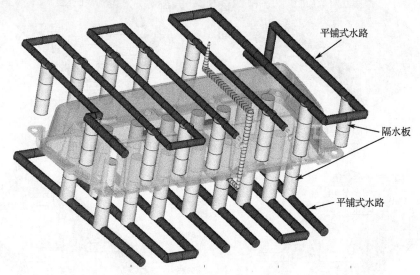

图 11-51   初次冷却优化后的冷却水路

型腔温度结果摘要

===================================
零件表面温度 - 最大值   = 71.2080 C
零件表面温度 - 最小值   = 24.2368 C
零件表面温度 - 平均值   = 47.5471 C
型腔表面温度 - 最大值   = 67.6017 C
型腔表面温度 - 最小值   = 20.0067 C
型腔表面温度 - 平均值   = 42.9434 C

冷却液温度

入口节点	冷却液温度范围	冷却液温度升高通过回路	热量排除通过回路
25934	20.0 - 21.8	1.8 C	0.943 kW
26067	20.0 - 21.5	1.5 C	0.761 kW
26323	20.0 - 21.8	1.8 C	0.904 kW
26280	20.0 - 21.6	1.6 C	0.816 kW

（a）型腔温度结果摘要   （b）冷却液温度

图 11-52   初次冷却优化分析后的日志结果（部分）

b. 查看"温度，模具"结果，适当调小图例栏的温度范围，以便于观察模具上的高温区和 低温区位置，如图 11-53 所示。选点测得型腔侧模具温度范围约为 28~67℃，与优化前相比， 最高温度降低约 6℃，温差减小约 9℃；型芯侧模具温度范围约为 28~65℃，最高温度约升高 3℃，温差增大约 5℃。优化后型腔侧和型芯侧均存在局部模具温度过高的情况，尤其是型腔侧 沟槽依然为热量集中区域，但局部温度明显降低。模具表面冷却不均的问题略有改善，但型芯 侧温度升高，需加强冷却。

c. 查看"温度，零件"结果，如图 11-54 所示。优化后零件顶面温度范围约为 34~70℃， 最高温度降低约 6℃，温差减小约 10℃；底面上的温度范围约为 37~70℃，最高温度升高约 7℃，温差增大约 8℃。优化后零件顶面和底面均存在局部温度过高的情况，尤其是顶面沟槽依 然为热量集中区域，但局部温度明显降低。零件表面冷却不均的问题略有改善，但底面温度升 高，需加强冷却。

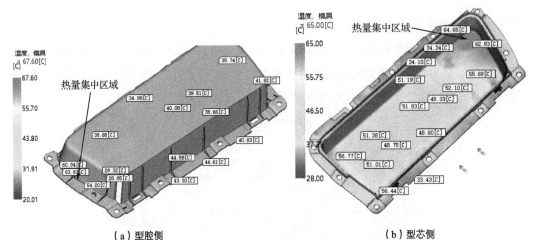

（a）型腔侧 　　　　　　　　　　　（b）型芯侧

图 11-53　初次冷却优化分析后的"温度，模具"阴影图

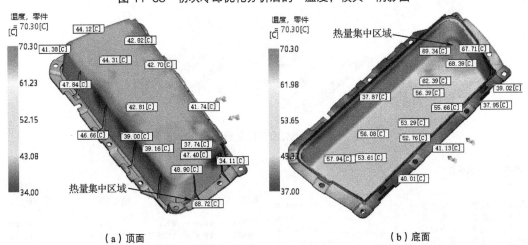

（a）顶面 　　　　　　　　　　　（b）底面

图 11-54　初次冷却优化分析后的"温度，零件"阴影图

d. 新建"温度曲线，零件"的 XY 图，根据"温度，零件"阴影图，选择浇口附近、底面壁厚区域、普通位置和热量集中区域节点查看对应的温度曲线，如图 11-55 所示。

观察发现，与优化前相比：①底面壁厚区域的温度曲线与优化前相似，但中心位置温度依然接近 75℃，接近零件的最高顶出温度，表明该处冷却明显不足，需加强冷却。②零件在热量集中区域的温度曲线为单调曲线，温度依然过高，但已明显降低。③零件在浇口附近区域和普通位置区域的温度曲线较为平缓。综合判定，应加强型芯侧和壁厚区域的冷却，以改善模具温度的均匀性。

步骤 5　第二次冷却优化分析。

a. 复制并打开方案。在工程管理窗口右击方案"pocket_sidegate_cooling2"，在弹出的快捷菜单中，选择"重复"命令，并将复制的方案命名为"pocket_sidegate_cooling3"。双击进入"pocket_sidegate_cooling3"方案。

b. 根据冷却分析结果，制定第二次冷却优化方案。根据步骤 4 所得结果，可以判断第一次优化后冷却不均的问题有所改善，但依然该问题依然存在，且整个塑料制品都存在冷却不足的问题，需要继续对冷却系统进行优化设计。针对制品侧面型腔侧的凹槽处［见图 11-54（a）］存在的热量集中区域，将此处型腔侧的平铺式水路改为一条沿制品侧壁走向的立体水路（见图 11-56 中的水路 1），并将此处的冷却液入口温度设为 10℃；将另外一侧的平铺式水路也改为立体水路，如图 11-56 所示的水路 2；对壁厚处存在冷却不足的问题，将此处冷却水路断开，即将型芯侧的 2 条水路改为 3 条，并将型芯侧冷却液入口温度设定为 15℃。其余冷却液入口温度依然保持 20℃不变。将"注射+保压+冷却时间"改为 35s，保持其他工艺设置不变。

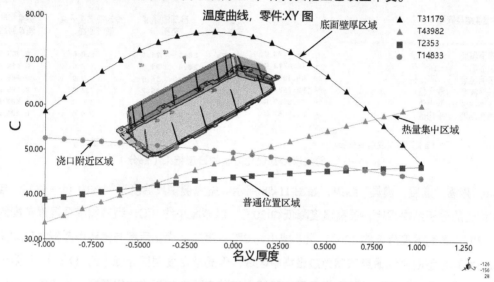

图 11-55　初次冷却优化分析后的"温度曲线，零件"结果

c. 运行冷却分析。双击方案任务窗口中的"分析"选项即可运行分析。

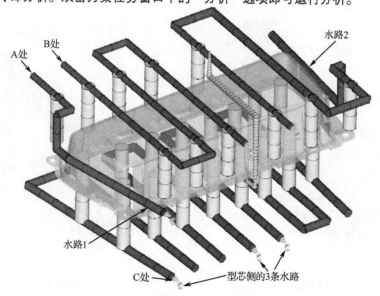

图 11-56　第二次冷却优化后的冷却水路

步骤 6　查看第二次冷却优化分析结果。

a. 查看分析日志。查看分析日志底部的"型腔温度结果摘要"和"冷却液温度"结果，如

图 11-57 所示。对比第一次优化后的分析结果，零件表面温度最大值由约 71℃降至约 58℃，降低 13℃；零件表面温度最大值和最小值的差值由约 47℃降至约 40℃，型腔表面温度的平均值降低至约 36℃。型腔表面温度的最大值由约 68℃降至约 53℃。各冷却回路中的冷却液温度升高值均在 3℃温差范围内。综合以上信息，判断注塑过程冷却不均的现象有明显改善，模具表面和零件表面温度也明显降低。

型腔温度结果摘要

====================================

零件表面温度 - 最大值	= 58.0700 C		
零件表面温度 - 最小值	= 18.4793 C		
零件表面温度 - 平均值	= 40.1346 C		
型腔表面温度 - 最大值	= 52.7936 C		
型腔表面温度 - 最小值	= 15.3959 C		
型腔表面温度 - 平均值	= 35.9262 C		

冷却液温度

入口 节点	冷却液温度 范围	冷却液温度升高 通过回路	热量排除 通过回路
25934	20.0 - 21.0	1.0 C	0.485 kW
26067	20.0 - 21.2	1.2 C	0.618 kW
26280	15.0 - 16.5	1.5 C	0.845 kW
26323	15.0 - 15.7	0.7 C	0.403 kW
26604	15.0 - 15.9	0.9 C	0.509 kW
26542	10.0 - 10.6	0.6 C	0.406 kW

（a）型腔温度结果摘要　　　　　　　　　　（b）冷却液温度

图 11-57　第二次冷却优化分析的日志结果（部分）

　　b. 查看"温度，模具"结果，如图 11-58 所示。型腔侧模具温度范围约为 15～47℃，与第一次优化的分析结果相比，最高温度降低约 20℃，温差减小约 7℃；型芯侧模具温度范围约为 18～53℃，最高温度降低约 12℃，温差减小约 2℃。第二次优化后型腔侧和型芯侧温度均明显降低，尤其是型腔侧沟槽虽依然为热量集中区域，但局部温度明显降低（约 17℃）。其附近的侧壁处温度也明显降低，是整个模具最冷区域。模具表面冷却不均的问题有一定改善，塑料制品总体冷却更充分。

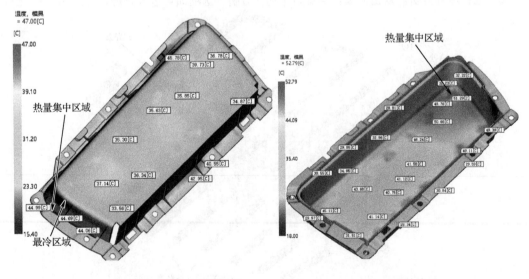

（a）型腔侧　　　　　　　　　　　　　（b）型芯侧

图 11-58　第二次冷却优化分析后的"温度，模具"阴影图

　　c. 查看"温度，零件"结果，如图 11-59 所示。第二优化后零件顶面温度范围约为 20～51℃，与第一次优化的分析结果相比，最高温度降低约 19℃，温差减小约 5℃；底面上的温度

范围约为 22～58℃，最高温度降低约 12℃。第二次优化后零件顶面和底面温度明显降低，冷却更加充分。顶面沟槽区域温度明显降低，零件表面冷却不均的问题略有改善。零件底面依然存在热量比较集中的区域，对应零件局部较厚的部位。

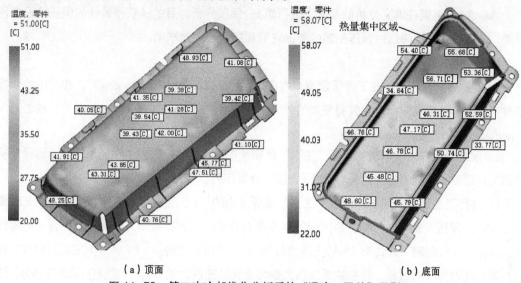

（a）顶面　　　　　　　　　　　　　　　　　　　　（b）底面

图 11-59　第二次冷却优化分析后的"温度，零件"阴影图

　　d. 新建"温度曲线，零件"的 XY 图，根据"温度，零件"阴影图，选择浇口附近、底面壁厚区域、普通位置（图中未注明的 3 条曲线均为不同普通位置区域节点的温度曲线）和侧面沟槽处节点查看对应的温度曲线，如图 11-60 所示。

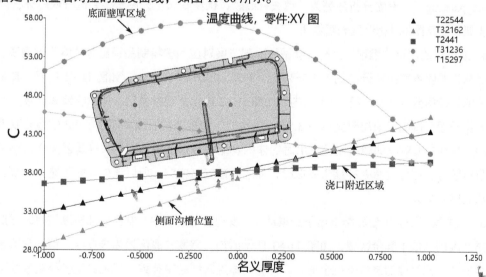

图 11-60　第二次冷却优化分析后的"温度曲线，零件"结果

　　观察发现，与第一次优化后的分析结果相比：①底面壁厚区域的温度曲线的形状与优化前相似，但中心位置温度明显降低，表明该处冷却较为充分。曲线的对称轴不在名义厚度为 0 的位置，型芯侧温度较型腔侧高。②零件在侧面沟槽位置的温度曲线为单调曲线，温度已明显降低，不再属于热量集中区域。③其余位置的温度曲线较平缓。

11.6 汽车杂物袋的保压分析

Moldflow 必须在填充分析的基础上进行填充+保压分析，目的是获得最佳的保压阶段条件设置，从而尽可能地降低由保压引起的制品收缩和翘曲等质量缺陷。

步骤 1 保压分析。

a. 复制并打开方案。在工程管理窗口右击方案"pocket_sidegate_cooling2"，在弹出的快捷菜单中，选择"重复"命令，并将复制的新方案命名为"pocket_sidegate_packing1"。双击进入"pocket_sidegate_packing1"方案。

b. 设置分析序列。单击功能区"主页"选项卡中的 ▨（分析序列）按钮，打开"选择分析序列"对话框，从列表框里选择"填充+保压"分析序列，单击 确定 按钮。

c. 进行工艺设置。单击功能区"主页"选项卡中的 ▨（工艺设置）按钮，打开"工艺设置向导–填充+保压设置"对话框，将所做的有关填充分析的工艺参数作为默认设置保留，不需修改。选择"保压控制"方式为"%填充压力与时间"，单击右侧的 编辑曲线... 按钮，打开"保压控制曲线设置"对话框，将初次保压压力设为最大填充压力的 80%，设保压时间为 30s。依次单击 确定 按钮，完成工艺设置。

d. 运行填充+保压分析。双击方案任务窗口中的"分析"选项即可运行分析。

e. 参考步骤 a～步骤 d，复制方案"pocket_sidegate_cooling3"，并重命名为"pocket_sidegate_packing2"。设置分析序列为"填充+保压"，保持默认工艺设置，并运行保压分析。

步骤 2 查看并对比保压分析结果。

a. 顶出时的体积收缩率。分别查看两种冷却方案对应的塑料制品顶出时的体积收缩率。塑料制品总体的收缩率范围分别约为 1.36%～10.98%、0.17%～12.12%，如图 11-61 所示；其中主体部分的收缩率分别在 9.5%和 10%以内，如图 11-62 所示。观察发现，体积收缩率比较大的位置全部位于塑料制品底面局部壁厚为 3.5mm 的区域，壁厚处的收缩率超过了 PP 的经验收缩率（6%）。两种方案对应的塑料制品顶出时的体积收缩率分布范围均过大。这是因为浇口距壁厚较厚位置较远，底面壁厚处补缩未完成时，补缩通道就已冻结，所以该处补缩不充分，最终造成体积收缩率偏大。

b. 冻结层因子。查看冻结层因子结果动画，发现冷却过程中，制品底部壁厚较厚区域熔体的冻结速度明显低于其余区域，如图 11-63 所示时刻，壁厚较厚区域尚未冻结，但周围区域均已完全冻结。此时虽然浇口未完全冻结，尚有熔体进入型腔中补缩，但浇口至壁厚较厚区域的补缩通道已被切断，此时无论如何优化保压曲线，都无法调整壁厚较厚区域的收缩量。因此应考虑调整浇口位置或增加浇口数量。

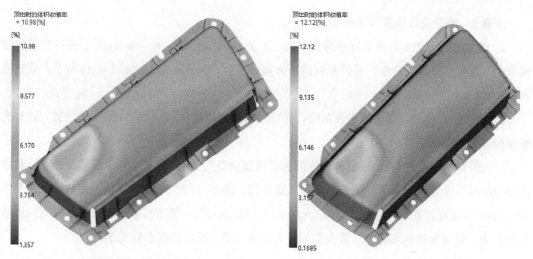

（a）方案 pocket_sidegate_packing1　　　（b）方案 pocket_sidegate_packing2

图 11-61　顶出时的体积收缩率阴影图

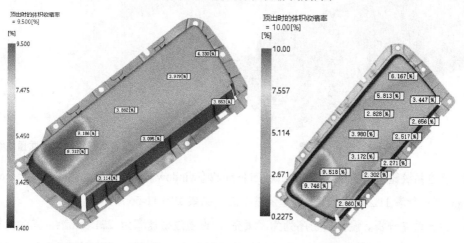

（a）方案 pocket_sidegate_packing1　　　（b）方案 pocket_sidegate_packing2

图 11-62　顶出时主体部分的体积收缩率阴影图

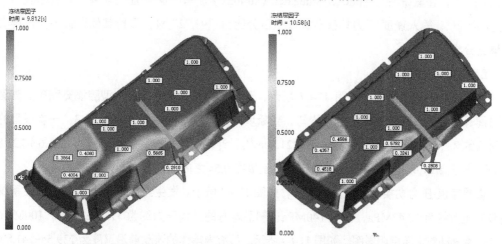

（a）方案 pocket_sidegate_packing1　　　（b）方案 pocket_sidegate_packing2

图 11-63　某一时刻冻结层因子阴影图

步骤 3 修改浇口位置后的分析。

a. 复制并打开方案。在工程管理窗口右击方案"pocket_sidegate_cooling3"，在弹出的快捷菜单中，选择"重复"命令，并将复制的新方案命名为"pocket_sidegate2（window）"。双击进入该方案。

b. 修改浇口位置。删除原浇注系统，并将浇口位置放置到如图 11-64 所示的位置，该处离壁厚较厚区域较近。

c. 进行成型窗口分析。设置分析序列为"成型窗口"，并按图 11-27 设置高级选项，其余选项保持默认设置，分析完成后查看成型质量曲线，如图 11-65 所示。获得注射时间的推荐值为 1.31s。并据此计算注射速率为 $290.5cm^3 \div 1.31s \approx 221.8cm^3/s$。检查其余结果，确认其对应的最大压力降、最低流动前沿温度、最大剪切应力和最大剪切速率均在合理范围内。

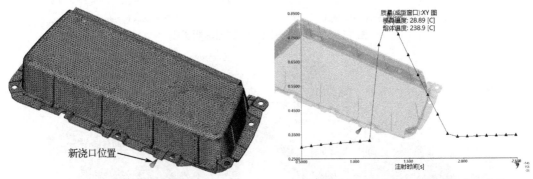

图 11-64 新浇口位置   图 11-65 新方案对应的成型质量曲线

d. 浇注系统建模。复制方案"pocket_sidegate2（window）"，并重命名为"pocket_sidegate2（filling1）"。参考 11.2 节步骤 2，创建浇注系统，结果如图 11-66 所示。

e. 进行填充分析。设置分析序列为"填充"，设置注射速率为 $221.8cm^3/s$，其余设置保持默认。查看分析日志，获取速度/压力切换时的体积百分比为 97.72%。复制方案"pocket_sidegate2（filling1）"，并重命名为"pocket_sidegate2（filling2）"。将"速度/压力切换"方式修改为"由%充填体积"，输入速度/压力切换时的体积百分比为"97.72"%，保持其他设置不变，再次运行填充分析。

f. 查看填充分析结果。

查看充填时间阴影图，如图 11-67 所示，确认不存在未填充区域，型腔填充完整。查看充填时间等值线图，确认等值线分布均匀，判断填充无迟滞。根据 11.4 节步骤 3，一次成型的总注射量约为 $301.6cm^3$，结合注射速率 $221.8cm^3/s$，计算可得相应的注射时间为 $301.6 \div 221.8 \approx 1.36s$。与充填时间所得结果 1.53s 相比，偏差值在 0.5s 之内，初步判断未发生迟滞。

查看速度/压力切换时的压力阴影图，如图 11-68 所示。发生速度/压力切换时，浇注系统处的最大压力约为 60.47MPa，小于 140MPa；制品本身的最大压力约为 37MPa，小于 100MPa。

查看流动前沿温度阴影图，如图 11-69 所示。型腔内熔体的流动前沿温度为 239.5～241.8℃，变化量仅 2.3℃，符合要求。

查看填充结束时刻的压力阴影图,如图 11-70 所示。检查各处型腔压力,可知制品部分压力范围约为 0~32MPa,带浇注系统后的压力范围为 0~60.47MPa,填充结束时制品末端压力为 0MPa,满足带流道零件的填充压力低于 100MPa、不带流道零件的填充压力低于 70MPa 的要求。

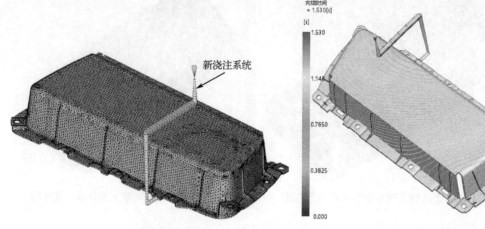

图 11-66 新浇注系统   图 11-67 新方案的充填时间等值线图

查看壁上剪切应力结果,如图 11-71 所示。发现其最大值为 0.2449MPa,满足要求。

熔接线和气穴位置与 11.4 节步骤 3 所得分析结果相似。

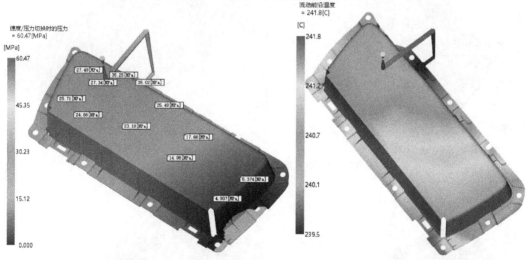

图 11-68 新方案的速度/压力切换时的压力阴影图   图 11-69 新方案的流动前沿温度阴影图

g. 进行冷却分析。复制方案"pocket_ sidegate2(filling2)",并重命名为"pocket_sidegate2(cooling1)"。修改冷却液入口位置至图 11-56 所示的 A 处和 B 处,设定 A 处和 C 处的冷却介质入口温度为 10℃,其余冷却介质入口温度参考 11.5 节步骤 5 设置。设置分析序列为"冷却",设置"注射+保压+冷却时间"为 40s,其余设置不做修改,运行冷却分析。

h. 查看冷却分析结果。查看"温度,模具"结果,如图 11-72 所示。型腔侧模具温度范围约为 14~44℃,型芯侧模具温度范围约为 21~48℃。查看"温度,零件"结果,如图 11-73 所示。零件顶面温度范围约为 19~48℃,底面上的温度范围约为 16~52℃。与 11.5 节步骤 6 所述的冷却优化分析结果相比，温差均进一步缩小，模具表面和零件表面温度分布更均匀。

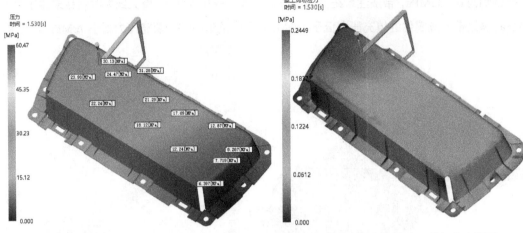

图 11-70　新方案的填充结束时刻的压力阴影图　　图 11-71　新方案的壁上剪切应力阴影图

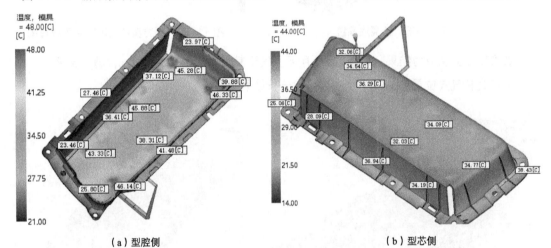

（a）型腔侧　　　　　　　　　　　　　（b）型芯侧

图 11-72　新方案的"温度，模具"阴影图

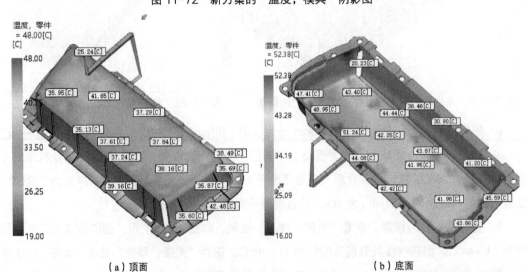

（a）顶面　　　　　　　　　　　　　（b）底面

图 11-73　新方案的"温度，零件"阴影图

新建"温度曲线，零件"的 XY 图，根据"温度，零件"阴影图，选择浇口附近、底面壁厚区域、普通位置和侧面沟槽处节点查看对应的温度曲线，如图 11-74 所示。与 11.5 节步骤 6 所述的温度曲线相比，各曲线形状相似，温差相似。

i. 进行保压分析。复制方案"pocket_sidegate2（cooling1）"，并重命名为"pocket_sidegate2（packing1）"。设置分析序列为"填充+保压"，设定保压控制方法为"%填充压力与时间"，设定保压持续时间为 30s，指定冷却时间为 40s，其余设置不做修改，运行保压分析。

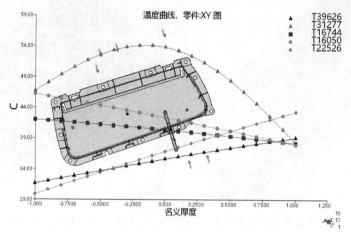

图 11-74　新方案的"温度曲线，零件"结果

步骤 4　查看新方案的保压分析结果。

a. 顶出时的体积收缩率。查看发现塑料制品顶出时的体积收缩率范围约为 0.03%～14.08%，如图 11-75 所示，与图 11-61 所示的原方案的体积收缩率相比，虽然收缩率范围增大，但主体部分的最大收缩率降至 9% 以内。底面局部壁厚较厚区域的体积收缩率在 6% 以内，离浇口较远区域的体积收缩率则因为补缩不足增大。

b. 压力。新建"压力：XY 图"结果，并沿填充路径选点，得到如图 11-76 所示的压力曲线。观察发现近浇口处和远浇口处各点的压力曲线形状存在差异。其中近浇口处压力曲线呈 M 形，由此判断近浇口区域存在过保压，需要进行保压优化。

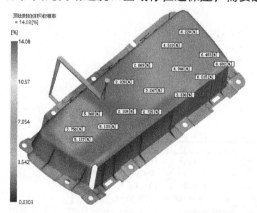

图 11-75　新方案的顶出时的体积收缩率阴影图

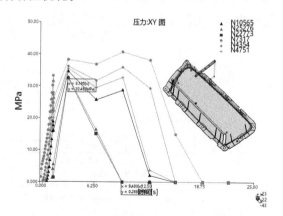

图 11-76　新方案的"压力：XY 图"结果

　　c. 保持压力。新建保持压力阴影图，如图 11-77 所示。保持压力最大值出现在流道部分，型腔部分的保持压力分布在约 33～43MPa 的范围内，差值小于 25MPa，满足要求。

　　d. 缩痕指数。观察如图 11-78 所示的缩痕指数阴影图。发现塑料制品的绝大多处区域的缩痕指数接近 0，但近浇口处缩痕指数接近 1%，远浇口区域的缩痕指数在 0.6%左右，表明塑料制品在这两个位置有一定的出现缩痕的可能性。

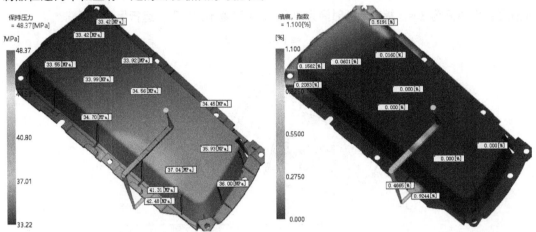

图 11-77　新方案的保持压力阴影图　　　　　　图 11-78　新方案的缩痕指数阴影图

步骤5　第一次保压优化。

　　a. 复制并打开方案。在工程管理窗口右击方案"pocket_sidegate2（packing1）"，在弹出的快捷菜单中，选择"重复"命令，并将复制的新方案命名为"pocket_sidegate2（packing2）"。双击进入该方案。

　　b. 确定关键时间点。根据方案"pocket_sidegate2_packing1"的分析日志（见图 11-79），获得发生速度/压力切换的时刻约为 1.5s，以此作为恒压开始时间；查得保压压力约为 48.4MPa，以此作为恒压段保压压力。根据图 11-76 所示"压力：XY 图"结果，检查填充末端位置节点对应的压力曲线，得压力峰值时刻与归零时刻分别约为 3.2s 和 9.4s，计算得其中间值为 6.3s，以此作为恒压结束时间。根据方案"pocket_sidegate2_packing1"冻结层因子结果，查得浇口冻结时间约为 28.5s，以此作为保压结束时间。

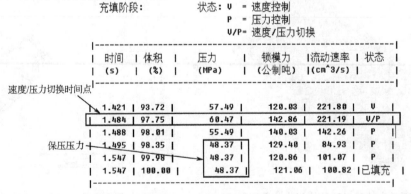

图 11-79　方案"pocket_sidegate2_ packing1"分析日志的速度/压力切换时间点

c. 确定恒压段和衰减段的持续时间。恒压开始时间和恒压结束时间分别为1.5s和6.3s，因此恒压段持续时间为4.8s；保压结束时间、速度/压力切换的时间和恒压段持续时间分别为28.5s、1.5s和4.8s，则衰减段持续时间为28.5s-1.5s-4.8s=22.2s。

d. 设置保压压力曲线，并进行保压分析。单击功能区"主页"选项卡中的 （工艺设置）按钮，打开"工艺设置向导-填充+保压设置"对话框，选择"保压控制"方式为"保压压力与时间"，按图11-80所示设置保压曲线。其余设置不做修改，运行保压分析。

e. 查看初次保压优化结果。

顶出时的体积收缩率：查看发现塑料制品顶出时的体积收缩率范围约为0.03%～13.82%，如图11-81所示，与图11-75所示的体积收缩率相比，制品的总收缩率范围略微缩小，主体部分的最大收缩率在9%以内，基本不变。底面局部壁厚较厚区域的体积收缩率在7%以内，略有增大。远离浇口区域的体积收缩率依然比近浇口处的更大。

图11-80　保压曲线的初次优化设置

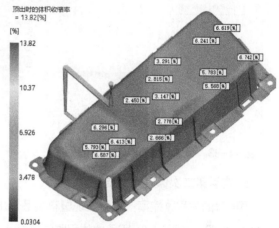

图11-81　初次优化后顶出时的体积收缩率阴影图

压力：新建"压力：XY图"结果，并沿填充路径选点，得到如图11-82所示的压力曲线，对比图11-76所示曲线，观察发现近浇口处压力曲线不再呈M形，过保压情况有明显改善。

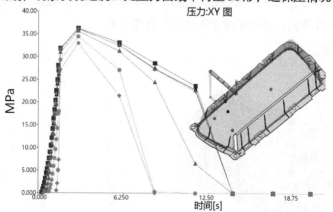

图11-82　初次优化后的"压力：XY图"结果

总之，初次保压优化后，制品总体部分收缩率变化不大，但局部壁厚较厚区域的收缩率略有增大，近浇口区域的过保压情况有明显改善，但依然存在过保压现象。

步骤6 第二次保压优化。

a. 复制并打开方案。在工程管理窗口右击方案"pocket_sidegate2（packing2）"，在弹出的快捷菜单中，选择"重复"命令，并将复制的新方案命名为"pocket_sidegate2（packing3）"。双击进入该方案。

b. 优化保压曲线。按图11-83所示设置保压曲线，即保持恒压段时间长度不变，将衰减阶段分为快速衰减阶段和慢速衰减阶段，快速衰减阶段的时间长度为3.2s，慢速衰减阶段的时间长度为22.2-3.2=19s。得到的保压曲线如图11-84所示。

c. 双击方案任务窗口中的"分析"选项即可运行分析。

图 11-83　保压曲线的第二次优化设置

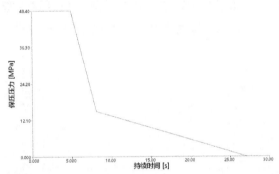

图 11-84　第二次优化的保压曲线

d. 查看第二次保压优化结果。

顶出时的体积收缩率：查看发现塑料制品顶出时的体积收缩率范围约为0.03%～9.7%，如图11-85所示，与图11-81所示的体积收缩率相比，制品的总收缩率范围减小。塑料制品局部收缩较大的区域主要集中在壁厚较厚区域。

压力：新建"压力：XY图"结果，并沿填充路径选点，得到如图11-86所示的压力曲线，对比图11-82所示曲线，观察发现各处压力曲线形状相似，近浇口区域不再有过保压现象。各处的最大压力值差异不大，说明沿填充路径压力衰减不多。

e. 保存各方案。

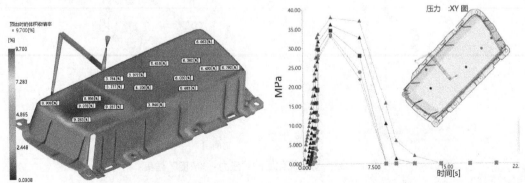

图 11-85　第二次优化后顶出时的体积收缩率阴影图　图 11-86　第二次优化后的"压力：XY图"结果

11.7 汽车杂物袋的翘曲分析

在完成冷却、填充和保压分析的基础上，可运行翘曲分析，预测制品成型后的翘曲程度。翘曲分析是常规注塑成型分析流程的最后一步，翘曲分析结果是对填充、冷却和保压分析与优化工作的总体检验。

步骤 1 翘曲分析。

a. 复制并打开方案。在工程管理窗口右击方案"pocket_sidegate2（packing2）"，在弹出的快捷菜单中，选择"重复"命令，并将新方案命名为"pocket_sidegate2（packing2）（warp）"。右击方案"pocket_sidegate2（packing3）"，在弹出的快捷菜单中，选择"重复"命令，并将新方案命名为"pocket_sidegate2（packing3）（warp）"。

b. 设置分析序列。分别进入方案"pocket_sidegate2（packing2）（warp）"和方案"pocket_sidegate2（packing3）（warp）"，单击功能区中的 ▨（分析序列）按钮，打开"选择分析序列"对话框，从列表框里选择"冷却+填充+保压+翘曲"分析序列，单击 ▨ 确定 ▨ 按钮。

c. 进行工艺设置。单击功能区"主页"选项卡中的 ▨（工艺设置）按钮，打开"工艺设置向导"对话框，在第3页勾选"分离翘曲原因"和"考虑角效应"复选框，不改变其余设置，运行翘曲分析。

步骤 2 对比翘曲分析结果。

a. 分别进入"pocket_sidegate2（packing2）（warp）"和"pocket_sidegate2（packing3）（warp）"方案。在功能区"结果"选项卡的"窗口"组中，单击 ▨ 按钮，再单击模型显示窗口中间位置，将该窗口拆分为 4 个窗格。依次勾选"变形，冷却不均：变形""变形，收缩不均：变形""变形，取向效应：变形""变形，角效应：变形"结果，以显示因冷却不均、收缩不均、取向效应和角效应引起的总变形结果，模型显示窗口显示如图 11-87 和图 11-88 所示。对比发现，两个方案中，引起翘曲变形的主要原因均是收缩不均，冷却不均、取向效应和角效应对翘曲变形的影响较小。单击 ▨ 按钮，关闭拆分窗口显示。

b. 关闭步骤 a 中所提及 2 个方案外的其他方案，在功能区"结果"选项卡的"窗口"组中，单击 ▨ 按钮，将 2 个方案的窗口垂直平铺，以依次显示 2 个方案因收缩不均在 Z 方向上的变形结果，如图 11-89 所示。对比发现，方案"pocket_sidegate2（packing3）（warp）"比方案"pocket_sidegate2（packing2）（warp）"对应的体积收缩率更大，相应地，翘曲分析结果显示因收缩不均在 Z 方向上的变形量也更大。但方案"pocket_sidegate2（packing2）（warp）"存在过保压，可能会产生脱模困难、脱模后产生龟裂等结果。实际应用中可根据允许翘曲量以及脱模情况斟酌考虑。

c. 保存各方案。

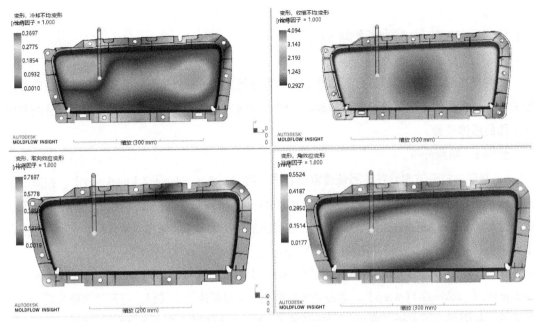

图 11-87　方案"pocket _sidegate2（packing2）（warp）"中各因素变形结果阴影图

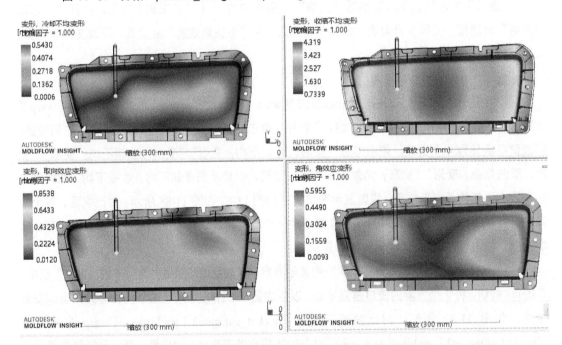

图 11-88　方案"pocket _sidegate2（packing3）（warp）"中各因素变形结果阴影图

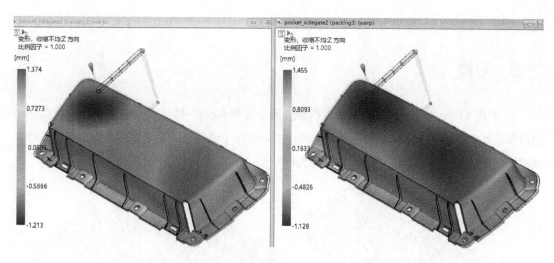

图 11-89 各方案中收缩不均引起的 Z 方向上的变形结果阴影图

11.8 Moldflow 成型分析总结

采用 Moldflow 进行常规注塑成型分析的过程和方法可概括如下：

（1）分析前处理，包括准备网格模型、设定材料，以及设置浇口位置，为后续各项分析做准备。

（2）成型窗口分析。获取注塑时间等成型条件，为填充分析做准备。因为流道部分的剪切热和型腔部分的剪切热算法不一致，因此在此阶段无需添加浇注系统，否则分析结果反而不准确，故浇注系统建模可在成型窗口分析后、填充分析前进行。

（3）填充分析。根据成型窗口分析所得注射时间计算流动速率，进行首次填充分析；再根据首次填充分析结果获取速度/压力切换点，进行第二次填充分析。评价填充分析结果，判断是否存在填充问题，寻找解决方案，再次运行填充分析，直至解决填充问题。

（4）冷却分析。冷却分析前需完成冷却系统设计，包括冷却管道的建模和冷却介质的设置。然后运行冷却分析序列，根据分析结果判断塑料制品和模具温差是否满足要求，或温差满足要求的情况下冷却时间是否满足效率要求。若不满足要求，则寻找解决方案，根据分析结果调整冷却系统模型设计和属性设置，或调整冷却分析工艺设置，直至满足温差和时间要求。

（5）保压分析。保压分析前必须完成填充分析，再在填充分析的基础上进行保压分析。初次保压分析时通常采用默认的"%填充压力与时间"方式控制保压曲线，然后根据初次保压分析结果，将恒压式保压曲线优化为曲线式保压曲线。根据分析结果，判断保压优化后是否满足收缩要求，如不满足，则需综合保压分析结果对体积收缩率的影响趋势，确定保压优化方案，并运行保压分析，直至满足收缩要求。

（6）翘曲分析。完成冷却、填充和保压分析后才可进行翘曲分析，根据翘曲分析结果判断制品的翘曲量是否满足要求。根据分析结果，找出影响翘曲量的主要原因，制定降低翘曲量的优化策略，直至保压结果满足翘曲量要求。

11.9 习题

1. 如图 11-90 所示为汽车杯托唇片模型，制品壁厚 3mm，材料为 PP，一模两腔成型。成型后制品致密，外观面不允许出现浇口痕迹，主体部分（底部和侧壁）平整。要求对其进行常规模流分析。（源文件位置：第 11 章/练习文件/ lip.igs ）

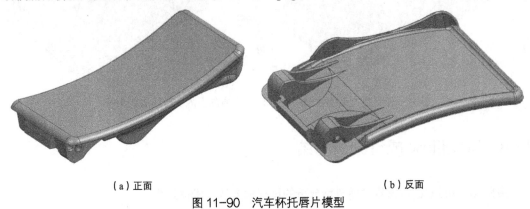

（a）正面   （b）反面

图 11-90　汽车杯托唇片模型

2. 如图 11-91 所示为汽车后门扶手模型，制品壁厚 2.2mm，材料为 PP，一模两腔成型。成型后制品外观做面皮纹处理，外观面不允许出现浇口痕迹，主体部分（外观面）平整。要求对其进行常规模流分析。（源文件位置：第 11 章/练习文件/ handrail.igs ）

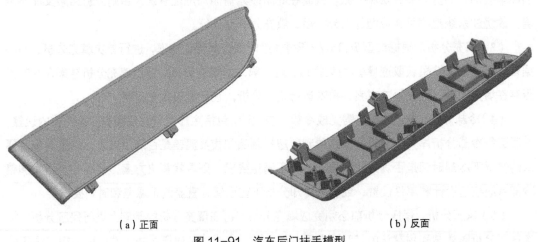

（a）正面   （b）反面

图 11-91　汽车后门扶手模型